植物多环芳烃污染控制技术及原理
——利用功能内生细菌

高彦征　刘　娟　朱雪竹　著

科学出版社

北　京

内 容 简 介

多环芳烃（PAHs）是一类污染土壤中常见的具有“致畸、致癌、致突变”效应的有机污染物。从污染区植物体内筛选具有降解 PAHs 功能的植物内生细菌，并将其重新定殖在目标植物上，有望去除植物体内 PAHs，进而降低污染区植物污染风险。本书共分 5 章，介绍了功能内生细菌及其对植物 PAHs 污染调控作用的研究进展，分析了污染区植物体内内生细菌及 PAHs 降解基因多样性，分离筛选出 10 株具有 PAHs 降解功能的植物内生细菌，并阐述了功能内生细菌在植物体内的定殖、效能及作用机制。

本书可供环境、土壤、生态、农业、微生物等领域相关科技工作者、管理人员及研究生参考。

图书在版编目（CIP）数据

植物多环芳烃污染控制技术及原理：利用功能内生细菌/高彦征等著. —北京：科学出版社，2016.12

ISBN 978-7-03-050999-4

Ⅰ. ①植… Ⅱ. ①高… Ⅲ. ①植物-应用-多环烃-土壤污染-污染防治-研究 Ⅳ. ①X53

中国版本图书馆 CIP 数据核字（2016）第 284305 号

责任编辑：周 丹 王 希/责任校对：李 影

责任印制：徐晓晨/封面设计：许 瑞

科学出版社出版

北京东黄城根北街 16 号

邮政编码：100717

http://www.sciencep.com

北京凌奇印刷有限责任公司印刷

科学出版社发行 各地新华书店经销

*

2016 年 12 月第 一 版 开本：720×1000 1/16

2020 年 1 月第二次印刷 印张：12 插页：3

字数：250 000

定价：98.00 元

（如有印装质量问题，我社负责调换）

前　言

土壤是农业生产的基础。随着生活水平的提高，人们对农产品安全的呼声日渐高涨，这对农业生产提出了更高的要求：不仅要“保丰”——确保粮食丰产，而且要“保质”——确保生产安全农产品。然而，我国耕地资源十分紧张，污染土壤面积较为广阔。2014 年国家环境保护部和国土资源部联合发布的《全国土壤污染状况调查公报》（以下简称《公报》）中指出，“全国土壤环境状况总体不容乐观，耕地土壤环境质量堪忧，点位超标率为 19.4%”。土壤污染危害极大，它不仅直接导致粮食减产，加剧我国人多地少的矛盾，而且污染物可通过食物链危及生态安全和人群健康。土壤污染已成为影响农业生产“保丰、保质”、制约农业可持续发展、关系国计民生的重大环境问题之一。

多环芳烃（PAHs）是一类污染土壤中常见的具有“致畸、致癌、致突变”效应的有机污染物，极易在土壤中累积；《公报》中指出，“我国土壤中 PAHs 点位超标率达 1.4%”，面源污染问题突出。PAHs 污染已成为影响农产品安全的主要障碍之一。研究者多是从污染土壤修复的角度来去除土壤中的 PAHs，进而降低其向植物迁移的风险；然而，我国受 PAHs 污染的土壤面积巨大，目前污染土壤修复工作受技术、资金等多方面制约，仍然任重而道远。如何在如此面积广阔的 PAHs 污染区生产安全农产品、实现污染土壤资源的安全利用？近些年来该领域研究颇受关注。

植物内生细菌能够定殖在健康植物组织内，并与宿主植物建立和谐共生关系。从污染区植物体内筛选具有降解 PAHs 特性的植物内生细菌，并将其重新定殖在污染区目标植物上，有望去除植物体内 PAHs，进而降低植物污染的风险。本课题组在国家自然科学基金“PAHs 降解菌在土壤-植物系统中的定殖特征及其强化植物修复机制研究”（31270574）、“植物体内多环芳烃降解功能内生细菌的定殖、传导及效能优化”（41171380）、“PAHs 降解细菌在根表的成膜作用及其对植物吸收 PAHs 的影响”（41201501）、江苏省自然科学基金“功能内生细菌调控植物体内 PAHs 代谢的机制及效能优化”（BK20130030）、“根表功能细菌成膜作用对植物吸收 PAHs 的影响及机理”（BK2012370）和公益性行业（农业）科研专项经费“有机化学品污染农田和农产品质量安全综合防治技术方案”（201503107）等项目的资助下，紧密结合我国土壤污染控制与农产品安全的重大需求，提出利用植物功能内生细菌来降低污染区植物 PAHs 污染风险的新途径，分析了污染区植物体内内生细菌及 PAHs 降解基因多样性，从污染区植物体内分离筛选并获得了具有 PAHs 降解功能的内生细菌 10 株，揭示了这些功能菌株在植物体内的定殖及分布规律，阐明了功能内生细菌减少植物 PAHs 污染的效能及作用机制。这些成果不仅丰富了 PAHs 降解功能微生物菌种库，而且为降低污染区植物 PAHs 污染风险、保障农产品安全、实现污染土壤的资源化利用等提供了参考技术。

本书是在总结课题组“利用功能内生细菌降低植物 PAHs 污染风险”相关成果的基础上撰写的，介绍了功能内生细菌及其对植物 PAHs 污染调控作用的研究进展，阐述了 10 株具有 PAHs 降解功能的植物内生细菌的分离筛选过程及降解性能，分析了功能内生细菌在植物体内的定殖、效能及作用机制。在此特向参加课题研究的凌婉婷、孙凯、王建、刘爽、倪雪、靳琛、彭安萍、顾玉骏、盛月慧、王万清、林相昊、Waigi Michael Gatheru、相妍冰等表示衷心感谢。

本书由高彦征组织编写，并以其为主撰写整理第 1、2 章，刘娟为主撰写整理第 3、5 章，朱雪竹为主撰写整理第 4 章；孙凯、王建参加了书稿的撰写整理工作。

“利用功能内生细菌降低植物 PAHs 污染风险”的研究工作仍在深化之中，目前国际上可供参考的资料也较少。书中一些内容显得不够深入和完善，仍有待后续研究推进和补充。作者“抛砖引玉”，期望通过本书引起读者对该领域研究的关注和重视。

由于作者水平有限，书中不足之处在所难免，欢迎读者批评指正。

作 者

2016 年 12 月 8 日

目　　录

1　功能内生细菌及其对植物 PAHs 污染的调控作用

土壤是农业生产的基础、人类赖以生存的最基本的物质条件。但当前许多国家存在土壤污染问题。在我国，耕地资源十分紧张，污染土壤面积较为广阔；2014 年国家环境保护部和国土资源部联合发布的《全国土壤污染状况调查公报》（以下简称《公报》）中指出，“全国土壤环境状况总体不容乐观，耕地土壤环境质量堪忧，全国土壤中污染物总超标率为 16.1%，其中耕地土壤点位超标率为 19.4%”。土壤污染的危害极大，它不仅直接导致粮食减产、加剧我国人多地少的矛盾，而且污染物可通过食物链危及生态安全和人群健康。土壤污染问题已成为影响农产品安全、制约农业可持续发展、关系国计民生的重大环境问题之一。

PAHs 是一类具有“三致”效应的有机污染物，易在土壤中累积。Jones 等（1989）研究表明，从 1846 年到 1986 年的 140 年间，威尔士农田土壤中 PAHs 总量从 0.3 μg/g 上升至 1.8 μg/g，上升了 5 倍；日本大阪市土壤中测得的苯并[a]芘含量达 1.19～4.93 μg/g（葛成军等，2006）。多环芳烃（PAHs）已成为我国土壤环境中常见的一类重要污染物，农田面源污染突出。《公报》中指出，“我国土壤中 PAHs 点位超标率达 1.4%”。土壤受污染后，PAHs 可在土壤-植物系统中迁移，进而危及农产品安全和人群健康。2005 年针对津、鲁地区的调查结果表明，谷物中苯并[a]芘的含量达 13.2 ng/g，是国家标准的 2.6 倍（Tao et al., 2006）；2007 年广州市污染区蔬菜中 16 种 PAHs 总量达 558 ng/g（Wang et al., 2012），广西省污染区玉米中 16 种 PAHs 含量则达 124 ng/g（佟玲等，2009）。显然，PAHs 污染问题已成为影响农产品安全的主要障碍之一。研究者多是从污染土壤修复的角度来去除土壤中 PAHs，进而降低其向植物迁移的风险；然而，我国 PAHs 污染土壤面积巨大，污染土壤修复工作往往受技术、成本等多种因素制约。能否采用化学和生物手段来直接去除污染区植物体内 PAHs 以降低植物 PAHs 污染风险，进而保障农产品安全？近年来该领域研究引起重视。

植物内生细菌能够定殖在健康植物组织内，并与寄主植物建立和谐联合关系。1992 年，Kleopper 等第一次提出了植物内生细菌的概念：植物内生细菌是指从植物体内分离出的、在不改变植物功能和特征的同时能够在健康植物内良好定殖的一类微生物（Kleopper et al., 1992），其不会对宿主植物造成任何负面影响，并与寄主植物之间存在互利共生关系。地球上现存的近 300 000 种植物中，几乎每种植物体内均存有一种或多种内生细菌（Strobel et al., 2004），表现出丰富的生物多样性（Suto et al., 2002）。与从土壤中筛选的功能细菌相比，植物内生细菌能更有效地在植物体内定殖。近年来的研究已证实，筛选具有降解 PAHs 特性的功能内生细菌，并将其定殖在目标植物上，有望消除植物 PAHs 污染。本章在简要介绍植物对 PAHs 吸收积累作用的基础上，概述了功能内生细菌减少植物 PAHs 污染的相关进展。

1.1　植物对 PAHs 的吸收积累作用

1.1.1　植物吸收 PAHs 的基本过程

植物可以以被动或主动方式吸收有机污染物，土壤中 PAHs 进入植物体内主要有两种途径（图 1-1）：根系从土壤中吸收 PAHs、并随蒸腾流沿木质部向茎叶传输；PAHs 从土壤挥发到大气后，植物地上部分吸收空气中 PAHs。

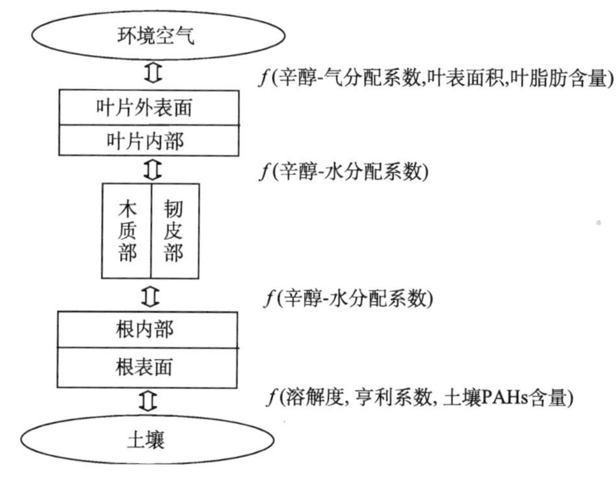

图 1-1　植物吸收 PAHs 基本过程（Simonich and Hites, 1995）

植物根系从土壤中吸收 PAHs 可分为两个过程。一是 PAHs 从土壤固相中解吸出来进入土壤溶液中，随着溶液与植物根系的接触，PAHs 扩散到根系表面自由空间，并吸附在根系表皮外部；二是 PAHs 通过质外体或者共质体途径，依次经过表皮、皮层、内皮层、维管组织等进入根系内部组织中，并在此过程中发生分配、代谢等各种过程（林庆祺等，2013；Gao et al., 2011a）。一般认为，持久性有机污染物主要通过被动吸收进入到植物根系，其迁移动力来源于蒸腾拉力（Paraíba, 2007）。植物对 PAHs 的被动吸收可看作 PAHs 在土壤固相−水相、土壤水相−植物水相、植物水相−有机相间一系列分配过程的总和（Chiou et al., 2001;

Gao et al., 2008; Ryan et al., 1988）。近年来，有学者发现，一些植物根系也可主动吸收低相对分子质量PAHs（Zhan et al., 2010）。

植物茎叶也可以直接吸收挥发到空气中的PAHs。空气中PAHs主要以气态或与气溶胶、颗粒物等结合态存在。气态PAHs经叶片气孔直接被吸收进入植物体，附着在大气颗粒物等的PAHs可以通过干湿沉降过程聚集在植物叶片表面，再通过扩散作用进入叶片内部，扩散到细胞间隙后在临近亲水或疏水组织中进行分配。Wild等（2006）采用双光子激光共聚焦显微技术观察了菲从空气进入玉米和菠菜叶内部的过程及其在叶片中的分布，发现空气中菲既可以气态形式被吸收，也可通过颗粒沉降在叶片表面再扩散进入叶片中。

植物吸收积累PAHs与植物种类和组成、土壤环境条件、PAHs性质等有关。

植物种类是影响其吸收PAHs的主要因素之一。植物种类不同，其对PAHs的吸收积累亦存在差异，即使同类植物在不同环境下也会有所差别。禾本科植物比木本科类植物更易吸收积累PAHs；这是由于须根比主根有更大的比表面积，且通常处于土壤表层，而表层土壤中PAHs含量多高于深层土壤（孙铁珩等, 2001）。植物根系类型不同，根的比表面积、根系分泌物、酶、根际微生物等会有差异，这导致根际土壤中PAHs降解不同，进而影响植物根系吸收行为（林道辉等, 2003）。由于不同植物的脂质含量存在差别，而辛醇的性质与生物脂质相似，因此，研究人员普遍利用辛醇-水分配系数（K_{ow}）来代替脂质-水分配系数（K_{lip}），用于表征PAHs等亲脂性有机污染物在脂相和水相间的分配行为（Stales et al., 1997）。研究发现，植物根系积累PAHs与该植物脂质含量呈显著正相关（Gao and Collins, 2009; Gao and Zhu, 2004; Gao et al., 2005）。植物根系吸收PAHs不仅与植物脂质有关，还与根系碳水化合物、细胞壁成分等因素有关。Zhang等（2009）发现，尽管K_{lip}能够比K_{ow}更准确地评价脂质对PAHs的富集能力，但是碳水化合物在植物中质量分数占比大（例如，在黑麦草根部占比约为脂质的98倍）。有学者发现，细胞壁成分（纤维素、果胶等多糖物质）也是影响植物根系PAHs积累的一个重要原因；Chen等（2009）发现，小麦根的细胞壁比其他成分具有更高的菲亲合力和更低极性，3种小麦细胞壁成分（果胶和两种半纤维素）对菲的吸附能力分别与它们自身的芳香化程度和极性呈极显著正相关和负相关，这也从侧面反映了以碳水化合物为主的细胞壁在根系富集PAHs时的重要作用。植物组成也会影响植物茎叶从空气中吸收PAHs，茎叶从空气中吸收PAHs的量（C_p, ng/g）为针叶＞阔叶＞种子，与其脂质含量（f_{lip}）正相关；当用f_{lip}标化后（即C_p/f_{lip}），针叶、阔叶和种子的PAHs含量差异大大降低（Hermanson and Hites, 1990）。

土壤不仅是有机污染物的汇，也是植物生长的基本载体。土壤质量优劣直接影响植物生长状况，这必然会在植物吸收污染物中有所反映。以植物对PAHs的直接吸收为例，其吸收作用取决于植物对 PAHs 的吸收效率和植物生物量；吸收效率与植物、PAHs 固有性质有关，而生物量则取决于土壤的土宜状况（土壤肥力、土壤质地、酸碱度、通气性、有机质含量、微生物群落组成等）（Gao et al., 2003）。土壤有机质含量、矿物组成、酸碱度等理化性质会影响植物吸收 PAHs。Chiou 等（2001）认为，植物对亲脂性有机污染物的吸收作用与土壤有机碳含量呈负相关。土壤中矿物质和有机质的含量是影响有机污染物生物可利用性的两个重要因素，矿物质含量高的土壤对离子型有机污染物的吸附能力较强，并降低其生物可利用性；有机质含量高的土壤会吸附或固定 PAHs 等疏水性有机物，从而降低其生物可利用性（Gao et al., 2006）。土壤有机质含量越高，对 PAHs 吸附越强，土壤中 PAHs 生物可利用性越低，植物吸收越少。植物吸收 PAHs 与土壤污染强度有关。Petersen 等（2002）报道，几种作物对土壤中苯并[a]芘的富集系数一般小于 0.004，且随土壤苯并[a]芘污染负荷的提高而减小。Gao 和 Ling（2006）研究发现，植物根部的 PAHs 含量与土壤中 PAHs 含量间呈正相关。

PAHs 理化性质也会影响植物吸收 PAHs。植物吸收 PAHs 与 PAHs 的 K_{ow}、分子大小、亨利系数（H）、半衰期、浓度等理化性质有关。Ryan 等（1988）指出 $\log K_{ow}$ 为 1～2 的有机污染物最有可能在植物体内迁移；而 $\log K_{ow}>5.0$ 的有机物主要被土壤或植物根部吸附，难在植物体内迁移。可用 $\log K_{ow}$ 近似反映有机物在土壤-植物系统中的迁移行为：$\log K_{ow}\leqslant 1$ 的有机物易溶于水，可在植物木质部或韧皮部流动；$\log K_{ow}$ 在 1～4 的有机物易被根吸收，可在植物木质部流动，但不能在韧皮部流动；$\log K_{ow}>4$ 的有机污染物大量被根吸收积累，但难传输至地上部分。PAHs 的相对分子质量和分子结构也影响了植物对其吸收。植物一般容易吸收相对分子质量小于 500 的有机物、而不易吸收相对分子质量较大的非极性有机物（林道辉等, 2003）。PAHs 分子结构的不同，对植物的毒害作用也不同，这影响了植物根对其的吸收。植物茎叶吸收与 PAHs 的辛醇-气分配系数（K_{oa}）以及亨利系数（H）等相关（Chiou et al., 2001; Hung et al., 2001）。疏水性较强、蒸气压较大的污染物易从土壤挥发至环境空气，并以气态形式通过叶片气孔被植物吸收。Kipopoulou 等（1999）报道，植物茎叶对 PAHs 的富集系数与 PAHs 的蒸气压（P）呈显著负相关，与辛醇-气分配系数（K_{oa}）呈显著正相关。Simonich 和 Hites （1995）综述了植物吸收环境空气中有机污染物的行为：茎叶吸收环境空气中有机污染物与污染物的 K_{oa}、H、茎叶比表面积和脂肪含量密切相关。

吸收后的 PAHs 可进一步在植物亚细胞中分配。Wild 等（2005）利用激光共聚焦荧光显微镜观察发现，PAHs 可透过细胞壁进入细胞液泡中，由于液泡区室化作用而储存于液泡中。从亚细胞的水平上来看，理论上植物为了避免 PAHs 的毒害可表现出选择性分布。Kang 等（2010）和陈冬升等（2010）采用温室水培试验方法，研究了黑麦草、苏丹草、墨西哥玉米、高羊茅、三叶草等植物根亚细胞中菲的分配作用，发现随着培养液中菲浓度增大，植物根、细胞壁、细胞器中菲的含量提高，富集系数则降低；菲主要分配于植物亚细胞的固相组分中，5 种植物根亚细胞中菲分配的比例大小顺序为细胞器＞细胞壁＞可溶部分；尽管细胞器在植物组成中占比较小，但由于细胞器具有较高的脂质含量，其对菲的富集能力强于细胞壁。

吸收后的 PAHs 在植物体内被部分代谢。姜霞等（2001）采用封闭培养箱系统，应用同位素示踪技术研究了 ^{14}C-菲在“植物-火山石-营养液-空气”系统中的迁移转化：在该系统各部分中 ^{14}C 的放射性强度大小为根（38.55%）＞挥发性有机代谢物（17.68%）＞火山石（14.35%）＞CO_2（11.42%）＞茎叶（2%），而母体形态（parent compound）的菲含量为根＞茎叶＞火山石＞营养液。Gao 等（2013）和张翼等（2010）采用水培试验方法以黑麦草为供试植物证实了植物对蒽的代谢作用，发现根部是代谢蒽的主要部位，蒽的一级代谢产物蒽醌和蒽酮可以由根系向培养液中释放，也可由根向茎叶传输。酶是植物代谢 PAHs 的主要媒介。PAHs 低污染强度刺激了植物体内酶活性的提高，但高污染强度则使植物受害、酶活性降低（卢晓丹等，2008）。Ling 等（2012）剖析了与植物代谢 PAHs 密切相关的几种酶系在亚细胞中的分配行为，发现 PAHs 污染胁迫下植物根和茎叶细胞液中总酶活性占比最高，但细胞壁具有最大的比酶活性。一系列酶系在植物代谢 PAHs 过程中起重要作用。具有木质素降解酶系——漆酶的白腐菌可以降解 PAHs；有报道指出，经纯化后的漆酶可以氧化多种 PAHs，用纯漆酶液处理 72h，苊去除率高达 35%，蒽和苯并[a]芘分别被氧化 18%和 19%（Majcherczyk et al., 1998）。过氧化物酶（POD）是氧化有机污染物的重要酶。Gao 等（2012）发现，辣根过氧化物酶可以降解溶液中萘、蒽和菲，并提出通过调节植物酶系活性可调控植物对 PAHs 的代谢过程，这为污染区规避植物 PAHs 污染风险提供了途径。

1.1.2　植物吸收 PAHs 的调控

抑制剂和安全剂可调控植物对 PAHs 的吸收积累和代谢。研究者发现，通过调节植物酶活性，可调控植物对有机污染物的吸收积累和代谢过程。其中，代谢抑制剂能显著地提高除草剂等的植物活性，如甲吡酮、胡椒基丁醚、1-氨基苯并三唑等可通过抑制细胞色素 P450 单加氧酶的活性而增进除草效果（Banerjee et al., 1999）；安全剂则能在不影响农药对靶标植物（如杂草）活性的前提下，增强作物体内细胞色素 P450 酶活性、诱导农药代谢，或增加作物体内谷胱甘肽-S-转移酶和谷胱甘肽的含量，促进农药与谷胱甘肽缀合而解毒（Badiani et al., 1990）。Gao 等（2012）和龚帅帅等（2011）以高羊茅（*Festuca arundinacea*）为供试植物，利用水培体系研究了抑制剂和安全剂对植物根中过氧化物酶（POD）和多酚氧化酶（PPO）活性以及菲代谢的影响，供试安全剂为浓度0.3%的NaCl，抑制剂为浓度2.00 mg /L 的抗坏血酸（VC）；发现安全剂作用下植物根部PPO和POD的活性略高于对照，VC显著抑制植物根中菲的代谢，降低了高羊茅根部PPO和POD的活性，抑制剂对植物根中POD和PPO活性的抑制效率与根部菲代谢抑制效率呈显著正相关。

表面活性剂则可通过改变 PAHs 的溶解度和生物可利用性而影响植物对PAHs的吸收积累。高彦征等（2004）采用水培试验研究发现，低浓度Tween 80（＜13.2 mg/L)能显著增强黑麦草和红三叶吸收溶液中的菲和芘，浓度为6.6 mg/L时促进作用最强，根和茎叶中菲和芘含量、积累量、富集系数为无Tween 80对照处理的216%；高浓度Tween 80（＞39.6 mg/L）则会抑制根和茎叶吸收积累菲和芘。Gao等（2008）通过添加非离子型表面活性剂Brij 35研究了黑麦草对菲和芘的吸收作用，得出添加低浓度（≤74 mg/L）Brij 35促进黑麦草对菲和芘的吸收与积累，而高浓度（≥148 mg/L）Brij 35则抑制了植物对菲和芘的吸收。Zhu和Zhang（2008）则通过水培实验研究了生物表面活性剂鼠李糖脂对植物吸收PAHs的影响，发现添加低浓度（0～25 mg/L）鼠李糖脂促进了黑麦草根系对PAHs的吸收。

近年来，一些研究者尝试采用微生物技术来调控植物吸收积累PAHs。

丛枝菌根真菌（AMF）是土壤微生物区系中生物量最大、最重要的成员之一，与外生菌根相比，AMF能与80%以上的陆生植物和绝大多数速生草本植物形成共生体系（李秋玲等，2006）。AMF在改善植物营养状况、促进植物生长、增强植物抗逆能力等方面作用显著（肖敏等，2009）。已有资料表明，接种 AMF 能显著地促进土壤中PAHs降解、并影响植物吸收PAHs（李秋玲等，2008；孙艳娣等，2012）。Leyval和Binet（1998）研究发现，土壤中含有5 g/kg PAHs时只有接种AMF的黑麦草才能存活。刘世亮等（2004）发现，种植紫花苜蓿的土壤中，接种AMF（*Glomus caledonium*）后土壤中可萃取态苯并[a]芘的降解率要远高于不接种对照。从已有的资料来看，AMF可显著影响植物对PAHs的吸收和分配。Wu等（2009）研究发现，接种AMF（*Glomus etunicatum*、*Glomus caledonium*）可提高玉米根中菲的积累量，但却降低了其茎叶中的含量。程兆霞等（2008）研究得出，接种AMF（*Glomus mosseae*、*Glomus etunicatum*）可显著地提高三叶草根的芘含量、积累量和根系富集系数，但对辣椒的影响并不显著，这主要与植物的菌根侵染率和“菌根依赖度”不同有关。Gao等（2011b）发现，接种AMF（*Glomus mosseae*、*Glomus etunicatum*）降低了紫花苜蓿地上部菲和芘的含量。AMF菌丝是直接联系土壤和植物根系的桥梁，在植物污染生态、植物营养中作用显著。Gao等（2011a）揭示了AMF菌丝在植物吸收PAHs中的作用和功能，发现数量庞大的AMF菌丝可从土壤中吸收 PAHs 并将其传输至根部，传输效率与 PAHs 性质密切相关，相对分子质量小、溶解度大的 PAHs 更易被传输；与植物根相比，菌丝对 PAHs 的分配系数（K_d）要比根高 2～4 倍，其富集 PAHs 后进一步将其传输至根中，这是导致接种 AMF 促进根部积累 PAHs 的根本原因。AMF 菌丝减低了植物体内 PAHs 由根部向地上部的传输能力，进而降低了植物地上部 PAHs 污染的风险。

微生物在植物根表形成的生物膜可以影响植物吸收 PAHs。根表是根系吸收污染物的重要窗口。研究发现，植物根表细菌能产生植物激素，促进植物生长，提高植物对矿物质的吸收，且植物根表细菌的代谢产物可以作为营养物质被植物吸收，产生抗性物质抵抗和抑制病原体（Rudrappa et al., 2008）。细菌的成膜作用可以增强 PAHs 等有机污染物的生物可利用性。Johnsen 和 Karlson（2004）发现，绝大部分供试 PAHs 降解细菌皆可在 PAHs 晶体表面形成生物膜，该生物膜的形成对提高难溶性 PAHs 的生物可利用性具有重要作用，是其克服 PAHs 晶体分子转移并利用难溶性 PAHs 生长的主要机制。Seo 和 Bishop（2007）在研究菲降解菌在不溶性菲表面的成膜作用时发现，产生胞外聚合物（exopolysaccharide，EPS）形成生物膜是细菌利用难溶性 PAHs 的主要手段。盛月惠（2015）分离筛选获得了具有菲降解功能的细菌 *Sphingobium* sp. 45-RS2，发现该菌株在紫花苜蓿根表的定殖和成膜作用促进紫花苜蓿的生长、并显著降低植物体内菲含量和积累量。顾玉骏（2015）用绿色荧光蛋白基因（*gfp*）对获得的具有芘降解能力的 *Mycobacterium* sp. Pyr9 进行了标记，发现标记菌株（Pyr9-*gfp*）对芘的降解能力没有显著变化，菌株 Pyr9-*gfp* 可以在三叶草根表定殖并形成细菌生物膜，根表 Pyr9-*gfp* 可以进入植物根部组织，并在植物体内增殖，Pyr9-*gfp* 在三叶草根表的定殖可以显著提高植物茎叶和根部生物量，降低植物体内芘含量、积累量及富集系数，也显著提高了土壤中芘的去除率。利用根表细菌成膜技术有望阻控和降低植物 PAHs 污染风险。

筛选具有 PAHs 降解功能的植物内生细菌、并将其重新定殖到植物体内，有望降低或消除植物 PAHs 污染的风险。近些年来，该领域研究受到关注。

1.2　植物内生细菌

1.2.1　植物内生细菌及其多样性

1866 年德国科学家 De Bary 首先提出“Endophyte”的概念，在植物体内的微生物均为内生细菌。1992 年，Kleopper 等（1992）提出“植物内生细菌”的概念，即从植物体内分离出的、在不改变植物特征和功能的同时能够良好定殖在健康植物体内的一类细菌，植物内生细菌对宿主植物不造成任何负面影响及实质性危害，并与宿主植物存在互利共生关系。

几乎所有健康的植物体根、茎叶等各个器官、组织的细胞或间隙中都存在不同种类的植物内生细菌，表现出丰富的生物多样性（Suto et al., 2002）。自 20 世纪中叶以来，从各种农作物和经济作物中分离筛选的植物内生细菌已达 120 余种，分为 50 多个属，主要有芽孢杆菌属（*Bacillus*）、肠杆菌属（*Enterobacter*）、假单胞菌属（*Pseudomonas*）、土壤杆菌属（*Agrobacterium*）、克雷伯氏菌属（*Klebsiella*）、泛菌属（*Pantoea*）、甲基杆菌属（*Methylobacterium*）等（Sturz et al., 1999）。例如，Hironobu 和 Hisao（2008）对从水稻各个组织中分离到的 30 株内生细菌进行序列分析，结果显示这些植物内生细菌可分为 6 大种属。

植物体内的内生细菌主要是外界细菌通过植物表面、体表自然开口或伤口、种子、根部裂隙等进入植物的（Kluepfel, 1993；Lodewyckx et al., 2002；McCully, 2001），也可来源于植物的致病虫等（Ashbolt and Inkerman, 1990）。土壤细菌从根部入侵是内生细菌进入植物的主要途径，细菌通过根部进入植物后扩散到茎、叶等地上组织中（Compant et al., 2010），因此内生细菌的多样性一定程度上取决于根际细菌的多样性（Berg et al., 2005）。Seghers 等（2004）研究发现，植物根部和茎部中栖息的内生细菌有许多与土壤细菌的分类单位相同，且根部细菌数远大于茎叶，表明大部分内生细菌来源于植物根际，并由此进入植物组织。内生细菌的多样性、分布受宿主植物及植物生长环境的影响。污染胁迫是影响植物内生细菌群落结构的重要环境因素之一。王陶等（2010）研究发现，与对照相比，喷洒有机农药恶霉灵的小白菜茎中内生细菌多样性明显增加，根部内生细菌多样性有所增加，而叶部内生细菌多样性为先增加后降低；Phillips 等（2008）发现，在烃类污染土壤中生长的不同植物体内内生细菌群落结构各不相同，部分内生细菌可能对植物代谢烃类污染物的能力有一定影响。

在植物内生细菌多样性研究方法方面，主要有以下两类：一类为传统的涂布分离培养方法，另一类是随着分子生物学技术而发展起来的非培养方法。

传统的分离培养方法是研究植物内生细菌最常用的手段之一，对微生物种群类别、特别是在新物种资源的发现方面有着举足轻重的作用。传统培养法分离植物内生细菌的步骤主要为：植物表面消毒、研磨、培养、分离、纯化，最终得到单一内生细菌的菌落。虽然传统分离培养方法较为方便快捷、直观且经济易行，但它也有其不足及需要改进的地方。传统的分离培养方法的主要缺点是无法分离出一些尚不可培养的微生物，因而其不能完全准确地判断植物体内内生细菌的种类与数量。同时，灭菌时间、消毒剂、培养基及培养温度的选择等过程均会影响内生细菌的分离结果（彭安萍, 2014）。

自然界中绝大多数微生物尚不能利用现有的培养技术分离获得，目前利用传统的分离培养方法分离鉴定出的微生物只占环境中全部微生物种类的0.1%～10%（Amann et al., 1995）。由于植物体内环境较为复杂，内生细菌的生长环境难以模拟，因此在使用传统的分离法培养植物内生细菌时所采用的条件并不能满足植物体内所有内生细菌生长所需，仅使用传统的分离培养技术进行植物内生细菌多样性的研究难免存在偏差。

现代分子生物学技术的应用则可避免传统培养方法的弊端，从分子水平上更加客观、准确地揭示了植物内生细菌的多样性；应用现代分子生物学方法进行植物内生细菌的研究现已成为植物内生细菌研究的一个发展趋势。目前应用于植物内生细菌研究的分子生物学方法大多是以 PCR 方法为基础进行的，即对供试样品进行总 DNA 提取后再进行 PCR 扩增，在此基础上再利用各生物学手段进行分析，以下简要介绍几种使用较为广泛的基于 PCR 的分子生物学方法。16S rRNA 基因是编码原核生物核糖体小亚基 rRNA 的基因，是细菌分类学研究中最常用、最有用的“分子钟”；分析时以细菌的 16S rRNA 基因为模板，使用特异性引物对植物内生细菌的总 DNA 进行 16S rRNA 基因扩增，然后将扩增产物进行酶切、克隆后构建克隆文库，将分离出的不同基因序列进行测序，测序后与数据库中已知菌种的 16S rRNA 基因序列进行比对，鉴定其分类地位，最后通过对 16S rRNA 基因片段类型和出现频率的分析，得出内生细菌群落结构和多样性的信息（Mccaig and Prosser, 1999）。变性梯度凝胶电泳（DGGE）技术是检测 DNA 突变的一种常用电泳技术，由于可信度高、重现性好、操作方便，现已经成为分析内生细菌遗传多样性强有力的工具之一（辜运富等, 2008）；DGGE 技术主要是对样品总 DNA 的 PCR 产物进行分离，其原理是将特定的双链 DNA 片段在含有一定范围的线性浓度梯度的聚丙烯酰胺凝胶中电泳，电泳时 DNA 片段向高浓度变性剂方向迁移，当变性剂浓度达到 DNA 变性要求的最低浓度时，双链 DNA 开始解链，这就导致该部分 DNA 的迁移速率变慢；由于这种变性具有序列特异性，因此 DGGE 能够较理性地将同样大小的 DNA 片段分开；该技术可以用于检测单一碱基的变化，研究微生物群落遗传多样性以及分析 DNA 片段的多态性。限制性片段长度多态性（RFLP）是一种 DNA 分子水平上的多态性检测技术，它是核酸电泳、限制性内切酶、杂交探针技术及印迹技术等方法的综合应用；RFLP 分析能够较好地反映出内生细菌的种属和亲缘关系较近的菌株间的差异，利用 PCR-RFLP 技术可以检测出发生改变的碱基位点，通过特定探针杂交对发生改变的位点片段进行检测，从而可比较分析所测细菌在 DNA 水平上的差异即细菌的多样性（王晓丹等, 2007）。末端限制性片段长度多态性（T-RFLP）是一项综合运用了 PCR 技术、DNA 限制性酶切技术、DNA 序列自动分析技术和荧光标记技术等多种方法的技术手段，它以分子系统学原理为基础，在 DNA 水平上通过对特定核酸片段长度多态性的测定来分析比较微生物的群落结构和功能；T-RFLP 技术能够免去做胶、切胶等烦琐的工作以及避免了与有毒物品的频繁接触，不仅可在短时间内分析大量样品，且可得到较多微生物的操作分类单元（OUT）。除上述方法外，以 PCR 反应为基础的分子生物学方法还有温度梯度凝胶电泳（TGGE）、随机扩增片段多态性（RAPD）、rRNA 基因限制性分析（ARDRA）等技术（孙磊, 2006）。与传统的分离培养方法相比，利用现代分子生物学技术手段分析植物内生细菌种群及群落的多样性时，检测出的细菌丰富度及优势种属存在差异。

1.2.2　植物体内内生细菌功能

植物内生细菌能够作为外源基因载体，产生抗菌素、某些酶类等次生代谢产物，诱导植物产生系统抗性，促进植物生长，并与病原菌竞争生态位，同时也能作为联合固氮菌剂等，其已成为微生物领域研究的一大热点。植物内生细菌作为植物微生态系统中的组成成分，其存在促进了寄主植物对环境的适应性，固化了系统的生态平衡。目前已了解到的植物体内内生细菌的生物学作用主要有生物防治、植物促生和固氮作用（刘爽, 2012）。

在生物防治作用方面，目前已经在多种植物中分离到能抑制宿主植物病原菌生长的内生细菌，它们能提高宿主植物抗疾病的能力。例如，王万能等（2003）从烟草根部分离的 118 株内生细菌能防治烟草黑胫病；从番茄健康植株根内分离获得的 239 株内生细菌中有 18 株能在平板培养中拮抗番茄青枯病菌（龙良鲲等, 2003）；从马铃薯块茎中分离到 240 株内生细菌，其中 55 株能在平板培养中拮抗环腐病菌（崔林等, 2003）。另外，植物内生细菌也可作为外源基因的载体，将抗病虫害的基因通过遗传工程手段导入植物内生细菌体内，从而获得新的生防菌，而植物本身的基因并没有改变，不会影响植物的天然性状（王万清，2015）。国外以棉花非病原性内生细菌作为 BT 杀虫基因载体来防治花蚜虫和玉米茎蛀虫，国内也有学者利用转 Bt 基因的内生细菌来防治棉铃虫（徐静等，2001）。

在植物促生作用方面，有些植物内生细菌与根际促生细菌一样，能产生植物激素等促进植物生长物质。假单胞菌属、芽孢杆菌属、草生欧文氏菌等可产生吲哚乙酸、赤霉素或细胞分裂素，这些物质能有效促进植物的生长（刘爽，2012）；水稻内生成团泛菌 YS19 能分泌四种不同的植物生长激素，共同调节水稻的生命活动，影响水稻乳熟期光合产物的分布（沈德龙等, 2002）。另外，植物内生细菌与病原菌竞争营养物质和生存空间，或直接产生拮抗物质来抑制病原菌，起间接促进作用。袁军等（2002）从健康马铃薯块茎内分离到一批马铃薯环腐病菌的拮抗菌，其中 118 号菌株在薯块内定殖能力强，使薯块内环腐菌的数量显著降低，从而促进薯块的生长。

在固氮作用方面，有些植物内生细菌可从空气中吸收氮，并将其固定为化合态。固氮内生细菌能利用植物产生的多余能量发挥固氮作用，有效发挥了非豆科作物与内生细菌共生固氮作用，在一定程度上可以取代或减少化肥的使用（杨海莲等, 2004）。植物体内独特微生态环境能使固氮细菌免受氧气等不利因素的影响，使一系列非豆科植物中内生细菌能进行生物固氮作用；并已从甘蔗、棕榈树、多种谷类等非豆科植物中分离到具有固氮能力的内生细菌（Baldani et al., 1997）。在甘蔗的根、茎、叶内存在大量新型内生固氮菌——重氮营养醋杆菌，该菌具有强抗酸能力，可在高糖环境中生长，并保持高效固氮活性，与甘蔗建立联合固氮作用，表现了严格的寄主专一性（陈丽梅等, 2000）。在水稻、玉米等植物中也相继分离到多株具有固氮作用的内生细菌（Boddey et al., 1995; Clemence et al., 2000）。

1.2.3　植物内生细菌对宿主植物的侵染与定殖

内生细菌进入宿主植物体内包括三个阶段：吸附、侵染和定殖。内生细菌对宿主植物的表面吸附是一个主动过程，是内生细菌侵入宿主植物的第一步。内生细菌与宿主植物组织表面的亲合机制如何，可能会影响到内生细菌侵染植物的效率（Tomblini et al., 1997）。有学者指出，用吸附等温线和吸附速率曲线可以确立菌体在植物根表面的吸附系数和单层吸满吸附量，吸附系数和单层吸满吸附量可作为内生细菌侵染和定殖能力的指数来判断内生细菌与宿主植物的亲合性（冯永君等, 2001）。

植物内生细菌可侵染和定殖到植物体内，并能在植物体内不同部位生长和转移。Coombs 等（2003）将菌株 EN27 定殖到发芽的小麦种子中，发现发芽的小麦种子胚芽、胚乳与刚长出的幼根中能检测到定殖的标记细菌，证明内生细菌能定殖在处于发育早期的植物中，并能在植物体内不同部位转移。小麦叶部和根部分别接种菌株 B946 后，发现其能良好定殖，并能在茎基部、叶内、根内转移（刘忠梅等, 2005）。也有学者利用能使细菌产生蓝色色素的 *gus* 基因标记了一种具有固氮能力的植物内生细菌黏质沙雷氏菌（*Serratia marcescens*）IRBG500，研究了该菌对水稻的定殖情况，发现接种 3d 后能在根部观察到标记的细菌定殖，在新根与根尖部分定殖的量比较高，6d 后在新生的茎和叶中也出现了标记的内生细菌（Gyaneshwar et al., 2001）。

常用的植物内生细菌的定殖方式包括浸种、灌根、蘸根、伤根、淋根、浸根、涂叶等，通常采用浸根、灌根、浸种、涂叶等传统的定殖技术。浸种接种，即将功能植物内生菌活化后配制成菌悬液，分别用菌悬液和无菌水浸泡供试植物种子一段时间后播种或培养；涂叶接种，即待植物苗长到一定高度时，用蘸取了菌悬液的毛笔在植物叶片上来回涂抹数次；灌根和浸根接种，即待植物苗长到一定高度后，分别用菌悬液和无菌水浇灌于植株根部或浸泡植物根部一段时间。不同定殖方式对植物内生细菌发挥其对寄主植物特定作用的影响不同。不同定殖方式的定殖能力不仅受菌液浓度、接种时间等定殖条件的影响，还受温度、光照、湿度等环境因子和植物种类、土壤性质等的影响。内生细菌 P38 定殖于哈密瓜体内的研究结果表明，不同定殖方式的定殖效率表现为浸种＞灌根、蘸根＞喷叶，定殖后内生细菌可在植株内进一步传导和分布（罗明等，2007）。

定殖后的植物体内功能内生细菌的检测方法主要有抗生素标记法、免疫学方法、基因标记法、特异性寡核苷酸片段标记法等。抗生素标记法是通过目标细菌的自发突变或人工诱变，筛选出抗高浓度抗生素的突变体，以此作为标记菌株进行回收检测（王金生，2000）；常用的抗生素有利福平、链霉素、四环素、氨苄青霉素、卡那霉素等，在抗生素标记中又以抗利福平标记为主，不易丧失其生防性状；该方法优点是简便、快速、消耗低且结果可进行统计分析，不足之处在于精确性低、回收下限较高（张炳欣等, 2000）。免疫学法利用抗原与相应抗体发生特异性反应，用抗体去检测相应的抗原，如酶联免疫吸附法（ELISA），通过吸光度的测定进行定量检测，ELISA 方法的灵敏度依赖于其使用的抗体和选用的酶和底物（Schloter et al., 1995）；荧光抗体技术、Western 印迹法是对样本染色后用荧光显微镜或激光共聚焦扫描显微镜直接观察目标菌存在的部位（Shishido et al., 1995），还可结合电镜技术，用免疫胶体金对目标菌标记，再用电镜观测（刘云霞等，1996）；免疫学法可进行定量统计，应用范围广，对死细胞或活细胞、可培养或不可培养的细胞均能检测到，定位准确。基因标记法是将外源基因即标记/报告基因引入到目标菌的质粒或其染色体中，并使其在菌体中稳定遗传，通过检测基因表达产物来监测细菌的分布并区别于其他微生物（张炳欣等，2000）；该技术所采用的标记基因多是编码酶基因如 *lac*Z、*cel*B、*gus*A、*lux*AB 等（Kleopper et al., 1992）；该方法较精确，检测下限低，对不能在固体培养基上生长的微生物也适用，但引入标记基因会增加细胞的代谢负荷，影响内生菌的适应性和生物学作用，同时该方法难于检测死细胞（路国兵等，2007）。特异性寡核苷酸片段标记法是用特异性的 DNA 或 RNA 序列作为核酸探针或者通过 PCR 技术检测内生定殖细菌；该方法应用途径可以是菌落杂交法，即探针与生长在培养基上的 DNA 杂交，也可以是直接检测法，探针与植物样品中提取的 DNA 杂交；该方法灵敏度高，无论是活细胞或死细胞，能培养的或不能培养的细胞均能被检测到，还具有可定量分析、特异性好等优点（刘爽，2012）。

1.3 利用功能内生细菌减低植物 PAHs 污染

1.3.1 具有调控植物体内有机污染物代谢功能的内生细菌

国内外研究者已从一些植物中筛选出了若干种可促进植物体内有机污染物代谢功能的内生细菌。内生细菌存在于植物的各个组织器官中。一般采用平板划线或稀释涂布的方法分离纯化出具有有机污染物降解功能的植物内生细菌（Korsten et al., 1995），即以有机污染物为唯一碳源，进行多次富集培养，再在以有机污染物为唯一碳源的固体平板上涂布，筛选出具有有机污染物降解水解圈的降解菌。因为环境条件、营养物质等均会影响细菌的生长，在进行植物内生细菌分离筛选时，植物的消毒剂种类和消毒时间、培养基及培养温度的选择等会影响功能内生细菌的分离结果。Germaine 等（2006）将具有降解 2,4-二氯苯氧乙酸能力的细菌（*Pseudomonas putida* VM1450）进行基因标记后接种于豌豆中进行盆栽试验，结果显示，接种菌株 VM1450 的植株生物量并不受土壤中 2,4-二氯苯氧乙酸浓度的影响，植物生长 7d 后，接种 VM1450 的豌豆体内没有 2,4-二氯苯氧乙酸的积累，而未接种 VM1450 的豌豆体内则积累了土壤中 2,4-二氯苯氧乙酸含量的 24%～35%。Phillips 等（2008）分析了紫花苜蓿内生细菌菌群结构与有机污染物降解能力的关系，发现当内生细菌 *Pseudomonas* spp.占优势时植物代谢烷烃类污染物的能力提高，而当 *Brevundimonas* 和 *Pseudomonas rhodesiae* 占优势时，植物代谢芳香烃类的能力会提高。Ho 等（2009）从芦苇、番薯和香根草中分离出了 188 株内生细菌，其中有 29 株细菌可利用芳香烃化合物作为唯一的碳源，在萘、苯和儿茶酚污染的环境中正常生长；该实验还发现了一株具有调控儿茶酚污染的内生细菌 *Achromobacter xylosoxidans* F3B。其他学者也筛选出了多种具有促进植物代谢有机污染物的内生细菌，见表 1-1。

表 1-1 可促进植物降解有机污染物的内生细菌

有机污染物	植物	细菌	参考文献
2,4-二氯苯氧乙酸	豌豆	*Pseudomonas putida* VM1450	Germaine et al., 2006
氯氰菊酯	茶树	*Bacillus* sp. TL2	洪永聪等, 2005
菲	小麦	*Enterobacter* sp. 7J2	陈小兵等, 2008
芘	小根蒜	*Enterobacter* sp. 12J1	Sheng et al., 2008
多氯联苯	小麦	*Herbaspirillum* sp. K1	Mannisto et al., 2001
多氯联苯	小麦	*Pseudomonas fluorescens* F113rifPCB	Ryan et al., 2007
甲苯	黄羽扇豆	*Pseudomonas* sp.VM1468	Taghavi et al., 2005

续表

有机污染物	植物	细菌	参考文献
烷烃类污染物	牧草	*Pseudomonas* sp.	Phillips et al., 2008
TNT、RDX 和 HMX	杂交杨树	*Methylobacterium populi* BJ001	Aken et al., 2004
三呋喃	白三叶草	*Comamonas* sp.	Wang et al., 2004

植物内生细菌可调控植物对有机污染物的降解能力，但不同内生细菌对植物的影响效果不同。洪永聪等（2005）从茶树内分离鉴定了 14 种内生细菌，均对氯氰菊酯有不同程度的降解，其中 *Bacillus* sp. TL2 在 48 h 内对氯氰菊酯的降解效率达 75.7%，该菌不仅可在茶树中成功定殖，而且使茶树的株高增加。内生细菌促进植物代谢有机污染物的效能与植物和内生细菌的种类和特性、植物对功能内生细菌的选择性、污染物性质等有关（Siciliano et al., 2001）。宿主植物对某一功能内生细菌的敏感性会随环境的改变而改变，而内生细菌也需要找到合适的宿主植物才能更好地定殖并发挥作用（Downing et al., 2000）。

1.3.2 具有 PAHs 降解功能的植物内生细菌

目前已从污染区采集的植物体内分离筛选出多株功能内生细菌，均可有效地降解 PAHs。例如，刘爽等（2013）从 PAHs 污染区生长的健康植物看麦娘中筛选出 1 株能高效降解菲的功能内生细菌（*Naxibacter* sp.），该菌在 3 d 内对菲的降解率达 98.78%。陈小兵等（2008）从石油污染的植物体内分离得到一株植物内生细菌 7J2（肠杆菌属，*Enterobacter* sp.），6 d 时菲的降解率高达 99.81%。倪雪等（2013）从芳烃厂周边污染区采集的小飞蓬和三叶草中分离获得两株高效降解菲的植物内生细菌 P_1（寡养单胞菌属）和 P_3（假单胞菌属），7 d 时菲的降解率均高于 90%。孙凯等（2014）从被 PAHs 长期污染的植物（小飞蓬和三叶草）体内分离得到 2 株芘降解植物内生细菌 BJ03（*Acinetobacter* sp.）和 BJ05（*Kocuria* sp.），15 d 时芘降解率高于 50%。钟鸣等（2010）筛选的芘降解菌 ZQ5（*Stenotrophomonas* sp.）10 d 时对芘的降解效率为 91.2%。Sheng 等（2008）从 PAHs 污染场地的薤白（*Allium macrostemon*）中分离筛选出一株芘降解功能内生细菌 *Enterobacter* sp. 12J1，该菌能够增加植物生物量，提高植物对芘的抗性，促进芘的去除。其他学者也分离筛选了具有 PAHs 降解功能的植物内生细菌（靳璞，2014）。

可以采用浸种、灌根、涂叶、灌根、蘸根、伤根、淋根等方式将具有 PAHs 降解功能的植物内生细菌定殖到目标植物体内，进而发挥效能。林相昊（2016）采用浸种、灌根、涂叶三种定殖方式，研究了具有芘降解功能的内生细菌 *Serratia* sp. PW7 在小麦（*Triticum aestivum* L.）体内的定殖及效能，发现菌株 PW7 能够良好地定殖在小麦体内，可从根部向茎叶部转移，并可降低小麦根部和茎叶部芘含量和积累量，但不同定殖方式下菌株 PW7 效能存在差异，小麦体内芘的去除效果表现为灌根＞浸种＞涂叶。Sun 等（2014）从 PAHs 污染场地的健康植物看麦娘体内分离筛选出一株芘降解内生细菌 *Staphylococcus* sp. BJ06，采用灌根方式定殖到黑麦草（*Lolium multiflorum* Lam）中，该菌株促进了黑麦草生长，且黑麦草根、茎叶中芘的去除率分别提高了 31%和 44%。盛月惠（2015）从生长于 PAHs 污染场地的健康植物根中分离筛选了一株具有菲降解功能的内生细菌 *Sphingobium* sp. RS2，将 *gfp* 基因导入目标菌株（新菌株命名为 45-RS2），通过灌根或浸种定殖处理，菌株 45-RS2 能良好地定殖在紫花苜蓿根表，并可进入植物根中，随蒸腾流迁移到茎叶部，定殖 45-RS2 促进了紫花苜蓿的生长，并有效地降低了紫花苜蓿根部菲含量。

功能内生细菌对植物体内 PAHs 污染的调控作用主要是通过功能菌自身直接代谢和诱导植物代谢两方面来完成的。

功能内生细菌可直接代谢 PAHs。内生细菌可以以 PAHs 为唯一碳源进行生长，从而代谢 PAHs。在 PAHs 诱导下，细菌可产生双加氧酶，把两个氧原子加到苯环上，形成过氧化物，将其氧化为顺式二醇，脱氢产生酚。PAHs 降解的中间产物主要是邻苯二酚、2,5-二羟基苯甲酸、3,4-二羟基苯甲酸等，产生的这些中间产物最后再由细菌进一步降解（Sims and Overcash, 1981）。内生细菌也可利用植物体内的碳源或氮源实现其对 PAHs 的共代谢。已有研究表明，部分土壤中细菌可与 PAHs 共代谢从而去除土壤中 PAHs（刘世亮等，2002），植物内生细菌种属与土壤中细菌种属部分相同，因此，有些植物内生细菌对 PAHs 降解的作用机理与土壤细菌相似，在植物体内有其他碳源或氮源存在下，它们可以与植物体内 PAHs 共代谢，进而降解植物体内残留的 PAHs （彭安萍等，2013）。内生细菌中含有与 PAHs 代谢有关的基因，当 PAHs 存在时会促进内生细菌中这些基因大量表达。Siciliano 等（2001）研究发现，受到污染后植物根中内生细菌的 alkB、ndoB、ntdAa、ntnM 等基因大量表达并产生酶类，以促进内生细菌对有机污染物的代谢。利用基因工程技术将 PAHs 降解基因导入内生细菌从而构建了工程内生细菌，并将其定殖到宿主植物体内，可以促进植物体内 PAHs 的降解；Baran 等（2004）利用 Tom 质粒构建了可高效降解甲苯的工程内生细菌，将其定殖到宿主植物体内，与对照相比该工程菌株使宿主植物向空气中扩散甲苯的量降低 50%～70%；然而，针对降解 PAHs 的基因工程内生细菌的报道仍较为少见。另外，功能内生细菌可以在植物根表形成生物膜，进而截留和代谢由土壤进入植物根中的 PAHs（刘娟等，2013）。

功能内生细菌也可通过诱导植物代谢 PAHs 来减低植物污染。内生细菌可通过促进植物生长来间接地提高植物体内 PAHs 代谢的效率。内生细菌促进植株生长主要表现为促进植物根系的形成、增加植物的鲜重以及加强植株的生长势等方面（崔北米等，2008）。研究表明，内生细菌可产生吲哚乙酸、细胞分裂素、乙烯、赤霉素等植物激素来刺激植物生长（饶小莉等，2007），有的植物内生细菌还可通过固定大气中的氮、增加宿主植物对土壤中氮、磷等必需元素的吸收、影响植物光合作用等间接地促进植物的生长（Compant et al., 2005; Shi et al., 2010）。内生细菌也可减少植物病菌感染，利于植物生长。内生细菌在宿主植物体内代谢产生了一些抗菌物质，如抗生素、超氧化物歧化酶等，可抑制或者杀害病原菌，并可通过与病原菌的营养竞争和生态排斥作用来抑制病菌生长（Kvesitadze et al., 2009）；有的内生细菌还可以诱导宿主植物产生系统抗性从而抑制了病原菌的侵染和繁殖。内生细菌能通过调控植株体内酶系来增强植株对污染物的抵抗力（Harish et al., 2009）。植物体内的氧化酶、还原酶、去卤化酶、酯酶等参与了植物代谢体内有机污染物的解毒过程，内生细菌可直接影响宿主植物体内的酶活性，从而对植物体内有机污染物的代谢过程起到调控作用（Sharma et al., 1970）。Kim 和 Hao（1999）发现，内生细菌可以在特定诱导物的作用下提高酶活性或诱导植物自身产生降解有机污染物的酶类来间接降解有机污染物。Weyens 等（2009）研究发现，当黄羽扇豆暴露在 40 mg/L 的 $NiSO_4$ 和 10 mg/L 的三氯乙烯中时，其根部过氧化氢酶、超氧化物歧化酶的活性显著增加，而接种可促进植物代谢三氯乙烯的菌株 *B. cepacia* VM1468 后，上述两种酶的活性保持在原有水平甚至轻微下降。近年来，盛月惠（2015）研究发现，采用浸种方式接种具有菲降解功能的内生细菌 45-RS2 后，紫花苜蓿根和茎叶中 POD 活性增强。林相昊（2016）发现，在小麦体内定殖具有芘降解功能的内生细菌 *Serratia* sp. PW7 后，小麦体内邻苯二酚-2, 3-双加氧酶（C23O）、过氧化物酶（PPO）、多酚氧化酶（POD）等活性增强，进而促进了小麦体内芘的降解。

本书后续章节中将通过实验数据进一步详细介绍具有 PAHs 降解功能的植物内生细菌及其对植物 PAHs 污染的调控作用与机制。

参考文献

陈冬升, 凌婉婷, 张翼, 等. 2010. 几种植物根亚细胞中菲的分配. 环境科学, 31(5): 220-225.

陈丽梅, 樊妙姬, 李玲. 2000. 甘蔗固氮内生菌——重氮营养醋杆菌的研究进展. 微生物学通报, 27(1): 63-66.

陈小兵, 盛下放, 何琳燕. 2008. 具菲降解特性植物内生细菌的分离筛选及其生物学特性. 环境科学学报, 28(7): 1308-1313.

程兆霞, 凌婉婷, 高彦征, 等. 2008. 丛枝菌根对芘污染土壤修复及植物吸收的影响. 植物营养与肥料学报, 14(6): 1178-1185.

崔北米, 潘巧娜, 张陪陪, 等. 2008. 大蒜内生细菌的分离及拮抗菌筛选与鉴定. 西北植物学报, 28(11): 2343-2348.

崔林, 孙振, 孙福在, 等. 2003. 马铃薯内生细菌的分离及环腐病拮抗菌的筛选鉴定. 植物病理学报, 33(4): 353-358.

戴树桂. 2006. 环境化学. 北京: 高等教育出版社.

冯永君, 宋未. 2001. 植物内生细菌. 自然杂志, 23(5): 249-252.

高彦征, 朱利中, 胡辰剑, 等. 2004. Tween80 对植物吸收菲和芘的影响. 环境科学学报, 24(4): 713-718.

葛成军, 俞花美. 2006. 多环芳烃在土壤中的环境行为研究进展. 中国生态农业学报, 14(1): 162-165.

龚帅帅, 韩进, 高彦征, 等. 2011. 抑制剂和安全剂对高羊茅根中酶活性和菲代谢的影响. 生态学报, 31(14): 4027-4033.

顾玉骏. 2015. 根表多环芳烃降解细菌的分离筛选及其在植物根表的定殖和效能. 南京: 南京农业大学.

辜运富, 张小平, 涂仕华. 2008. 变形梯度凝胶电泳(DGGE)技术在土壤微生物多样性研究中的应用. 土壤, 40(3): 344-350.

洪永聪, 辛伟, 来玉宾, 等. 2005. 茶树内生防病和农药降解菌的分离. 茶叶科学, 25(3): 183-188.

姜霞, 区自清, 应佩峰. 2001. ^{14}C-菲在“植物-火山石-营养液-空气”系统中的迁移和转化. 应用生态学报, 12: 451-454.

李秋玲, 凌婉婷, 高彦征. 2006. AM 对有机污染土壤的修复作用及原理. 应用生态学报, 17: 2217-2221.

李秋玲, 凌婉婷, 高彦征, 等. 2008. 丛枝菌根对土壤中多环芳烃降解的影响. 农业环境科学学报, 27: 1705-1710.

林道辉, 朱利中, 高彦征. 2003. 土壤有机污染的植物修复及影响因素. 应用生态学报, 14: 1799-1803.

林庆祺, 蔡信德, 王诗忠, 等. 2013. 植物吸收、迁移和代谢有机污染物的机理及影响因素. 农业环境科学学报, 32(4): 661-667.

林相昊. 2016. 芘降解功能内生细菌 PW7 在小麦体内定殖效能及机理初探. 南京: 南京农业大学.

刘娟, 凌婉婷, 盛月慧, 等. 2013. 根表功能细菌生物膜及其在土壤有机污染控制与修复中的潜在应用价值. 农业环境科学学报, 32(11): 2112-2117.

刘世亮, 骆永明, 曹志洪, 等. 2002. PAHs 污染土壤的微生物与植物联合修复研究进展. 土壤, (5):257-265.

刘世亮, 骆永明, 丁克强, 等. 2004. 苯并[a]芘污染土壤的丛枝菌根真菌强化植物修复作用研究. 土壤学报, 41: 336-342.

刘爽. 2012. 具有菲降解性能的植物内生细菌 Pn2 分离鉴定、降解条件优化及其定殖初探. 南京: 南京农业大学.

刘爽, 刘娟, 凌婉婷, 等. 2013. 一株高效降解菲的植物内生细菌筛选及其生长特性. 中国环境科学, 33(1): 2261-2270.

刘云霞, 张青云, 周明祥. 1996. 电镜免疫胶体金定位水稻内生细菌的研究. 农业生物技术学报, 4(4): 354-358.

刘忠梅, 王霞, 赵金焕, 等. 2005. 有益内生细菌 B946 在小麦体内的定殖规律. 中国生物防治, 21(2): 113-116.

龙良鲲, 肖崇刚, 窦彦霞. 2003. 防治番茄青枯病内生细菌的分离与筛选. 中国蔬菜, 2: 19-21.

路国兵, 张瑶, 冀宪领, 等. 2007. 植物内生细菌的侵染定殖规律研究进展. 生命技术通报, 3: 88-92.

卢晓丹, 高彦征, 凌婉婷, 等. 2008. 多环芳烃对黑麦草体内过氧化物酶和多酚氧化酶的影响. 农业环境科学学报, 27: 1969-1973.

罗明, 芦云, 张祥林, 等. 2007. 内生拮抗细菌在哈密瓜植株体内的传导定殖和促生作用研究. 西北植物学报, 27(4): 0719-0725.

倪雪, 刘娟, 高彦征, 等. 2013. 2 株降解菲的植物内生细菌筛选及其降解特性. 环境科学, 34(2): 746-752.

彭安萍. 2014. 多环芳烃污染对植物内生细菌分布及相关降解基因多样性的影响. 南京: 南京农业大学.

彭安萍, 刘娟, 凌婉婷, 等. 2013. 功能内生细菌对植物体内有机污染物代谢的影响. 农业环境科学学报, 32(4): 668-674.

饶小莉, 沈德龙, 李俊, 等. 2007. 甘草内生细菌的分离及拮抗菌株鉴定. 微生物学通报, 34(4): 700-704.

沈德龙, 冯永君, 宋未. 2002. 内生成团泛菌 YS19 对水稻乳熟期光合产物在旗叶、穗分配中的影响. 自然科学进展, 12(8): 863-865.

盛月惠. 2015. 菲降解细菌在植物根表的成膜作用及其对植物吸收菲的影响. 南京: 南京农业大学.

孙凯, 刘娟, 李欣, 等. 2014. 2 株具有芘降解功能的植物内生细菌的分离筛选及其特性. 生态学报, 34(4): 853-861.

孙磊, 宋未. 2006. 非培养方法在植物内生和根际细菌研究中的应用. 自然科学进展, 16(2): 140-145.

孙铁珩, 周启星, 李培军. 2001. 污染生态学. 北京: 科学出版社.

孙艳娣, 凌婉婷, 刘娟, 等. 2012. 丛枝菌根真菌对紫花苜蓿吸收菲和芘的影响. 农业环境科学学报, 31: 1920-1926.

佟玲, 周瑞泽, 吴淑琪, 等. 2009. 加速溶剂提取凝胶渗透色谱净化气相色谱质谱快速测定玉米中多环芳烃. 分析化学, 37(3): 357-362.

王金生. 2000. 植物病原细菌学. 北京: 中国农业出版社.

王陶, 王振中. 2010. 3 种杀菌剂对小白菜内生细菌多样性的影响. 广东农业科学, 37(11): 153-158.

王万能, 肖崇刚. 2003. 烟草内生细菌 118 防治黑胫病的机理研究. 西南农业大学学报, 25(1): 28-31.

王万清. 2015. 具有芘降解功能的植物内生细菌的分离筛选及其在小麦体内的定殖特性. 南京:

南京农业大学.
王晓丹, 李艳红. 2007. 分子生物学方法在水体微生物生态研究中的应. 微生物学通报, 34(4): 777-781.
肖敏, 高彦征, 凌婉婷, 等. 2009. 菲、芘污染土壤中丛枝菌根真菌对土壤酶活性的影响. 中国环境科学, 29(6): 668-672.
徐静, 寻广新, 张青文, 等. 2001. 抗虫工程菌在棉株体内的动态变化和抗虫基因分化率研究. 农业生物技术学报, 9(4): 378-382.
杨海莲, 孙晓潞, 宋未, 等. 1998. 植物内生细菌的研究. 微生物学通报, 25(4): 224-227.
袁军, 孙福在, 田宪先, 等. 2002. 防治马铃薯环腐病有益内生细菌的分离和筛选. 微生物学报, 42(3): 270-274.
张炳欣, 张平, 2000. 植物根围外来微生物定殖检测方法. 浙江大学学报(农业与生命科学版), 26(3): 624-628.
钟鸣, 张佳庆, 吴小霞, 等. 2010. 芘高效降解菌的分离鉴定及其降解特性. 应用生态学报, 21(5): 1334-1338.
Aken B V, Yoon J M, Schnoor J L. 2004. Biodegradation of nitro-substituted explosives 2,4,6-trinitrotoluene, hexahydro-1,3,5-trinitro-1,3,5-triazine inside poplar tissues (*Populus deltoids* × *nigra* DN34). Appl Environ Microbiol, 70(1): 508-517.
Amann R I, Ludwig W, Schleifer K H. 1995. Phylogenetic identification and in situ detection of individual microbial cells without cultivation. Microbiol Molec Biol Rev, 59(1): 143-169.
Ashbolt N J, Inkerman P A. 1990. Acetic acid bacterial biota of the pink sugar cane mealybug, *Saccharococcus sacchari*, and its Environs. Appl Environ Microbiol, 56(3): 707-712.
Badiani M, De Biasi M G, Feici M. 1990. Soluble peroxidase from winter wheat seedling with phenoloxidase activity. Plant Physiol, 92: 489-494.
Baldani J I, Vera L C, Baldani L D, et al. 1997. Recent advances in BNF with non-legume plants. Soil Biol Biochem, 29(5): 911-922.
Banerjee B D, Seth V, Bhattacharya A, et al. 1999. Biochemical effects of some pesticides on lipid peroxidation and free-radical scavengers . Toxicol Lett, 107: 33-47.
Baran T, Taghavi S, Borremans B, et al. 2004. Engineered endophytic bacteria improve phytoredmediation of water-soluble, volatile, organic pollutants. Nat Biotechnol, 22(5): 583-588.
Berg G, Krechel A, Ditz M, et al. 2005. Endophytic and ectophytic potato-associated bacterial communities differ in structure and antagonistic function against plant pathogenic fungi. FEMS Microbiol Ecol, 51(2): 215-229.
Boddey R M, Oliveira O C, Urquiaga S, et al. 1995. Biological nitrogen fixation associated with sugar cane and rice: contributions and prospects for improvement. Plant soil, 174: 195-209.
Chen L, Zhang S, Huang H, et al. 2009. Partitioning of phenanthrene by root cell walls and cell wall fractions of wheat (*Triticum aestivum* L.). Environ Sci Technol, 43(24): 9136-9141.
Chiou C T, Sheng G, Manes M. 2001. A partition-limited model for the plant uptake of organic contaminants from soil and water. Environ Sci Technol, 35(7): 1437-1444.
Clemence C, Eric G, Yves P, et al. 2000. Photosynthetic bradyrhizobia are natural endophytes of the

African wild rice *Oryza breviliguulata*. Appl Environ Microbiol, 66(2): 5437-5447.

Compant S, Clement C, Sessitsch A. 2010. Plant growth-promoting bacteria in the rhizo-and endosphere of plants: Their role, colonization, mechanisms involved and prospects for utilization. Soil Biol Biochem, 42(5): 669-678.

Compant S, Duffy B, Nowak J, et al. 2005. Use of plant growth-promoting bacteria for biocontrol of plant diseases: principles, mechanisms of action, and future prospects. Appl Environ Microbiol, 71: 4951-4959.

Coombs J T, Franco C M M. 2003. Visualization of an endophytic Streptomyces species in wheat weed. Appl Environ Microbiol, 69(7): 4260-4262.

Downing K J, Thomson J A. 2000. Introduction of the serratia marcescens chiA gene into an endophytic pseudomonas fluorescens for the biocontrol of phytopathogenic fungi. Canadian J Microbiol, 46(4): 363-369.

Gao Y Z, Cao X Z, Kang F X, et al. 2011a. PAHs pass through the cell wall and partition into organelles of arbuscular mycorrhizal roots of ryegrass. J Environ Qual, 40(2):653-656.

Gao Y Z, Collins C D. 2009. Uptake pathways of polycyclic aromatic hydrocarbons in white clover. Environ Sci Technol, 43(16): 6190-6195.

Gao Y Z, Li H, Gong S S. 2012. Ascorbic acid enhances the accumulation of polycyclic aromatic hydrocarbons (PAHs) in roots of tall fescue (*Festuca arundinacea* Schreb.). PloS One, 7(11): e50467.

Gao Y Z, Li Q L, Ling W T, et al. 2011b. Arbuscular mycorrhizal phytoremediation of soils contaminated with phenanthrene and pyrene. J Hazard Mater, 185:703-709.

Gao Y Z, Ling W T. 2006. Comparison for plant uptake of phenanthrene and pyrene from soil and water. Biol Fert Soils, 42(5): 387-394.

Gao Y Z, Shen Q, Ling W T, et al. 2008. Uptake of polycyclic aromatic hydrocarbons by *Trifolium pretense* L. from water in the presence of a nonionic surfactant. Chemosphere, 72: 636-643.

Gao Y Z, Xiong W, Ling W T, et al. 2006. Sorption of phenanthrene by contaminated soils with heavy metals. Chemosphere, 65: 1355-1361.

Gao Y Z, Xiong W, Ling W T, et al. 2008. Partitioning of polycyclic aromatic hydrocarbons between plant roots and water. Plant Soil, 311: 201-209.

Gao Y Z, Zhu L Z. 2003. Phytoremediation and its models for organic contaminated soils. J Environ Sci, 15: 302-310.

Gao Y Z, Zhu L Z. 2004. Plant uptake, accumulation and translocation of phenanthrene and pyrene in soils. Chemosphere, 55: 1169-1178.

Gao Y Z, Zhu L Z, Ling W T. 2005. Application of the partition-limited model for plant uptake of organic chemicals from soil and water. Sci Total Environ, 336: 171-182.

Germaine K J, Liu X M, Cabellos G G, et al. 2006. Bacterial endophyte-enhanced phytoremediation of the organochlorine herbicide 2,4-dichlorophenoxyacetic acid. FEMS Microbial Ecology, 57(2): 302-310.

Gyaneshwar P, James E K , Mathan N, et al. 2001. Endophytic colonization of rice by a diazotrophic strain of *Serratia marcescens*. J Bacteriol, 183(8): 2634-2645.

Harish S, Kavino M, Kumar N. 2009. Induction of defense-related proteins by mixtures of plant growth promoting endophytic bacteria against Banana bunchy top virus. Biol Control, 51:16-25.

Hermanson, M H, Hites R A. 1990. Polychlorinated biphenyls in tree bark. Environ Sci Technol, 24: 666-671.

Hironobu M, Hisao M. 2008. Endophytic bacteria in the rice plant. Microb Environ, 2(23): 109-117.

Ho Y N, Shih C H, Hsiao S C, et al. 2009. A novel endophytic bacterium, *Achromobacter xylosoxidans*, helps plants against pollutant stress and improves phytoremediation. J Biosci Bioeng, 108: S75-S95.

Hung H, Thomas G O, Jones K C, et al. 2001. Grass-air exchange of polychlorinated biphenyls. Environ Sci Technol, 35(20): 4066-4073.

Johnsen A R, Karlson U. 2004. Evaluation of bacterial strategies to promote the bioavailability of polycyclic aromatic hydrocarbons. Appl Microbiol Biotechnol, 63(4): 452-459.

Jones K C, Stratford J A, Waterhouse K S, et al. 1989. Increases in the polynuclear aromatic hydrocarbon content of an agricultural soil over the last century. Environ Sci Technol, 23: 95-101.

Kang F X, Chen D S, Gao Y Z, et al. 2010. Distribution of polycyclic aromatic hydrocarbons in subcellular root tissues of ryegrass (*Lolium multiflorum* Lam.). BMC Plant Biol, 10: 210.

Kim M H, Hao O J. 1999. Cometabolic degradation of chlorophenols by Acinetobacter species. Water Res, 33(2): 562-574.

Kipopoulou, A M, Manoli E, Samara C. 1999. Bioconcentration of PAHs in vegetables grown in an industrial area. Environ Pollut, 106: 369-380.

Kleopper J W, Schipper R, Bakker P A H M. 1992. Proposed elimination of the term endorhizosphere. Phytopathol, 82: 726-727.

Kluepfel D A. 1993. The behavior and tracking of bacteria in the rhizosphere. Ann Rev Phytopathol, 31: 353-373.

Korsten L, Dejager E S, De Villiers E E. 1995. Evaluation of bacterial epiphytes isolated from avocado leaf and fruit surfaces for biocontrol of avocado post harvest disease. Plant Disease, 79: 1149-1156.

Kvesitadze E, Sadunishvili T, Kvesitadze G. 2009. Mechanisms of organic contaminants uptake and degradation in plants. World Acad Sci Eng Technol, 55: 458-468.

Leyval C, Binet P. 1998. Effect of polyaromatic hydrocarbons in soil on arbuscular mycorrhizal plants. J Environ Qual, 27: 402-407.

Ling W T, Lu X D, Gao Y Z, et al. 2012. Polyphenol oxidase activity in subcellular fractions of tall fescue (*Festuca arundinacea* Schreb.) contaminated by polycyclic aromatic hydrocarbons. J Environ Qual, 41(3): 807-813.

Lodewyckx C, Vangronsveld J, Porteous F, et al. 2002. Endophytic bacteria and their potential applications. Crit Rev Plant Sci, 21(6): 583-606.

Majcherczyk A, Johannes C, Hütterman A. 1998. Oxidation of polycyclic aromatic hydrocarbons

(PAH) by laccase of Trametes versicolor. Enzyme Microb Technol, 22: 335-341.

Mannisto M K, Tiirola M A, Puhakka J A. 2001. Degradation of 2,3,4,6-tetraclorophenol at low temperature and low dioxygen concentrations by phylogenetically different groundwater and bioreactor bacteria. Biodegradation, 12(5): 291-301.

Mccaig A E, Glover L A, Prosser J I. 1999. Molecular analysis of bacterial community structure and diversity in unimproved and improved upland grass pastures. Appl Environ Microbiol, 65(4): 1727-1730.

McCully M E. 2001. Niches for bacterial endophytes in crop plants: a plant biologist's view. Austr J Plant Physiol, 28(9): 983-990.

Paraíba L C. 2007. Pesticide bioconcentration modelling for fruit trees. Chemosphere, 66(8): 1468-1475.

Petersen, L S, Larsen E H, Larsen P B, et al. 2002. Uptake of trace elements and PAHs by fruit and vegetables from contaminated soils. Environ Sci Technol, 36,3057-3063.

Phillips L A, Germida J J, Farrell R E, et al. 2008. Hydrocarbon degradation potential and activity of endophytic bacteria associated with prairie plants. Soil Biol Biochem, 40(12): 3054-3064.

Rudrappa T, Biedrzycki M L, Bais H P. 2008. Causes and consequences of plant-associated biofilms. FEMS Microbiol Ecol, 64(2): 153-166.

Ryan, J A, Bell R M, Davidson J M, et al. 1988. Plant uptake of nonionic organic chemicals from soils. Chemosphere, 17,2299-2323.

Ryan R P, Ryan D, Dowling D N. 2007. Plant protection by the recombinant, root-colonizing *Pseudomonas fluorescens* F113rifPCB strain expressing arsenic resistance: improving rhizoremediation. Lett Appl Microbiol, 45(6): 668-674.

Schloter M, ASSmus B, Hartmann A. 1995. The use of immunological methods to detect and identify bacteria in the environment. Biotechnol Adv, 13(1):75-90.

Seghers D, Wittebolle L, Top E M, et al. 2004. Impact of agricultural practices on the *Zea mays* L. endophytic community. Appl Environ Microbiol, 70(3): 1475-1482.

Seo Y, Bishop P L. 2007. Influence of nonionic surfactant on attached biofilm formation and phenanthrene bioavailability during simulated surfactant enhanced bioremediation. Environ Sci Technol, 41(20): 7107-7113.

Sharma M P, Vanden Born W H. Foliar penetration of picloram and 2, 4-D in aspen and balsam poplar. Weed Sci, 18: 57-65.

Sheng X F, Chen X B, He L Y. 2008. Characteristics of an endophytic pyrene-degrading bacterium of *Enterobacter* sp. 12J1 from *Allium macrostemon* Bunge. Inter Biodeter Biodegrad, 62(2): 88-95.

Shi Y, Lou K, Li C. 2010. Growth and photosynthetic efficiency promotion of sugar beet(*Beta vulgaris* L.) by endophytic bacteria. Photosyn Res, 105(1):5-13.

Siciliano S D, Fortin N, Mihoc A, et al. 2001. Selection of specific endophytic bacterial genotypes by plants in response to soil contamination. Appl Environ Microbiol, 67(6): 2469-2475.

Sims R C, Overcash M R. 1981. Fate of polynuclear aromatic compounds(PNAs) in soil-plant systems. Resid Rev, 88: 1-68.

Shishido M, Loeb B M, Chanway C P. 1995. External and internal root colonization of lodgepole pine seedings by two growth-promoting *Bacillus* strains originated from different root microsites. Microbiol, 41: 707-713.

Simonich S L, Hites R A. 1995. Organic pollution accumulation in vegetation. Environ Sci Technol, 29, 2905-2913.

Stales C A, Peterson D R, Parkerton T F, et al. 1997. The environmental fate of phthalate esters: A literature review. Chemosphere, 35(4): 667-749.

Strobel G, Daisy B, Castillo U, et al. 2004. Natural products from endophytic microorganisms. J Nat Products, 67(2): 257-268.

Sturz V, Christie B R, Matheson B G, et al. 1999. Endophytic bacterial communities in the periderm of potato tubers and their potential to improve resistance to soil borne plant pathogens. Plant Pathol, 148: 360-369.

Sun K, Liu J, Jin L, et al. 2014. Utilizing pyrene-degrading endophytic bacteria to reduce the risk of plant pyrene contamination. Plant Soil, 374(1-2): 251-262.

Suto M, Takebayash M, Saito K, et al. 2002. Endophytes as producers of xylanase. J Biosc Bioeng, 93(1): 88-90.

Taghavi S, Barac T, Greenberg B, et al. 2005. Horizontal gene transfer to endogenous endophytic bacteria from poplar improves phytoremediation of toluene. Appl Environ Microbiol, 71(12): 8500-8505.

Tao S, Jiao X C, Chen S H, et al. 2006. Accumulation and distribution of polycyclic aromatic hydrocarbons in rice (*Oryza sativa*). Environ Pollut. 3: 406-415.

Tomblini R, Unge A, Davey M E, et al. 1997. Flow cytometric and microscopic analysis of GFP-tagged *Pseudomonas* fluorescens bacteria. Feder Eur Microbioll Soci Microb Ecol, 22:17-28.

Wang Y, Tian Z, Zhu H, et al. 2012. Polycyclic aromatic hydrocarbons (PAHs) in soils and vegetation near an e-waste recycling site in South China: Concentration, distribution, source, and risk assessment. Sci Total Environ, 439: 187-193.

Wang Y X, Yamazoe A, Suzuki S. 2004. Isolation and characterization of dibenzofuran-degrading *Comamonas* sp. strains isolated from white clover roots. Curr Microbiol, 49(4): 288-294.

Weyens N, van der Lelie D, Artois T, et al. 2009. Bioaugmentation with engineered endophytic bacteria improves contaminant fate in phytoremediation. Environ Sci Technol, 43:9413-9418.

Wild E, Dent J, Thomas G O, et al. 2005. Direct observation of organic contaminant uptake, storage, and metabolism within plant roots. Environ Sci Technol, 39(10): 3695-3702.

Wild E, Dent J, Thomas G O, et al. 2006. Visualizing the air-to-leaf transfer and within-leaf movement and distribution of phenanthrene: Further studies utilizing two-photon excitation microscopy. Environ Sci Technol, 40(3): 907-916.

Wu N Y, Huang H L, Zhang S Z, et al. 2009. Phenanthrene uptake by *Medicago sativa* L. under the influence of an arbuscular mycorrhizal fungus. Environ Pollut, 157: 1613-1618.

Zhan X H, Ma H L, Zhou L X, et al. 2010. Accumulation of phenanthrene by roots of intact wheat

(*Triticum acstivnm* L.) seedlings: passive or active uptake? BMC Plant Biol, 10: 52.

Zhang M, Zhu L. 2009. Sorption of polycyclic aromatic hydrocarbons to carbohydrates and lipids of ryegrass root and implications for a sorption prediction model. Environ Sci Technol, 43(8): 2740-2745.

Zhu L, Zhang M. 2008. Effect of rhamnolipids on the uptake of PAHs by ryegrass. Environ Pollut, 156(1): 46-52.

2 污染区植物体内内生细菌及 PAHs 降解基因多样性

利用可降解 PAHs 的植物功能内生细菌来调控植物体内 PAHs 代谢，有望降低植物 PAHs 污染的风险。阐明植物体内内生细菌的生理生化特性、了解内生细菌分布及多样性是筛选具有 PAHs 降解功能内生细菌的先决条件（Moore et al., 2006; Tang et al., 2010）。已有研究报道了生长于有毒有机物污染环境中植物体内内生细菌的种群结构（Kaplan and Kitts, 2004; Ho et al., 2009），然而对于 PAHs 污染下植物内生细菌的分布及多样性国内外仍少有了解。另一方面，利用基因工程技术将与有机污染物降解有关的基因导入内生细菌从而构建工程内生细菌，并将其定殖到宿主植物体内，有望促进植物体内有机污染物的代谢过程（Baran et al., 2004）；然而遗憾的是，对于植物内生细菌中与 PAHs 降解相关基因的研究报道国内外仍几近空白。

本章采用传统的细菌分离培养方法与 PCR-DGGE 技术相结合，通过野外样品采集和实验室模拟试验，研究了 PAHs 污染下植物体内内生细菌的种群分布及群落结构特征，分析了植物内生细菌中可参与 PAHs 降解的功能基因多样性，旨在为后续筛选高效的 PAHs 降解功能内生细菌和降解基因、明确功能内生细菌调控植物 PAHs 污染的作用机制、降低作物 PAHs 污染风险、保障污染区农产品安全等提供依据。

2.1 污染区植物体内可培养内生细菌的种群特性和分布

从某芳烃厂排污口附近由近到远不同距离分别将采样点命名为 A、Z、Q，采集了在 PAHs 污染土壤中长势良好的两种常见植物看麦娘（*Alopecurus aequalis* Sobol）和酢浆草（*Oxalis corniculata* L.）及相应土壤样品。通过传统的分离培养方法——稀释涂布平板法，研究了不同 PAHs 污染水平下两种植物体内内生细菌的种群特性。发现污染区植物体内存在大量的可培养内生细菌，PAHs 污染程度会对其造成显著影响，离污染源越近，PAHs 浓度增大，植物体内可培养的内生细菌数量减少。通过生理生化分析及 16S rRNA 基因鉴定，从两种植物体内共分离鉴定出 68 株可培养内生细菌，其中部分细菌可以以 PAHs 为唯一碳源和能源进行生长，具有降低植物体内 PAHs 污染的潜力。PAHs 污染水平、宿主植物类型等可影响植物体内可培养内生细菌的优势种群特性；总体来看，*Bacillus* spp.和

Pseudomonas spp.为 PAHs 污染下看麦娘和酢浆草中可培养内生细菌的优势种群（Peng et al., 2013）。

2.1.1 供试污染区土壤及植物的 PAHs 含量

从供试土壤和植物中共检出 12 种列入美国环保署（EPA）优先控制的 PAHs，分别为萘（NAP）、苊（ACE）、菲（PHE）、蒽（ANT）、芴（FLU）、苊烯（ANY）、芘（PYR）、荧蒽（FLA）、䓛（CHR）、苯并[b]蒽（BaA）、苯并[b]荧蒽（BbF）、苯并[g,h,i]苝（BghiP）。A、Z、Q 不同采样点的土壤中所含 PAHs 的总量分别为 178.35、139.44 及 89.45 mg/kg（表 2-1）；离排污口的距离越近，土样中 PAHs 含量越高。供试三个采样点土壤中萘、蒽和苊所占比例较大，分别占 PAHs 总量的 18.25%～28.72%、23.9%～40.9%和 18.0%～40.6%。

表 2-1　供试土壤中 PAHs 含量（mg/kg）

多环芳烃	采样点		
	A	Z	Q
NAP	34.26±3.80a	25.45±7.30a	25.69±4.19a
ACE	42.76±1.77a	39.89±0.48ab	36.68±0.64b
PHE	8.62±0.67a	6.45±0.58a	3.36±0.78b
ANT	72.06±4.71a	56.63±4.34a	16.14±7.92b
FLU	0.89±0.02a	0.72±0.06b	0.73±1.44b
ANY	2.09±0.05a	1.01±0.04b	1.04±0.06b
PYR	1.68±0.02a	0.94±0.01b	0.91±0.03b
FLA	3.19±0.18a	2.14±0.09ab	0.82±0.34b
CHR	6.62±0.41a	3.20±0.04b	1.22±0.49c
BaA	0.94±0.01a	0.51±0.17b	0.52±0.01b
BbF	1.77±2.87a	0.86±4.41b	0.69±1.97b
BghiP	3.50±0.03a	1.64±0.04b	1.66±0.12b
∑PAHs	178.35±4.87a	139.44±4.20b	89.45±5.79c

注：表中同行中含有不相同字母表示差异达到显著水平（$P<0.05$）。

供试植物中 PAHs 含量见表 2-2 和表 2-3。随着土壤中 PAHs 污染浓度增加，植物吸收累积的 PAHs 含量也相应增大。植物根中所富集的 PAHs 要远高于茎叶；例如，采样点 A 的看麦娘根中∑PAHs 含量为 217 mg/kg，其茎叶中∑PAHs 含量则为 88.0 mg/kg。2 环和 3 环 PAHs 为植物吸收富集的主要 PAHs，不同采样点其分别占看麦娘和酢浆草中∑PAHs 含量的 94.9%～96.2%及 87.8%～94.2%。4 环和 6

环的 PAHs 所占比例较少，仅占∑PAHs 的 3.8%～5.1%及 5.8%～12.2%。两种植物对于高环、相对分子质量较大的 PAHs 富集较少，这主要是由于土壤中高环 PAHs 的含量和生物可利用性较低（Juhasz and Naidu, 2000）。计算了不同采样点植物根和茎叶的∑PAHs 富集系数，其中看麦娘根系富集系数（RCFs）及茎叶富集系数（SCFs）分别为 0.93～1.39 及 0.48～0.66，酢浆草的 RCFs 及 SCFs 分别为 1.54～2.57 及 0.66～0.94；酢浆草对 PAHs 的富集累积能力要高于看麦娘，这主要是由于两种植物的生长期和植物脂质含量不同所致（Chiou et al., 2001; Zhu and Gao, 2004）。

表 2-2 看麦娘中 PAHs 含量（mg/kg）

多环芳烃	根			茎叶		
	A	Z	Q	A	Z	Q
NAP	119.67±5.43a	45.48±8.11b	59.88±21.05c	42.84±5.30a	26.86±5.34a	20.15±7.82a
ACE	33.95±7.81a	28.83±6.26a	24.85±7.80a	15.86±3.36a	12.47±0.83a	9.32±1.85a
PHE	4.85±0.21a	4.12±0.01a	3.74±1.31a	2.31±0.28a	2.25±0.03a	1.98±0.71a
ANT	48.98±2.73a	44.33±6.64a	30.53±9.02a	22.62±3.80a	20.69±1.39a	23.21±3.93a
FLU	0.44±0.01a	0.39±0.01a	0.36±0.13a	0.21±0.12a	0.22±0.01a	0.19±0.06a
ANY	0.73±0.04a	0.63±0.05a	0.56±0.22a	0.39±0.10a	0.45±0.10a	0.34±0.07a
PYR	0.62±0.04a	0.59±0.07a	0.48±0.06a	0.30±0.02a	0.27±0.01a	0.30±0.01a
FLA	1.72±0.04a	1.54±0.22a	1.28±0.24a	0.82±0.12a	0.75±0.07a	0.81±0.04a
CHR	3.78±0.37a	2.90±0.15ab	1.81±0.57b	1.77±0.05a	1.66±0.34a	1.61±0.08a
BaA	0.32±0.01a	0.29±0.03a	0.25±0.02a	0.16±0.01a	0.17±0.00a	0.16±0.00a
BbF	0.54±0.10a	0.51±0.04a	0.43±0.13a	0.31±0.03a	0.34±0.02a	0.31±0.04a
BghiP	0.77±0.01a	0.71±0.04a	0.60±0.10a	0.38±0.01a	0.36±0.00a	0.38±0.01a
∑PAHs	216.37±11.74a	130.33±12.01b	124.78±2.30b	87.97±3.97a	66.52±2.41b	58.76±4.08c
CF_{PAHs}	1.21	0.93	1.39	0.49	0.48	0.66

注：表中同一根或茎叶中同行不同字母表示差异达到显著水平（$P<0.05$）；CF_{PAHs}表示植物根或茎叶对∑PAHs 的富集系数。

表 2-3 酢浆草中 PAHs 含量（mg/kg）

多环芳烃	根			茎叶		
	A	Z	Q	A	Z	Q
NAP	108.50±6.53a	64.13± 12.01b	63.30±19.57b	49.18± 2.78a	45.82±15.76a	19.74±10.91b
ACE	83.18±3.09a	40.15±2.14b	38.53±3.56b	30.16±3.71a	32.27±10.61a	12.85±3.71b
PHE	18.23±2.83a	9.28±0.34b	8.37±2.47b	5.25± 0.32a	4.53±1.53ab	2.26±0.54b
ANT	180.20±10.12a	85.76±0.42b	68.54±9.88c	47.24±1.41a	41.34±3.13a	19.58 ±4.13b
FLU	1.69±0.06a	0.78±0.02b	0.81±0.21b	0.48±0.04a	0.48±0.19a	0.29±0.02a

续表

多环芳烃	根			茎叶		
	A	Z	Q	A	Z	Q
ANY	2.22±0.40a	1.16±0.09b	1.07± 0.30b	0.71±0.08a	0.75±0.22a	0.40±0.01a
PYR	2.32±0.88a	1.12±0.07b	1.14±0.27b	0.68±0.02a	0.61± 0.20a	0.36±0.02b
FLA	6.01±1.12a	2.97±0.28b	1.67±1.26c	1.75±0.08a	1.44±0.63ab	0.64±0.27b
CHR	50.01±6.58a	6.18±3.83b	5.83±1.22b	3.58±0.30a	2.78±1.36a	1.45±0.96a
BaA	1.22±0.24a	0.60±0.09b	0.60±0.17b	0.37±0.02a	0.31±0.09a	0.21±0.01a
BbF	2.28±0.49a	1.13±0.15b	0.60±0.25c	0.69±0.06a	0.50±0.04a	0.44±0.06a
BghiP	3.21±0.67a	1.58±0.08b	1.48±0.35b	0.89±0.03a	0.77±0.09ab	0.45±0.03b
∑PAHs	108.50±6.53a	64.13± 12.01b	63.30±19.57b	49.18± 2.78a	45.82±15.76a	19.74±10.91b
CF_{PAHs}	2.57	1.54	2.15	0.79	0.94	0.66

注：表中同一根或茎叶中同行不同字母表示差异达到显著水平（$P<0.05$）；CF_{PAHs}表示植物根或茎叶对∑PAHs的富集系数。

2.1.2　污染区植物体内内生细菌数量

如图 2-1 所示，在污染区生长的两种供试植物体内含有数量可观的可培养内生细菌。不同采样点看麦娘及酢浆草中可培养内生细菌的数量分别为 7.84×10^4～1.70×10^7 及 4.40×10^5～3.06×10^6 CFU/g（鲜重），且植物根中内生细菌要远多于茎叶。PAHs 污染强度可显著影响植物体内内生细菌的数量，随着土壤中 PAHs 污染浓度提高，两种植物体内可培养内生细菌的数量均呈现下降的趋势。例如，Q 区看麦娘体内内生细菌的数量分别为 A 和 Z 区的 251 和 27 倍，但 Q 区看麦娘体内∑PAHs 含量却仅为 A 和 Z 区的 0.5 和 0.8 倍。植物根中内生细菌对 PAHs 污染的

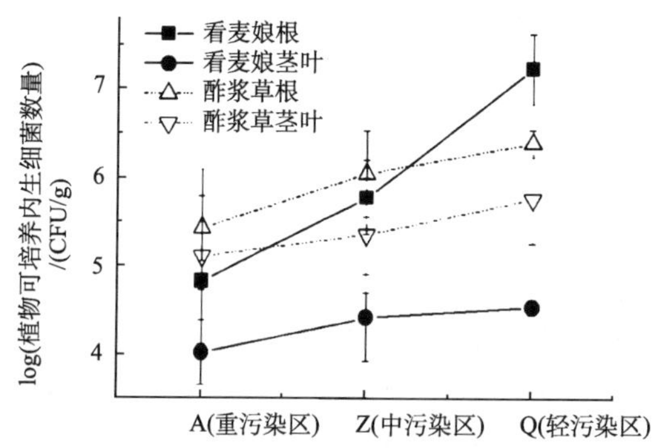

图 2-1　不同污染区两种植物体内可培养内生细菌的数量

敏感程度要高于植物茎叶。例如，Q 区看麦娘根中内生细菌数量为 A 区的 351 倍，但其茎叶中内生细菌数量仅为 A 区的 3.23 倍。

2.1.3　污染区植物体内可培养内生细菌的分离和鉴定

PAHs 污染区生长的两种植物体内可培养内生细菌的多样性较低。根据生理生化实验及 16S rRNA 基因鉴定，从两种植物体内共分离鉴定出 68 种可培养内生细菌，见表 2-4 和表 2-5。从看麦娘体内分离出 40 株（根中 27 株、茎叶中 20 株，根和茎叶中相同菌株 7 株），酢浆草中分离出 29 株（根中 17 株、茎叶中 15 株，根和茎叶中相同菌株 3 株）；两种植物中共分离出 1 株相同的内生细菌。将 68 株内生细菌的 16S rRNA 基因序列在 NCBI 的 Genbank 中进行了比对，发现这 68 株内生细菌的 16S rRNA 基因序列均与已知细菌表现出了较高的相似性(≥98%)。获得的 68 株细菌分别属于 5 个纲（芽孢杆菌纲、α-变形菌纲、β-变形菌纲、γ-变形菌纲及黄杆菌纲）中的 14 个属（图 2-2）；其中从看麦娘中分离出的内生细菌分为芽孢杆菌属（*Bacillus* sp.）、假单胞菌属（*Pseudomonas* sp.）、类芽孢杆菌属（*Paenibacillus* sp.）、葡萄球菌属（*Staphylococcus* sp.）、杆柄菌属（*Caulobacter* sp.）、根瘤菌属（*Rhizobium* sp.）以及赖氨酸芽孢杆菌属（*Lysinibacillus* sp.）7 个属；酢浆草的内生细菌主要分为 *Pseudomonas* sp.、*Bacillus* sp.、气单胞菌属（*Aeromonadaceae* sp.）、鞘氨醇单胞菌属（*Sphingomonas* sp.）、泛菌属（*Pantoea* sp.）、拉恩氏菌属（*Rahnella* sp.）、寡食单胞菌属（*Stenotrophomonas* sp.）、黄色杆菌属(*Flavobacterium* sp.)以及无色杆菌属(*Achromobacter* sp.)9 个属。*Bacillus* spp.为两种植物体内内生细菌的主要种群，分别占从看麦娘和酢浆草体内分离鉴定出可培养内生细菌种类的 65.5%和 43.9%；其次为 *Pseudomonas* spp.，分别占两种植物体内可培养内生细菌种类的 24.1%和 21.1%。有报道说明，*Bacillus* spp.及 *Pseudomonas* spp.在有机污染环境中出现频率较高，且许多属于这两个属的细菌具有降解不同有机污染物的能力（Moore et al., 2006），推测分离出的 68 株内生细菌中很可能有菌株具有 PAHs 降解能力。

表 2-4　看麦娘中可培养内生细菌的鉴定结果

植物组织	菌株编号	GenBank 登录号	最相近菌株（登录号）	序列相似性/%
根	AF1	JX994089	*Bacillus* sp.（GU566326.1）	99
	AF2	JX994090	*Bacillus* sp.（JN400506.1）	99
	AF3	JX994091	*Bacillus megaterium*（JX312585.1）	100
	AF4	JX994092	*Bacillus pseudomycoides*（AB738792.1）	100

续表

植物组织	菌株编号	GenBank 登录号	最相近菌株（登录号）	序列相似性/%
根	AF5	JX994115	*Bacillus cereus*（JQ900513.1）	99
	AF6	JX994116	*Pseudomonas* sp.（JF901709.1）	99
	AF7	JX994117	*Bacillus aryabhattai*（JN084155.1）	99
	AF8	JX994118	*Bacillus* sp.（JF901703.1）	99
	AF9	JX994119	*Pseudomonas* sp.（HQ718413.1）	99
	AF10	JX994103	Uncultured *Pseudomonas* sp. Clone（JQ9 94180.1）	100
	AF11	JX994104	*Bacillus pumilus*（JX188071.1）	100
	AF12	JX994099	*Bacillus simplex*（JF496317.1）	100
	AF13	JX994100	*Bacillus* sp.（AB735984.1）	99
	AF14	JX994101	Uncultured *Bacillus* sp. clone（JQ90 4734.1）	99
	AF15	JX994122	*Bacillus* sp.（JQ917989.1）	99
	AF16	JX994123	*Paenibacillus* sp.（ EU723825.1）	99
	AF17	JX994105	*Paenibacillus* sp.（FJ944666.6）	99
	AF18	JX994129	*Bacillus safensis*（HQ696405.1）	100
	AF19	JX994096	*Bacillus thuringiensis*（AB738791.1）	99
	AF20	JX994095	*Bacillus* sp.（JQ956511.1）	100
	AF21	JX994112	*Bacillus safensis*（JN934391.1）	100
	AF22	JX994113	*Caulobacter* sp.（JQ659583.1）	99
	AF23	JX994114	*Bacillus* sp.（JX155396.1）	100
	AF24	JX994126	*Lysinibacillus fusiformis*（JQ900517.1）	99
	AF25	JX994125	*Bacillus thuringiensis*（JX280922.1）	100
	AF26	JX994124	*Bacillus pumilus*（AB741462.1）	99
	AF27	JX994093	*Pseudomonas viridiflava*（AY574912.1）	99
茎叶	AF8	JX994118	*Bacillus* sp.（JF901703.1）	99
	AF12	JX994099	*Bacillus simplex*（JF496317.1）	100
	AF13	JX994100	*Bacillus* sp.　（AB735984.1）	99
	AF14	JX994101	Uncultured *Bacillus* sp. clone（JQ90473 4.1）	99
	AF19	JX994096	*Bacillus thuringiensis*（AB738791.1）	99
	AF20	JX994095	*Bacillus* sp.　（JQ956511.1）	100
	AF21	JX994112	*Bacillus safensis*（JN934391.1）	100
	AF28	JX994094	*Bacillus* sp.（AB696843.1）	99
	AF29	JX994097	*Bacillus thuringiensis*（JF460746.1）	99

续表

植物组织	菌株编号	GenBank 登录号	最相近菌株（登录号）	序列相似性/%
茎叶	AF30	JX994098	*Bacillus* sp.（HM771670.1）	99
	AF31	JX994102	*Bacillus* sp.（DQ448792.1）	99
	AF32	JX994120	*Pseudomonas koreensis*（JQ579642.1）	97
	AF33	JX994106	*Bacillus safensis*（JX094950.1）	100
	AF34	JX994107	*Bacillus cereus*（JX317637.1）	100
	AF35	JX994108	*Pseudomonas fluorescens*（JN020937.1）	100
	AF36	JX994109	*Staphylococcus pasteuri*（JX077107.1）	99
	AF37	JX994110	*Bacillus* sp.（ EU910583.1）	99
	AF38	JX994111	*Bacillus* sp.（HM352320.1）	100
	AF39	JX994127	*Rhizobium* sp.（EU184088.1）	99
	AF40	JX994121	*Pseudomonas viridiflava*（JN084135.1）	98

表 2-5　酢浆草中可培养内生细菌的鉴定结果

植物组织	菌株编号	GenBank 登录号	最相近菌株（登录号）	序列相似性/%
根	CO1	JX994128	*Bacillus aryabhattai*（JF951729.1）	99
	CO2	JX994129	*Bacillus safensis*（HQ696405.1）	100
	CO3	JX994130	*Bacillus megaterium*（JX312585.1）	100
	CO4	JX994136	*Bacillus* sp.（HQ222345.1）	100
	CO5	JX994150	*Bacillus* sp.（GU434676.1）	100
	CO6	JX994155	*Bacillus* sp.（JN210907.1）	98
	CO7	JX994156	*Pseudomonas* sp.（HQ222612.1）	99
	CO8	JX994131	*Bacillus aryabhattai*（JX312579.1）	100
	CO9	JX994132	*Pseudomonas poae*（HQ406827.1）	99
	CO10	JX994146	*Bacillus thuringiensis*（AB738791.1）	100
	CO11	JX994149	Uncultured *Rahnella* sp. clone（GQ179 705.1）	99
	CO12	JX994144	*Bacillus cereus*（JX293338.1）	100
	CO13	JX994147	*Bacillus anthracis*（JN700109.1）	100
	CO14	JX994148	*Bacillus cereus*（JQ900513.1）	100
	CO15	JX994154	*Pseudomonas* sp.（JX484804.1）	98
	CO16	JX994137	*Bacillus* sp.（JN998403.1）	99
	CO17	JX994138	*Pseudomonas syringae*（AB680549.1）	99

续表

植物组织	菌株编号	GenBank 登录号	最相近菌株（登录号）	序列相似性/%
茎叶	CO1	JX994128	*Bacillus aryabhattai*（JF951729.1）	99
	CO2	JX994129	*Bacillus safensis*（HQ696405.1）	100
	CO4	JX994136	*Bacillus* sp.（HQ222345.1）	100
	CO18	JX994139	*Pseudomonas migulae*（EU111725.2）	99
	CO19	JX994140	*Aeromonadaceae* sp.（FJ416492. 1）	99
	CO20	JX994141	*Pseudomonas* sp.（JX233518.1）	99
	CO21	JX994142	*Bacillus cereus*（JX006608.1）	100
	CO22	JX994134	*Pseudomonas fluorescens*（AB680178.1）	99
	CO23	JX994135	*Sphingomonas* sp.（JF716063.1）	100
	CO24	JX994157	*Pantoea* sp.（EU816766.1）	99
	CO25	JX994143	*Rahnella* sp.（JQ864391.1）	99
	CO26	JX994145	*Stenotrophomonas* sp.（JQ717287.1）	99
	CO27	JX994151	Uncultured *Achromobacter* sp. clone（GU563751.1）	99
	CO28	JX994152	*Pseudomonas rhodesiae*（FJ462694.1）	99
	CO29	JX994153	*Flavobacterium* sp.（DQ778318.1）	99

2.1.4　污染区植物体内可培养内生细菌优势种群

许多因素会影响植物-微生物系统中微生物的组成与结构（Zak et al., 2003），其中宿主植物及其生长环境是最主要影响因素之一（Sessitsch et al., 2002; Phillips et al., 2008）。PAHs 污染水平可对两种植物体内可培养内生细菌的优势种群造成显著影响（图 2-3），不同植物根和茎叶中可培养内生细菌的优势种群对 PAHs 的响应存在差异。*Bacillus* spp.及 *Pseudomonas* spp.为看麦娘体内的优势内生细菌种群，但随着 PAHs 污染浓度的变化，其在看麦娘的根和茎叶中呈现出了相反的变化趋势。如在 A 采样点，看麦娘根中 *Bacillus* spp.占可培养内生细菌总数的 82.4%，但在 Z 和 Q 区其所占比例下降为 78.5%及 51.4%；与之相反，A、Z 和 Q 区 *Bacillus* spp.占看麦娘茎叶中可培养内生细菌的比例分别为 15.4%、70.8%及 89.4%；随着 PAHs 污染浓度增加，*Pseudomonas* spp.在看麦娘根中所占比例呈下降趋势，但其在茎叶所占比例则不断增大。对于酢浆草来说，不同 PAHs 污染水平下其体内可培养内生细菌的优势种群不尽相同：当污染水平较高时(A 和 Z 区)，其根中可培养内生细菌的优势种群为 *Rahnella* spp.，但当污染水平较低（Q 区）时，*Pseudomonas* spp.则为酢浆草根中可培养内生细菌的优势种群。

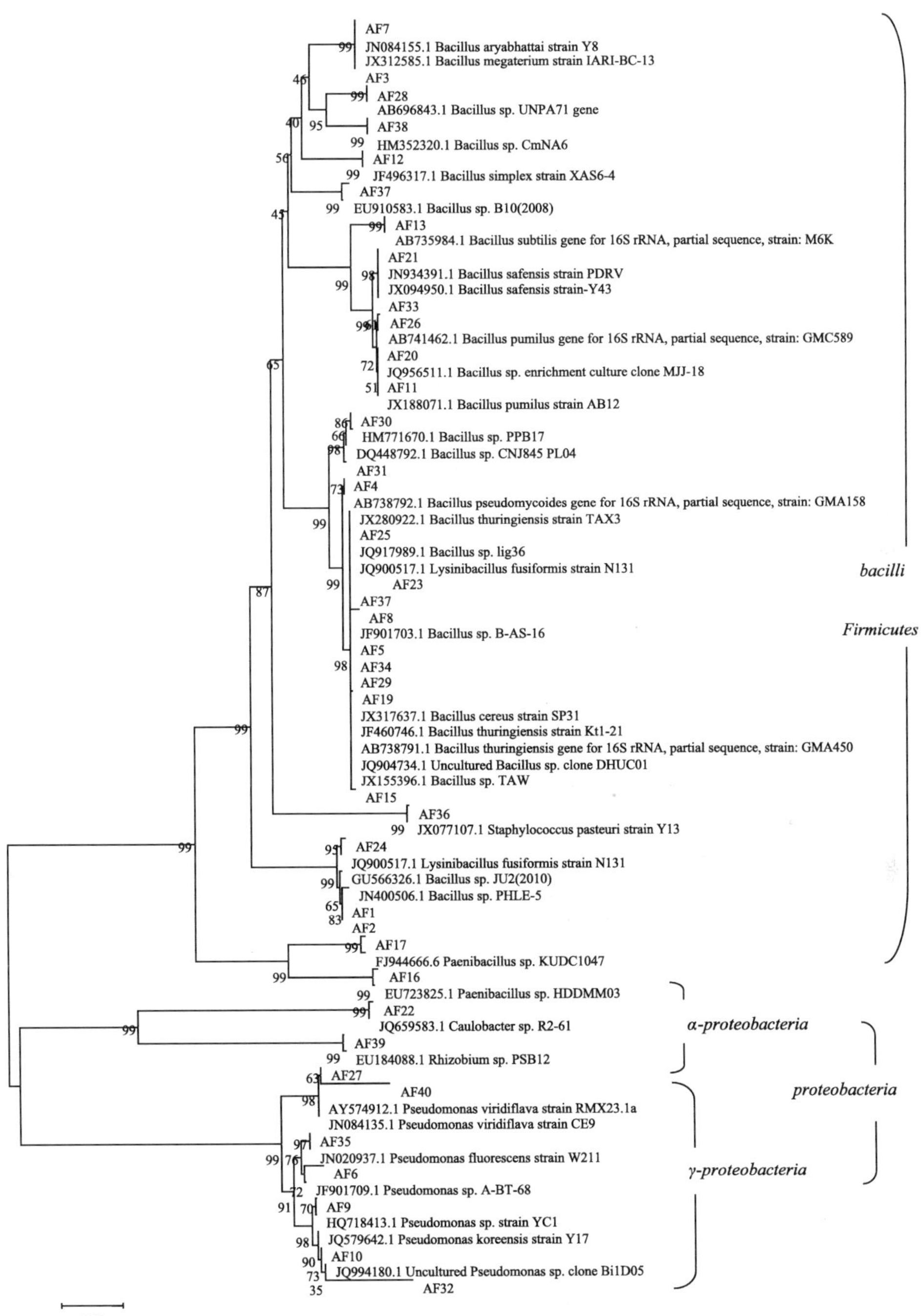

AF7
JN084155.1 Bacillus aryabhattai strain Y8
JX312585.1 Bacillus megaterium strain IARI-BC-13
AF3
AF28
AB696843.1 Bacillus sp. UNPA71 gene
AF38
HM352320.1 Bacillus sp. CmNA6
AF12
JF496317.1 Bacillus simplex strain XAS6-4
AF37
EU910583.1 Bacillus sp. B10(2008)
AF13
AB735984.1 Bacillus subtilis gene for 16S rRNA, partial sequence, strain: M6K
AF21
JN934391.1 Bacillus safensis strain PDRV
JX094950.1 Bacillus safensis strain-Y43
AF33
AF26
AB741462.1 Bacillus pumilus gene for 16S rRNA, partial sequence, strain: GMC589
AF20
JQ956511.1 Bacillus sp. enrichment culture clone MJJ-18
AF11
JX188071.1 Bacillus pumilus strain AB12
AF30
HM771670.1 Bacillus sp. PPB17
DQ448792.1 Bacillus sp. CNJ845 PL04
AF31
AF4
AB738792.1 Bacillus pseudomycoides gene for 16S rRNA, partial sequence, strain: GMA158
JX280922.1 Bacillus thuringiensis strain TAX3
AF25
JQ917989.1 Bacillus sp. lig36
JQ900517.1 Lysinibacillus fusiformis strain N131
AF23
AF37
AF8
JF901703.1 Bacillus sp. B-AS-16
AF5
AF34
AF29
AF19
JX317637.1 Bacillus cereus strain SP31
JF460746.1 Bacillus thuringiensis strain Kt1-21
AB738791.1 Bacillus thuringiensis gene for 16S rRNA, partial sequence, strain: GMA450
JQ904734.1 Uncultured Bacillus sp. clone DHUC01
JX155396.1 Bacillus sp. TAW
AF15
AF36
JX077107.1 Staphylococcus pasteuri strain Y13
AF24
JQ900517.1 Lysinibacillus fusiformis strain N131
GU566326.1 Bacillus sp. JU2(2010)
JN400506.1 Bacillus sp. PHLE-5
AF1
AF2
AF17
FJ944666.6 Paenibacillus sp. KUDC1047
AF16
EU723825.1 Paenibacillus sp. HDDMM03
AF22
JQ659583.1 Caulobacter sp. R2-61
AF39
EU184088.1 Rhizobium sp. PSB12
AF27
AF40
AY574912.1 Pseudomonas viridiflava strain RMX23.1a
JN084135.1 Pseudomonas viridiflava strain CE9
AF35
JN020937.1 Pseudomonas fluorescens strain W211
AF6
JF901709.1 Pseudomonas sp. A-BT-68
AF9
HQ718413.1 Pseudomonas sp. strain YC1
JQ579642.1 Pseudomonas koreensis strain Y17
AF10
JQ994180.1 Uncultured Pseudomonas sp. clone Bi1D05
AF32
bacilli
Firmicutes
α-proteobacteria
proteobacteria
γ-proteobacteria
0.02

(a) 看麦娘

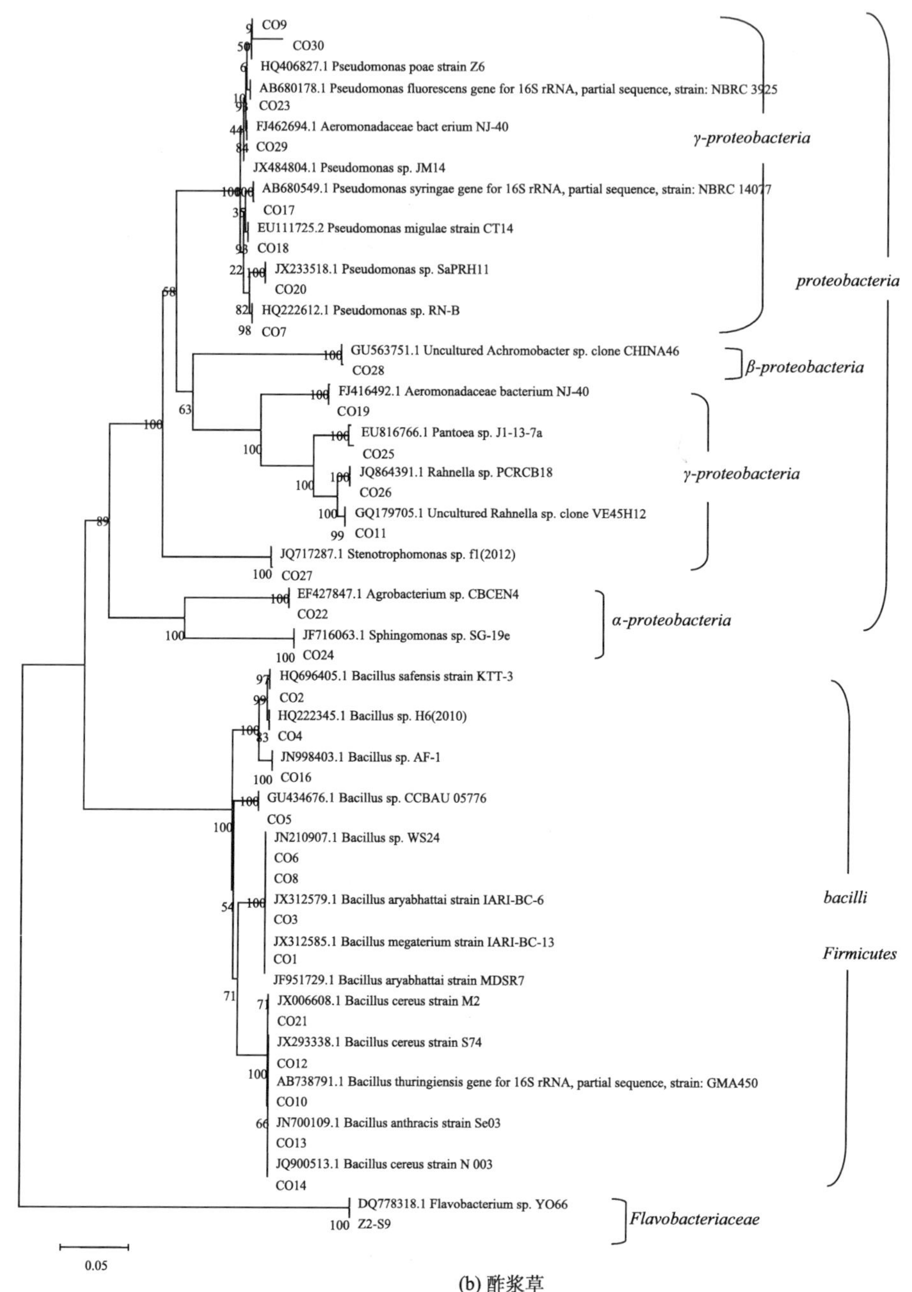

(b) 酢浆草

图 2-2　看麦娘和酢浆草中可培养内生细菌的系统进化树

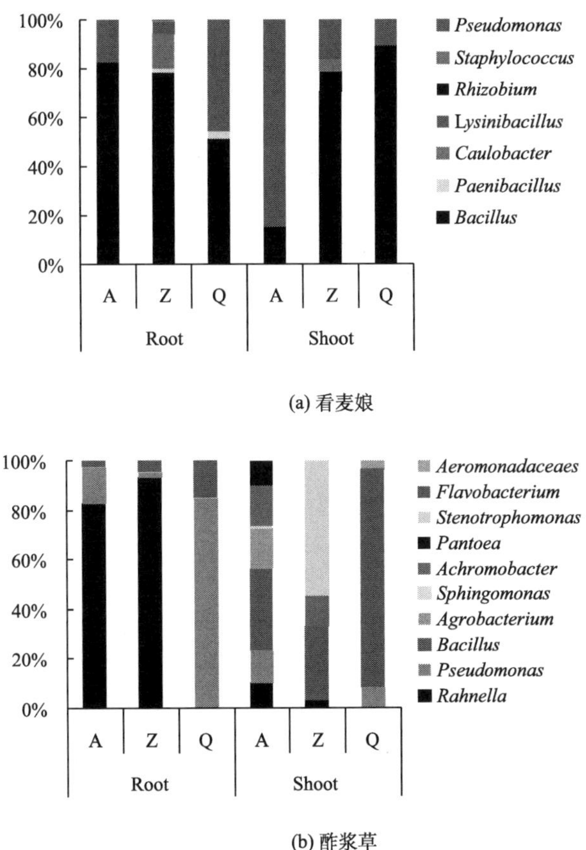

(a) 看麦娘

(b) 酢浆草

图 2-3　不同 PAHs 污染区看麦娘和酢浆草植物体内可培养内生细菌的优势种群（见彩图）

Shoot 为茎叶；Root 为根

2.1.5　可培养内生细菌对不同 PAHs 的耐受性

筛选具有 PAHs 耐受性甚至可利用 PAHs 为碳源的内生细菌、并将其重新定殖至植物体内，有望降低植物体内 PAHs 含量，这对于消除植物 PAHs 污染风险具有重要的意义（Germaine et al., 2006; Sheng et al., 2008）。Phillips 等（2008）发现，从 PAHs 污染的植物体内分离的内生细菌优势种群具有潜在的降解 PAHs 的能力。进一步验证了前期从两种植物体内分离筛选出的 68 株可培养内生细菌对 PAHs 的耐受性，详见表 2-6～表 2-9。大多数分离出的可培养菌株可在含有 PAHs 的 LB 培养基中正常生长，对不同 PAHs 具有一定的耐受性；同时部分菌株可在含有 PAHs 的无机盐培养基中正常生长，说明其不仅对该 PAHs 具有耐受性，甚至可利用该 PAHs 为唯一碳源和能源进行生长。

表 2-6　看麦娘根中可培养内生细菌对不同 PAHs 的耐受性

菌株及培养条件	多环芳烃															
	萘		苊		芴		菲		芘		蒽		荧蒽		苯并[a]芘	
培养基	M	L	M	L	M	L	M	L	M	L	M	L	M	L	M	L
PAHs 浓度 /（mg/L）	100	100	30	30	30	30	30	30	30	30	30	30	30	30	10	10
AF1	−	+	−	−	−	+	−	+	−	−	−	+	−	−	−	−
AF2	−	−	−	−	−	+	−	+	−	+	−	+	−	−	−	−
AF3	−	+	−	−	−	+	−	+	−	+	−	−	−	−	−	+
AF4	−	−	−	+	−	−	−	−	−	−	+	−	−	+	−	+
AF5	+	+	+	+	−	+	−	+	+	+	+	+	−	+	−	+
AF6	−	−	−	+	−	−	+	+	−	+	+	−	+	−	−	+
AF7	−	−	−	+	−	−	−	−	−	+	−	−	−	+	−	−
AF8	−	−	−	−	−	+	−	+	−	+	−	+	−	+	−	+
AF9	−	+	−	+	+	+	−	+	−	−	−	+	−	−	−	+
AF10	+	+	+	+	+	+	+	+	−	+	+	+	−	+	+	−
AF11	−	+	−	+	−	+	−	+	+	+	−	+	−	+	−	+
AF12	−	+	+	+	−	+	−	+	−	−	−	+	−	+	−	+
AF13	+	+	+	+	−	−	+	+	+	−	+	+	+	+	+	−
AF14	+	+	+	−	+	+	+	+	+	+	+	−	−	+	−	+
AF15	−	+	−	+	−	+	−	+	−	+	−	+	−	+	−	−
AF16	−	+	−	+	−	+	−	+	+	+	−	+	−	−	−	+
AF17	−	+	−	+	−	+	−	+	−	−	−	−	−	−	−	−
AF18	−	+	−	+	−	+	+	+	+	−	−	−	−	+	−	−
AF19	−	+	+	+	+	+	+	+	−	+	−	+	−	+	−	−
AF20	+	+	+	+	+	−	+	+	+	+	+	+	+	+	−	−
AF21	+	+	−	+	−	+	−	+	+	−	−	+	−	+	−	+
AF22	−	+	+	+	−	+	−	+	−	+	−	+	−	+	−	−
AF23	−	+	−	+	−	+	−	+	−	−	−	+	−	+	−	−
AF24	+	+	+	+	+	+	−	+	+	−	+	+	+	−	−	−
AF25	+	+	+	+	−	−	−	+	+	+	+	+	+	−	+	+
AF26	+	+	+	+	+	+	+	+	−	+	+	+	−	+	−	−
AF27	−	+	−	−	−	+	−	+	−	−	−	−	−	−	−	−

注：M 为 MSM 培养基；L 为 LB 培养基。

表 2-7 看麦娘茎叶中可培养内生细菌对 PAHs 的耐受性

菌株及培养条件	多环芳烃															
	萘		苊		芴		菲		芘		蒽		荧蒽		苯并[a]芘	
培养基	M	L	M	L	M	L	M	L	M	L	M	L	M	L	M	L
PAHs 浓度 /（mg/L）	100	100	30	30	30	30	30	30	30	30	30	30	30	30	10	10
AF8	−	−	−	−	−	+	−	+	−	+	−	+	−	+	−	+
AF12	+	+	−	+	+	+	−	+	−	+	+	+	−	−	−	+
AF13	+	+	+	+	−	−	+	+	+	−	+	+	+	+	+	−
AF14	+	+	+	−	+	+	+	+	+	+	+	−	−	+	−	+
AF19	−	+	+	+	+	+	+	+	−	+	−	+	−	+	−	−
AF20	+	+	+	+	+	−	+	+	+	+	+	+	+	+	−	−
AF21	+	+	−	+	−	+	−	+	+	−	−	+	−	+	−	+
AF28	−	−	−	−	−	+	−	+	−	+	−	+	−	+	−	+
AF29	+	+	+	+	+	−	+	+	+	+	+	+	+	+	−	−
AF30	−	+	+	+	+	+	+	+	+	+	+	+	+	−	−	−
AF31	+	+	+	−	+	+	+	+	+	+	+	−	−	+	−	+
AF32	−	+	−	+	−	−	−	+	−	−	−	−	−	−	−	−
AF33	−	−	−	−	+	+	+	+	−	−	−	−	−	−	−	−
AF34	+	+	+	+	+	+	−	+	−	−	+	−	−	+	−	−
AF35	−	+	+	+	−	+	−	+	−	−	−	+	−	+	−	+
AF36	−	+	+	+	−	+	−	+	−	+	−	+	+	−	+	+
AF37	+	−	−	−	+	−	−	+	−	−	+	−	−	−	+	+
AF38	+	+	−	+	+	+	−	+	−	+	+	+	−	−	−	−
AF39	+	+	+	+	+	+	+	+	−	+	+	+	−	+	−	−
AF40	+	+	+	+	−	−	+	+	−	+	+	+	+	+	−	+

注：M 为 MSM 培养基；L 为 LB 培养基。

表 2-8 酢浆草根中可培养内生细菌对 PAHs 的耐受性

菌株及培养条件	多环芳烃															
	萘		苊		芴		菲		芘		蒽		荧蒽		苯并[a]芘	
培养基	M	L	M	L	M	L	M	L	M	L	M	L	M	L	M	L
PAHs 浓度 /（mg/L）	100	100	30	30	30	30	30	30	30	30	30	30	30	30	10	10
CO1	−	+	−	+	−	−	−	−	−	+	−	+	−	+	−	−

续表

菌株及培养条件	多环芳烃															
	萘		苊		芴		菲		芘		蒽		荧蒽		苯并[a]芘	
CO2	−	+	−	+	+	+	−	+	−	−	−	−	−	−	−	−
CO3	+	+	+	+	+	+	+	+	+	−	+	+	+	+	+	−
CO4	+	+	−	+	+	+	+	+	−	−	+	+	+	−	−	−
CO5	−	+	−	+	−	+	−	+	−	+	−	+	+	−	−	+
CO6	−	+	−	−	−	+	−	+	−	−	−	−	−	−	−	−
CO7	−	+	−	+	−	+	−	+	−	+	−	−	−	+	−	+
CO8	+	+	−	+	−	+	−	+	−	+	−	−	−	+	−	+
CO9	−	+	−	+	−	+	−	+	−	+	−	−	−	+	−	−
CO10	−	−	−	−	−	−	−	−	−	−	−	−	−	−	−	−
CO11	−	+	−	+	+	+	−	+	−	−	−	−	−	−	−	+
CO12	+	+	−	−	−	−	−	−	−	−	−	−	−	−	−	−
CO13	−	+	+	+	+	+	−	+	−	+	+	+	−	+	−	−
CO14	+	+	−	+	+	+	−	+	−	+	−	−	−	+	−	−
CO15	−	+	−	+	−	−	−	−	−	+	−	+	−	+	−	−
CO16	−	−	−	+	−	−	−	+	−	−	−	−	−	−	−	−
CO17	−	+	−	−	−	−	−	−	−	+	−	−	−	−	−	−

注：M 为 MSM 培养基；L 为 LB 培养基。

表 2-9　酢浆草茎叶中可培养内生细菌对 PAHs 的耐受性

菌株及培养条件	多环芳烃															
	萘		苊		芴		菲		芘		蒽		荧蒽		苯并[a]芘	
培养基	M	L	M	L	M	L	M	L	M	L	M	L	M	L	M	L
PAHs 浓度 /（mg/L）	100	100	30	30	30	30	30	30	30	30	30	30	30	30	10	10
CO1	−	+	−	+	−	−	−	−	−	+	−	+	−	+	−	−
CO2	−	+	−	+	+	+	−	+	−	−	−	−	−	−	−	−
CO4	+	+	−	+	+	+	+	+	−	−	+	+	−	+	−	−
CO18	−	+	−	+	+	−	+	+	+	+	−	+	−	−	−	−
CO19	−	+	−	−	−	−	−	−	−	−	+	−	−	−	−	−
CO20	−	−	−	−	−	−	−	+	−	+	−	−	−	+	−	+
CO21	−	+	+	+	+	+	−	+	−	+	−	+	−	+	−	−
CO22	−	−	−	−	−	+	−	−	−	+	−	−	−	−	−	−

续表

菌株及培养条件	多环芳烃															
	萘		苊		芴		菲		芘		蒽		荧蒽		苯并[a]芘	
CO23	−	−	−	−	−	−	+	−	−	−	−	−	−	+	−	−
CO24	+	−	−	−	−	−	−	+	−	−	+	+	−	−	−	−
CO25	−	+	−	+	−	−	−	+	−	−	−	−	−	−	−	−
CO26	+	+	+	+	+	+	+	+	+	−	+	+	+	+	+	−
CO27	−	−	−	+	−	−	−	+	−	−	−	−	−	−	−	−
CO28	−	+	−	−	−	−	−	−	−	+	−	−	−	−	−	−
CO29	−	+	−	+	+	−	+	+	+	+	−	+	−	−	−	−

注：M 为 MSM 培养基；L 为 LB 培养基。

从看麦娘根中分离出的可培养内生细菌中有 9 株可在含 NAP 的 MSM 培养基中正常生长；分别有 11、7、8 和 10 株细菌可在含有三环的 ACE、FLU、PHE 和 ANT 的 MSM 培养基中生长；能在 4 环的 PYR 和 FLA 的 MSM 培养基中正常生长的内生细菌为 10 株及 5 株，此外仅有 3 株细菌（AF10、AF13 及 AF25）可在含有 10 mg/L 苯并[a]芘（BaP）的 MSM 培养基中生长。AF13 是从看麦娘根中分离出唯一可在含有 7 种 PAHs 的 MSM 培养基中正常生长的内生细菌。从看麦娘茎叶中分离出的内生细菌对不同 PAHs 表现出较强抗性，有 4 株细菌可利用 6 到 7 种 PAHs 为唯一碳源和能源进行生长，但没有一株细菌可在全部含 8 种 PAHs 的培养基中正常生长。

在所有从酢浆草根中分离的可培养内生细菌中仅有 CO3 可在含 8 种 PAHs 的 MSM 培养基中正常生长。统计可得：有 5 株细菌可利用两环的 NAP 为碳源进行生长；分别有 2、6、2 和 3 株内生细菌可在含有三环的 ACE、FLU、PHE 和 ANT 的 MSM 培养基中生长；可在含有四环的 PYR 和 FLA 的 MSM 培养基中正常生长的细菌分别有 1 株和 3 株；此外，仅有 1 株内生细菌可以 BaP 为唯一碳源进行生长。对于从酢浆草茎叶中分离出的内生细菌，有多株细菌可在含 3～4 种 PAHs 的 MSM 培养基中生长，但仅有 CO26 可正常生长在含 8 种 PAHs 的 MSM 培养基中。

2.2 污染区植物体内内生细菌群落结构

传统分离培养方法经历了长时间的发展和完善，能够利用其直接从环境样品中有效地分离鉴定可培养菌种（Vaz-Moreira et al., 2011）；然而诸多研究表明仍存在有大量的微生物不能被传统的纯培养方法所分离（Lewis et al., 2010）。变性梯度凝胶电泳（DGGE）、限制性片段长度多态性（RFLP）、末端限制性片段长度多态性（T-RFLP）等现代分子生物学技术则可以避免传统培养方法的弊端，从分子水平上更加客观、准确地揭示环境样品中微生物的群落结构及多样性特征。DGGE 技术是以 PCR 为基础研究微生物群落多样性的一种分子生物学方法，近年来被大量用于土壤、湖泊、海洋等环境中微生物多样性及群落结构变化的研究中，已成为国内外研究微生物生态结构的重要技术之一。然而，迄今仍少有关于利用 PCR-DGGE 技术来研究 PAHs 污染区植物体内内生细菌的群落结构的相关报道。

本节利用 PCR-DGGE 技术进一步分析了上一节中采自 PAHs 污染区看麦娘和酢浆草中内生细菌群落结构，发现 PAHs 污染能显著影响植物内生细菌分布、相似性系数和多样性指数，DGGE 割胶回收、克隆测序后共得出 77 条细菌序列，分别属于 30 多个科、7 个纲、4 个门（Peng et al., 2013）；4 个门分别为厚壁菌门（Firmicutes）、变形菌门（Proteobacteria）、放线菌门（Actinobacteria）及拟杆菌门（Bacteroidetes），其中 Proteobacteria 为两种植物体内的优势菌群。

2.2.1 植物内生细菌 16S rRNA 基因的 DGGE 图谱及分析

参照 Garbeva 等（2001）方法，稍加改进后提取植物根和茎叶中内生细菌总 DNA，选择细菌的 16S rRNA 基因 V3 区的通用引物 341f（带 GC 夹子; 5’-CGCCCGCCGCGCGCGGCGGGCGGGGCGGGGGCACGGGGGGCCTACGGGAGGCAGCAG-3’）和 534r（5’-ATTACCGCGGCTGCTGG-3’）进行植物体内内生细菌总 DNA 的 16S rRNA 基因 V3 区扩增，作 DGGE 分析（彭安萍，2014）。

不同植物根和茎叶中内生细菌群落结构如图 2-4 所示，由图可知在 PAHs 污染区生长的植物体内内生细菌种类丰富，且存在一定差异。比较不同 PAHs 污染水平及不同植物组织之间的条带发现，所有的样品中均含有 Band 1（*Pseudomonas* sp.），说明 Band 1 所代表的菌群为 PAHs 污染区不同植物体内内生细菌的优势菌群之一。同时，不同 PAHs 污染水平、植物不同部位其优势菌群也有差异。例如，Band 3（*Nesterenkonia* sp.）只出现在 Z 和 Q 区的酢浆草根中，而 Band 2（uncultured bacterium clone）也仅出现在 Q 区酢浆草茎叶中。使用 Quantity One 软件对不同污染区及不同植物组织的 DGGE 图谱进行分析可得其电泳比较图，如图 2-5。不同污染区（A、Z、Q）看麦娘根中至少存在 31、23 和 20 种不同内生细菌，其茎叶中也至少分别有 14、13、15 种；酢浆草根中内生细菌由 A、Z 到 Q 区至少分别有 27、29 和 28 种，其茎叶中也至少有 17、15 和 19 种。污染较轻区（Z、Q）

的植物组织中拥有较多种类的内生细菌，但污染较重的 A 区植物内生细菌优势群落较明显；推测在 PAHs 污染程度较高时（A 区）部分耐受性较低的细菌逐渐死亡，而对 PAHs 具有抗性的优势菌群则可正常生长，部分可利用 PAHs 为碳源或能源的内生细菌甚至可加速生长，从而抑制了其他细菌的长势。

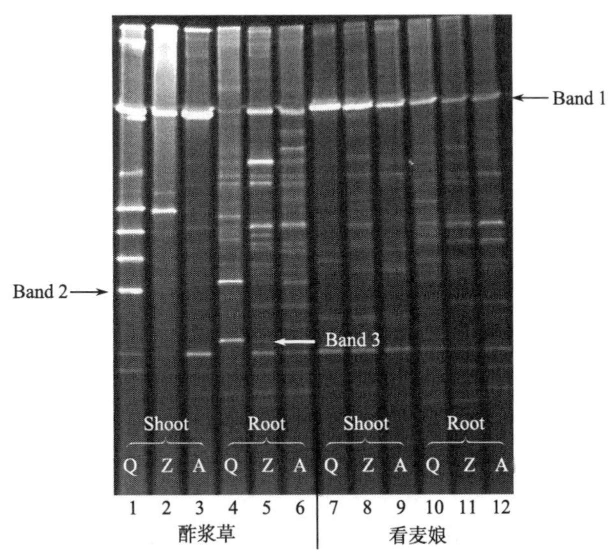

图 2-4 看麦娘和酢浆草体内内生细菌 16S rRNA 基因 V3 区 DGGE 图谱

Band 1. 假单胞菌属；Band 2. 不可培养细菌；Band 3. 涅斯捷连科氏菌属；Shoot. 茎叶；Root. 根；1～12 为植物样品号

2.2.2 污染区植物内生细菌群落结构相似度指数及多样性

采自污染区的不同植物样品 DGGE 图谱条带的异同，可反映植物内生细菌群落的相似性和差异性。根据 DGGE 图谱及 Quantity One 软件对各植物样品中内生细菌群落的相似度进行分析，结果见表 2-10。PAHs 污染水平可显著影响植物内生细菌的群落相似性系数；同时相同污染水平下同一株植物的不同部位的内生细菌相似性系数也不尽相同。三个污染水平下，看麦娘根中内生细菌群落结构具有较高的相似性指数：以 Q 区为参照，Z 和 A 区与 Q 区的相似性指数分别为 71.7% 和 69.3%，说明相对于茎叶，看麦娘根中内生细菌群落结构受 PAHs 污染的影响较低，推测其内部内生细菌具有一定 PAHs 耐受性。

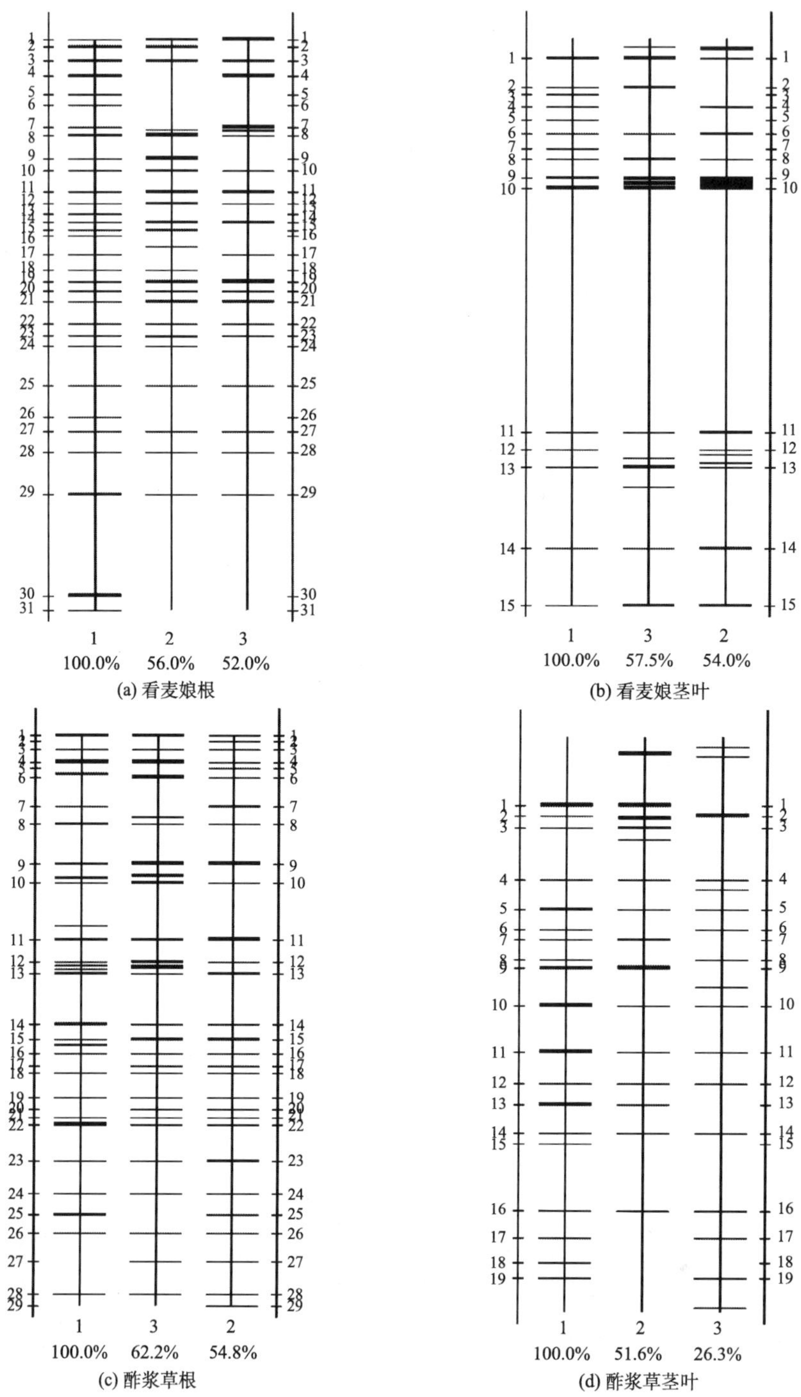

(a) 看麦娘根　(b) 看麦娘茎叶　(c) 酢浆草根　(d) 酢浆草茎叶

图 2-5　看麦娘和酢浆草体内内生细菌 16S rRNA 基因 V3 区电泳比较图

1. Q 区；2. Z 区；3. A 区

表 2-10 不同 PAHs 污染下植物组织内生细菌群落相似性

lane	1	2	3	4	5	6	7	8	9	10	11	12
1	100	60.2	51.0	51.9	51.0	50.6	46.2	52.6	58.9	46.5	51.6	46.4
2		100	52.4	48.6	54	56.7	43.8	48.4	50.7	50.4	54.4	49.7
3			100	36.8	61.3	54.2	71.8	49.3	42.6	40.8	44.4	44.4
4				100	53.6	62.2	38.4	45.6	51.5	65.8	61.3	59.5
5					100	68.8	54.5	56.2	57.1	60.4	64.4	63.9
6						100	47.8	56.2	57.6	67.2	66	60.9
7							100	49.8	43.8	37.9	46.3	45.7
8								100	71.5	57.1	63	61.1
9									100	60.8	65.6	67.8
10										100	71.7	63.3
11											100	69.3
12												100

注：各 lane 数字所代表的供试植物样品与图 2-4 相同。

香农-维纳指数（Shannon-Wiener index）是评价环境中微生物群落多样性的重要指标之一，其数值大小与物种的丰度和均匀度有关（Kapley et al., 2007）。不同污染区采集的植物样品中内生细菌群落结构多样性见表 2-11。在 PAHs 污染区生长的两种植物体内内生细菌具有一定多样性，植物不同部位及 PAHs 污染程度会导致不同细菌的分布，影响其群落多样性指数。PAHs 污染浓度较低的 Q 区植物体内内生细菌群落具有较高的多样性。不同植物内生细菌多样性存在差异，两种植物根中内生细菌的香农-维纳指数均高于其茎叶，这与传统培养方法得出的结论相似，说明利用传统培养方法和 PCR-DGGE 技术研究微生物种群或群落结构多样性的部分结果间是可相互印证的。

表 2-11 各植物样品中内生细菌的香农-维纳指数

植物样品	采样点		
	A	Z	Q
看麦娘根	2.93	3.20	3.38
看麦娘茎叶	2.74	3.03	2.55
酢浆草根	3.29	3.27	3.34
酢浆草茎叶	2.73	2.66	2.78

2.2.3 DGGE 图谱中优势条带的系统发育分析

将 DGGE 凝胶比较亮的条带进行回收、克隆、测序，去除掉植物线粒体和叶绿体 16S rRNA 基因后，共分离鉴定出 77 条不同的细菌基因序列，其中从看麦娘中分离出 50 条（根中 34 条、茎叶中 19 条，根和茎叶中相同 3 条），酢浆草中分离出 30 条（根中 24 条、茎叶中 10 条，根和茎叶中相同 4 条）。从看麦娘中分离出的细菌序列中，44.1%为不可培养细菌，8.47%为 *Pseudomonas* sp.，6.78%为嗜盐单胞菌属（*Halomonas* sp.），而剩下 40.7%细菌序列则分别属于大约 20 个不同的细菌菌属。从酢浆草分离鉴定出的序列中，不可培养的细菌仍旧占大多数，所占比例为 30.6%，其次为 *Pseudomonas* sp.和肠杆菌属（*Enterobacter* sp.），分别占 19.4%及 8.33%，而剩余的 41.7%的序列分别属于其余 15 种不同的细菌菌属（表 2-12 和表 2-13）。

表 2-12　看麦娘中内生细菌 16S rRNA 基因 V3 序列鉴定结果

植物组织	菌株编号	GenBank 登录号	最相近菌株（登录号）	序列相似性/%
根	1R1-1	KF051455	Uncultured bacterium （JX874718.1）	100
	1R1-2	KF051456	*Pseudomonas mosselii*. （HF952677.1）	100
	1R2-1	KF051457	Uncultured bacterium （JX183833.1）	99
	1R4-1	KF051521	Uncultured bacterium （HQ910312.1）	97
	1R4-2	KF051458	Uncultured bacterium （AB717156.1）	99
	1R6-2	KF051459	*Acinetobacter* sp. （KC430970.1）	99
	1R7-1	KF051460	Uncultured bacterium （KC764136.1）	100
	1R8-1	KF051461	*Halomonas* sp. （AB477015.1）	100
	1R8-2	KF051461	Uncultured bacterium （JN641605.1）	100
	1R9-2	KF051463	Uncultured bacterium （ FJ152904.1）	99
	1R10-1	KF051464	Uncultured bacterium （EU134655.1）	96
	1R11-1	KF051465	Bacterium enrichment culture DGGE band （GU270491.1）	100
	1R12-1	KF051525	Uncultured Bacteroidetes bacterium （HF564294.1）	99
	1R14-1	KF051466	Uncultured bacterium （JQ624970.1）	100
	1R16-1	KF051467	Uncultured microorganism （KC841544.1）	100
	1R16-2	KF051468	Uncultured *Halomonas* sp. （HM447733.1）	99
	1R17-1	KF051469	Uncultured bacterium （AB636927.1）	100
	1R19-1	KF051470	Uncultured Clostridia bacterium （EF434224.1）	100
	1R19-2	KF051471	*Halomonas* sp. （DQ644495.1）	99

续表

植物组织	菌株编号	GenBank 登录号	最相近菌株（登录号）	序列相似性/%
根	1R21-1	KF051472	Uncultured bacterium （FN567241.1）	99
	1R22-1	KF051473	Uncultured bacterium（JF829071.1）	100
	1R22-2	KF051474	*Asaia bogorensis* strain （KC756841.1）	100
	1R23-1	KF051487	Uncultured bacterium （HE860554.1）	99
	1R23-2	KF051474	Uncultured bacterium （HM312378.1）	100
	1R24-1	KF051476	*Halomonas* sp. （JQ044787.1）	99
	1R29-1	KF051523	*Raoultella terrigena* strain （KC790281.1）	100
	1R29-2	KF051477	Uncultured bacterium （FM873355.1 ）	100
	1R30-1	KF051478	Uncultured eukaryote clone （HM329207.1）	99
	1R30-2	KF051479	*Rhodococcus* sp. （DQ406729.1）	99
	1R31-2	KF051480	Uncultured *Ralstonia* sp. （GQ129973.1）	99
	1R32-1	KF051481	*Pseudomonas viridiflava* （AY574912.1）	99
	1R33-1	KF051482	*Streptomyces aomiensis* （JQ899252.1）	99
	1R34-1	KF051483	Uncultured bacterium （ KC797663.1）	100
	1R34-2	KF051484	Bacterium Ellin5280 （AY234631.1）	98
茎叶	1S1-1	KF051485	*Bacillus fumarioli* （KC354687.1）	100
	1S4-1	KF051486	*Pseudomonas* sp. （JQ977574.1 ）	100
	1S4-2	KF051487	Uncultured bacterium （HE860554.1）	99
	1S6-1	KF051531	Uncultured bacterium （KC758924.1）	99
	1S7-1	KF051488	*Microbacterium foliorum* strain （HQ832574.1）	99
	1S8-1	KF051489	Uncultured *Ilumatobacter* sp. Clone （KC684483.1）	99
	1S8-2	KF051490	*Finegoldia magna* （KC311751.1）	100
	1S9-1	KF051491	*Pseudomonas extremaustralis* （KC790323.1）	100
	1S11-1	KF051492	*Microbacterium* sp. （KC534473.1）	99
	1S12-1	KF051493	*Mycobacterium* sp. （JQ396585.1）	99
	1S12-2	KF051523	*Raoultella terrigena* （KC790281.1）	99
	1S13-1	KF051494	*Brevundimonas olei* （KC534480.1）	100
	1S14-1	KF051495	Uncultured bacterium （HQ395893.1）	96
	1S15-1	KF051496	*Pseudomonas orientalis* （KC834370.1）	100
	1S15-2	KF051497	*Pseudomonas* sp. （KC433656.1）	100
	1S16-1	KF051498	*Methylobacterium* sp. （JQ977384.1）	100
	1S16-2	KF051499	*Frigoribacterium* sp. （JQ977640.1）	99
	1S17-1	KF051524	*Pseudomonas extremaustralis* （KC790323.1）	100
	1S18-1	KF051500	Uncultured beta proteobacterium （KC602748.1）	100

表 2-13 酢浆草中内生细菌 16S rRNA 基因 V3 序列鉴定结果

植物组织	菌株编号	GenBank 登录号	最相近菌株（登录号）	序列相似性/%
根	2R1-1	KF051502	Uncultured bacterium （JX183833.1）	99
	2R2-1	KF051503	*Pseudomonas orientalis* （KC834370.1）	99
	2R2-2	KF051504	*Microbacterium* sp. （JQ977681.1）	100
	2R2-3	KF051505	*Pseudomonas* sp. （JN886728.1）	99
	2R3-1	KF051506	*Enterobacter* sp. （JQ912527.1）	100
	2R3-2	KF051507	*Arthrobacter* sp. （JQ977395.1）	100
	2R4-1	KF051523	*Raoultella terrigena* （KC790281.1）	99
	2R7-1	KF051524	*Pseudomonas extremaustralis* （KC790323.1）	99
	2R8-1	KF051508	*Pseudomonas* sp. （JQ977686.1）	99
	2R9-1	KF051509	*Sphingomonas* sp. （KC810834.1）	100
	2R9-2	KF051510	Uncultured Actinobacteridae bacterium （JQ291030.1）	95
	2R12-1	KF051511	*Nocardioides lianchengensis* （JX841006.1）	100
	2R12-2	KF051512	*Plantibacter flavus* （KC790247.1）	99
	2R15-1	KF051513	*Pseudomonas putida*（HF952667.1）	100
	2R17-1	KF051531	Uncultured bacterium （ KC758924.1 ）	100
	2R19-1	KF051514	Uncultured *Pseudoclavibacter* sp. clone （JQ976752.1）	99
	2R19-2	KF051515	Uncultured bacterium （ JQ448388.1）	100
	2R20-1	KF051516	Uncultured Burkholderiales bacterium （EU642367.1）	97
	2R20-2	KF051517	Uncultured bacterium （KC484408.1）	100
	2R20-3	KF051518	*Pseudomonas* sp. （JQ977216.1）	100
	2R21-1	KF051519	Uncultured bacterium （HM050641.1）	99
	2R25-1	KF051520	*Nesterenkonia* sp. （KC311650.1 ）	100
	2R25-2	KF051521	Uncultured bacterium （HQ910312.1）	98
	2R26-1	KF051522	*Halomonas* sp. （KC832321.1）	100
茎叶	2S1-1	KF051523	*Raoultella terrigena* （KC790281.1）	100
	2S2-1	KF051524	*Pseudomonas extremaustralis* （KC790323.1）	99
	2S3-1	KF051525	Uncultured Bacteroidetes bacterium （HF564294.1）	99
	2S4-1	KF051502	*Enterobacter* sp. （JQ912527.1）	100
	2S9-1	KF051526	*Microbacterium* sp. （ KC810832.1）	100
	2S10-1	KF051527	*Methylobacter* sp. （HF565143.1）	100
	2S12-1	KF051528	Uncultured *Sphingomonas* sp. clone （JX568390.1）	100
	2S14-1	KF051529	Uncultured bacterium （KC775450.1）	100
	2S14-1	KF051530	*Enterobacter* sp. （KC534484.1 ）	100
	2S19-1	KF051531	Uncultured bacterium （KC758924.1）	100

将得到的 77 条内生细菌序列进行同源性比对分析，利用 MEGA5.0 构建出系统发育树，结果见图 2-6。由进化关系可得这些细菌序列分别属于 4 个门、7 个纲以及

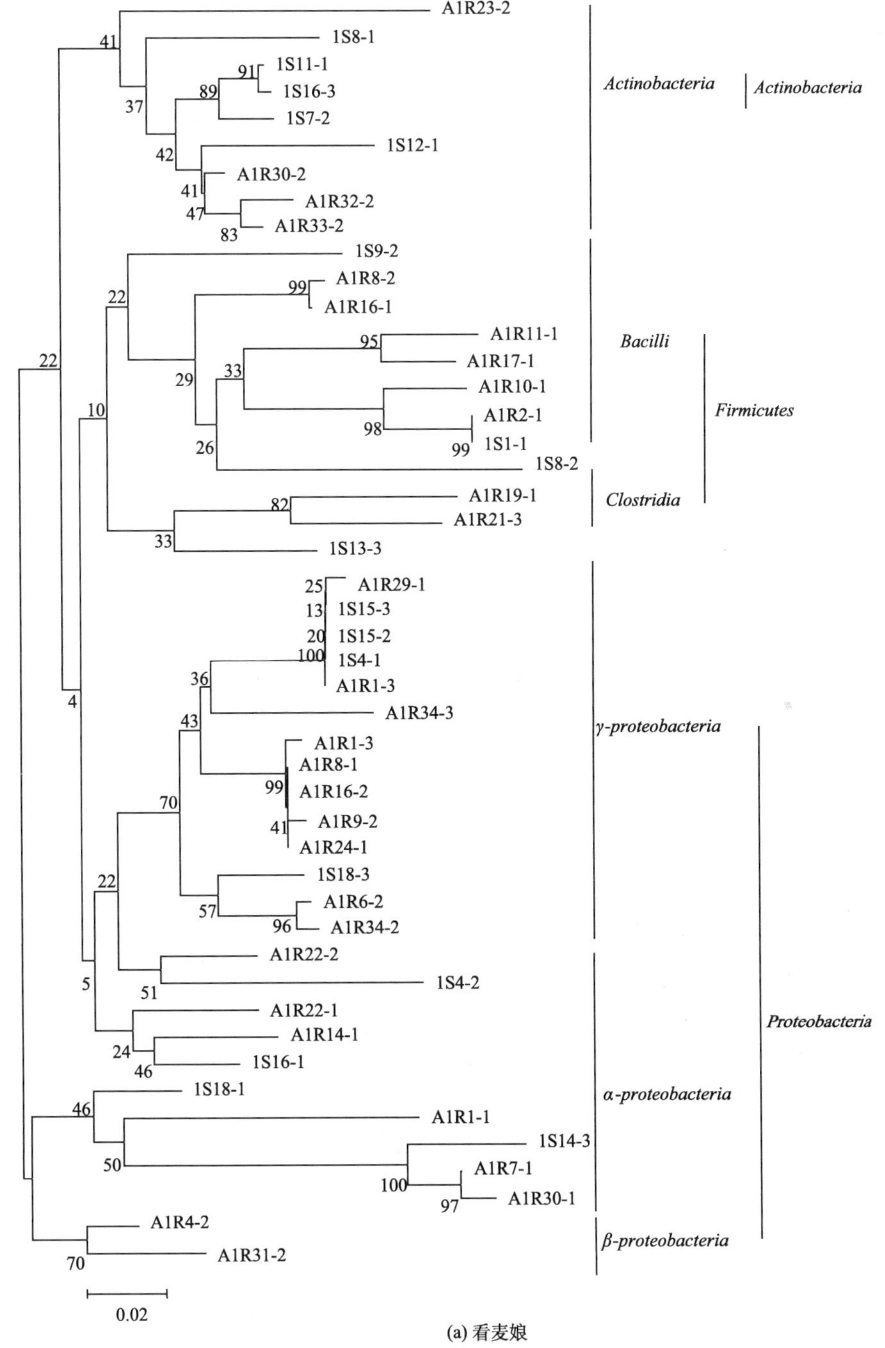

(a) 看麦娘

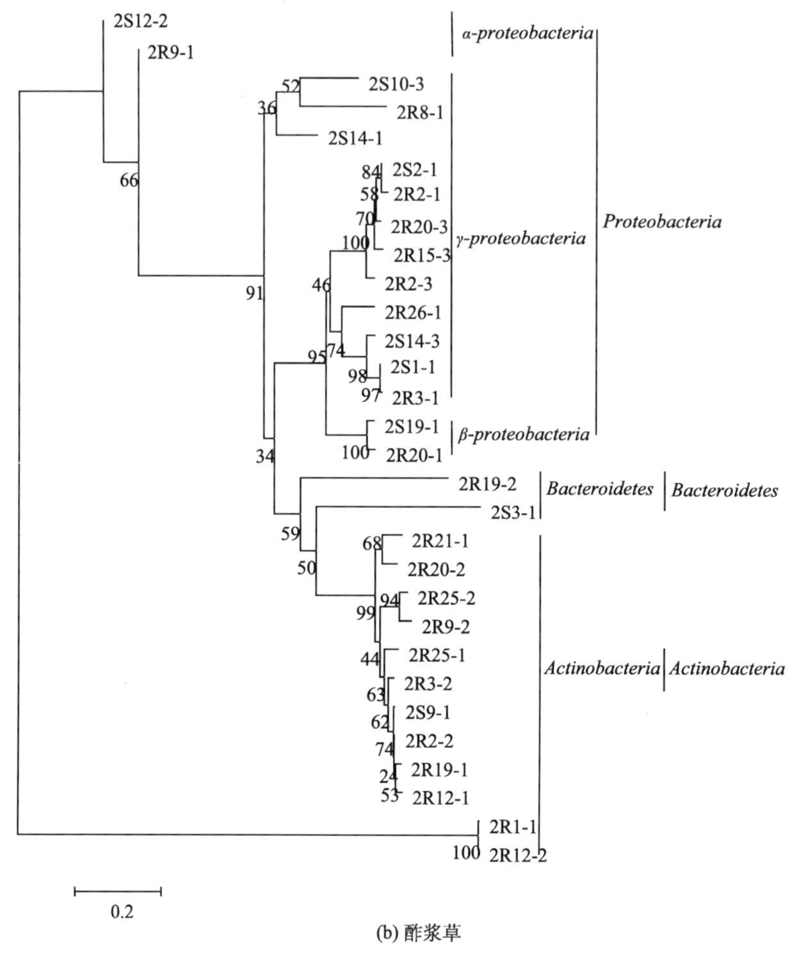

(b) 酢浆草

图 2-6　看麦娘和酢浆草中不可培养内生细菌的进化树

超过 30 个科。4 个门为厚壁菌门（Firmicutes）、变形菌门（Proteobacteria）、放线菌门(Actinobacteria)及拟杆菌门(Bacteroidetes)，7 个纲为芽孢杆菌纲(Bacilli)、梭菌纲(Clostridia)、α-变形菌纲(α-Proteobacteria)、β-变形菌纲(β-Proteobacteria)、γ-变形菌纲（γ-Proteobacteria）、放线菌纲（Actinobacteria）、拟杆菌纲（Bacteroidetes）。Proteobacteria 为长期生长在 PAHs 污染区两种植物体内的优势菌群，其中从看麦娘中分离鉴定的序列大多属于 Proteobacteria 和 Firmicutes，剩余小部分属于 Actinobacteria；与看麦娘中内生细菌相似，Proteobacteria 的菌群也占据了酢浆草中分离出的细菌序列的主要部分，其余的小部分则分别为 Bacteroidetes 和 Actinobacteria。该结果与 Chelius 等（2001）的研究结果相似。

2.3 污染区植物体内 PAHs 降解基因多样性

基因调控可改变微生物的代谢方式从而使其适应环境的变化。已有研究表明，通过调控内生细菌中相关代谢基因可以促进内生细菌代谢有机污染物（Siciliano et al., 2001）。利用基因工程技术将与有机污染物降解有关的基因导入内生细菌、从而构建工程内生细菌，并将其重新定殖到宿主植物体内，有望促进植物体内有机污染物的代谢过程，该研究已引起了学者关注（Baran et al., 2004）。然而遗憾的是，对于植物内生细菌中与 PAHs 降解相关基因的研究报道国内外仍几近空白。研究污染区植物内生细菌体内参与 PAHs 降解的功能基因多样性（包括结构、丰度等），不仅有助于筛选出更多高效的内生细菌功能基因、明确功能内生菌调控植物 PAHs 污染的作用原理，而且可为综合地评价利用植物功能内生细菌来调控植物代谢 PAHs 的可行性、降低作物 PAHs 污染风险、保障污染区农产品安全等提供重要依据。

本节选择了萘双加氧酶（NAH）基因和苯酚单加氧酶（PHE）基因为目标基因，这两种基因具有底物特异性、高度保守等特点，且可作为 PAHs 降解活性的潜在生物标志物（Baldwin et al., 2003）。分析了上两节从污染区采集的植物样品中 NAH 和 PHE 基因的分布及多样性，发现不同污染区采集的两种植物中均含有 NAH 和 PHE 基因，其中 PHE 基因的多样性普遍高于 NAH 基因；从两种降解基因的 DGGE 凝胶上共分离鉴定出 48 条优势条带序列，其中 NAH 基因 9 种，PHE 基因 39 种（Peng et al., 2015）。

2.3.1 污染区植物内生细菌中 NAH 和 PHE 基因的 DGGE 图谱及分析

引物序列参照 Baldwin 等（2003），见表 2-14；NAH 和 PHE 基因的 PCR 扩增条件见表 2-15（彭安萍，2014）。

表 2-14 NAH 和 PHE 基因扩增的引物序列

基因	引物	引物序列
NAH	NAH-F	5'-CAAAA（A/G）CACCTGATT（C/T）ATGG-3'
	NAH-R	5'-A（C/T）（A/G）CG（A/G）G（C/G）GACTTCTTTCAA-3'
PHE	PHE-F	5'-GTGCTGAC（C/G）AA（C/T）CTG（C/T）TGTTC-3'
	PHE-R	5'-CGCCAGAACCA（C/T）TT（A/G）TC-3'

表 2-15　NAH 和 PHE 基因的 PCR 扩增条件

基因	预变性		变性		退火		延伸	
	温度/℃	时间/min	温度/℃	时间/min	温度/℃	时间/min	温度/℃	时间/min
NAH	95	10	95	1	46	1	72	2
PHE	95	10	95	1	50	1	72	2

由图 2-7 可见，两张 DGGE 图谱上皆有明显的特异性条带。经克隆测序后，验证了这些条带的确是 PAHs 代谢相关基因，说明在 PAHs 污染区生长的看麦娘和酢浆草体内内生细菌中皆含有与 PAHs 代谢相关的基因，且 PAHs 污染水平和植物种类会对降解基因的分布和多样性有一定影响。观察两种降解基因的 DGGE 图谱发现，两种植物内生细菌中 PHE 降解基因的多样性较为丰富，而 NAH 基因的多样性程度较低。同时，对于看麦娘来说，其茎叶部内生细菌中 PHE 降解基因多样性要高于根部。造成该现象的原因可能是看麦娘根部高浓度 PAHs 导致的降解基因优选以及随后发生的高效降解基因水平迁移。Herrick 等（1997）研究表明，当细菌面对某些环境选择压力时，其内部的一些功能基因可通过一些未知的机制在细菌间发生水平迁移。相对于看麦娘茎叶，其根部可富集较多的 PAHs，对细菌的生存环境造成较大影响，所以其内部细菌若想继续存活，需启动自身的高效 PAHs 降解基因表达系统，或是通过基因水平迁移手段从外部获得高效的 PAHs 降解基因。

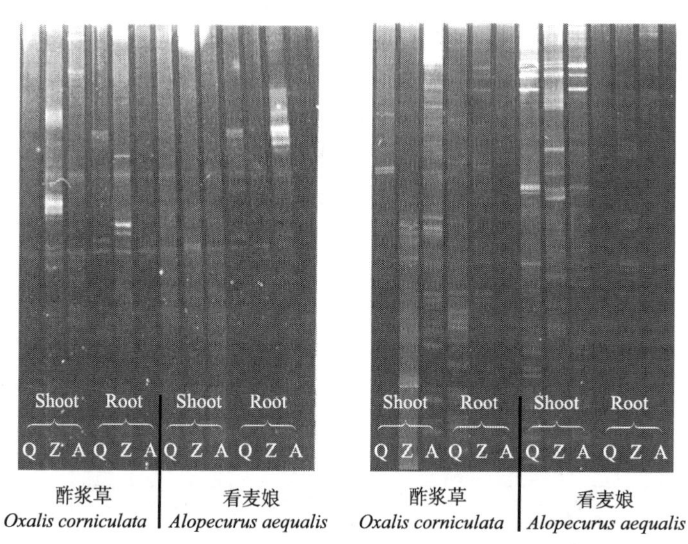

图 2-7　NAH 基因和 PHE 基因的 DGGE 图谱

Shoot 为茎叶；Root 为根

2.3.2 污染区植物体内 NAH 和 PHE 基因多样性分析

香农-维纳指数（Shannon-Wiener index）及辛普森指数（Simpson index）是描述群落多样性的两个常用指数，是反映基因多样性丰富度和均匀度的综合指标。对两种植物体内内生细菌中 NAH 与 PHE 基因的多样性进行分析，结果见表 2-16 和表 2-17。不同污染区两种植物体内 NAH 和 PHE 的 Shannon-Wiener 指数范围分别为 1.04～2.03 和 1.23～2.42，PHE 基因的多样性普遍高于 NAH 基因。不同污染区植物体内两种基因的 Simpson 指数分别为 0.055～0.357（NAH）和 0.052～0.227（PHE），NAH 基因的 Simpson 指数普遍高于 PHE 基因，该现象在酢浆草中表现更为明显。分析不同污染区相同植物内两种基因的 Shannon-Wiener 指数和 Simpson 指数可以看出，所采集的污染区（A、Z、Q 区）植物样品中 NAH 和 PHE 两种基因的多样性均较高，该结果与 Siciliano 等（2001）的研究结果相似；其指出，随着环境中污染物浓度增加，可降解该类污染物的细菌数量和多样性也随之增加。当然可降解污染物的细菌的数量和多样性与降解基因的数量和多样性之间是否有必然的相关性，它们的变化趋势是否完全一样？这些问题还需后续实验中进一步探索和验证。

表 2-16 植物体内 NAH 和 PHE 基因的香农-维纳指数

基因	植物	根			茎叶		
		A	Z	Q	A	Z	Q
NAH	看麦娘	1.73	2.03	1.15	1.04	1.36	1.52
	酢浆草	1.09	1.59	1.44	1.33	1.74	1.24
PHE	看麦娘	2.01	2.13	1.23	1.68	2.42	2.21
	酢浆草	1.62	1.88	2.05	1.34	2.28	1.96

表 2-17 植物体内 NAH 和 PHE 基因的辛普森指数

基因	植物	根			茎叶		
		A	Z	Q	A	Z	Q
NAH	看麦娘	0.266	0.055	0.061	0.068	0.106	0.098
	酢浆草	0.133	0.357	0.354	0.199	0.227	0.291
PHE	看麦娘	0.137	0.054	0.109	0.227	0.102	0.143
	酢浆草	0.080	0.196	0.052	0.080	0.121	0.157

2.3.3 污染区植物体内 NAH 和 PHE 基因的系统进化分析

将两种基因 DGGE 图谱中较亮的优势条带进行割胶回收、克隆测序分析，将测序结果在 NCBI 上进行比对。结果可得，从两种植物根和茎叶中共成功分离出了 48 条两种基因的不同序列；其中从不同污染区看麦娘中分离出 9 种 NAH 基因群落（根中 5 种，茎叶中 4 种）；实验未能成功从酢浆草 NAH 基因的 DGGE 图谱中分离出优势条带，推测原因可能为割胶回收时紫外照射时间过长，导致部分 DNA 降解消解或进行变形梯度凝胶电泳时所用凝胶的梯度浓度并不是 NAH 基因的最适条件，因此，所得凝胶中条带较少、较暗，使得后期实验受到一定影响。对于 PHE 基因，从看麦娘和酢浆草中分别分离出 21 种（根中 6 种，茎叶中 15 种）和 18 种（根中 10 种，茎叶中 8 种）PHE 基因群落，该结果与从 DGGE 凝胶上切下的优势条带数量基本一致。

利用 MEGA 5.0 将所得不同基因的序列进行系统进化分析，结果见图 2-8 和图 2-9。由图 2-8 可见，从茎叶中分离出 NAH 基因序列的系统进化树下方比例标尺为 0.2，说明看麦娘茎叶中 NAH 基因序列与已知的同源性序列的亲缘关系较远，但这 4 条 NAH 基因序列在进化树的同一个遗传距离上，其分化的时间相同，表明这 4 条 NAH 基因序列本身的亲缘关系较近，只是多样性稍有差别。相反，虽然看麦娘根中 5 条 NAH 基因序列与已知的同源性序列的亲缘关系较近（其系统进化树的比例标尺仅为 0.001），但这 5 个基因序列在不同的进化距离上，且聚

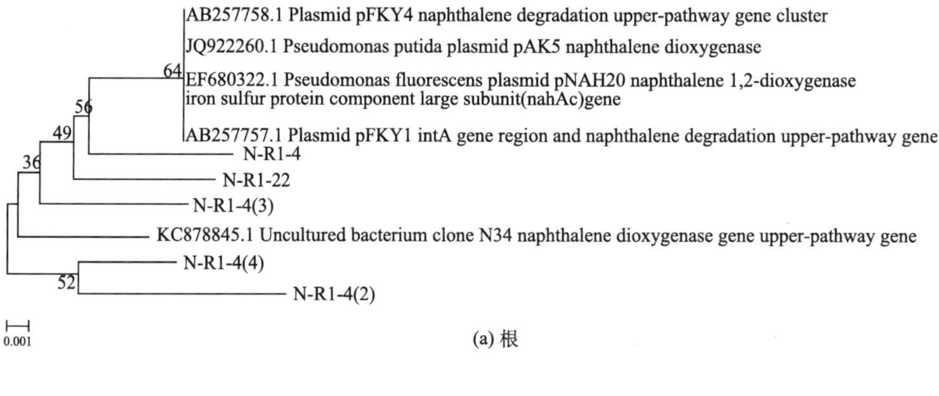

(a) 根

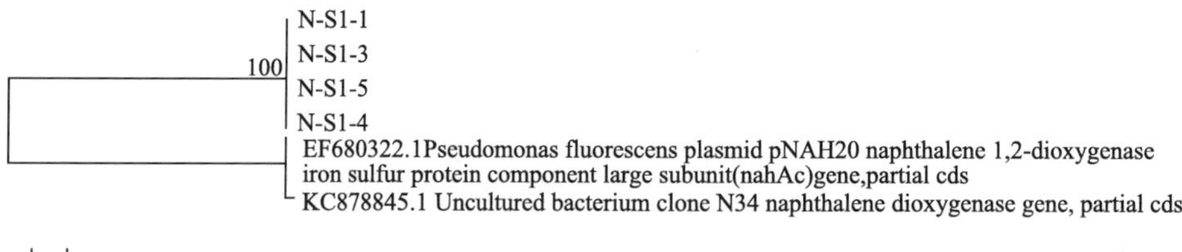

(b) 茎叶

图 2-8 看麦娘根和茎叶中 NAH 基因的系统进化树

在不同的分支。由此反映出看麦娘根中 NAH 基因的多样性程度要高于茎叶中 NAH 基因的多样性。同理，对图 2-9 进行分析可得，看麦娘根及茎叶中 PHE 基因与已知的同源性序列的亲缘关系均较远，但看麦娘根中 PHE 基因的多样性要高于茎叶中 NAH 基因的多样性，且根中各 PHE 基因的亲缘关系要近于茎叶中 PHE 基因之间的亲缘关系。分析酢浆草中 PHE 基因的系统进化及多样性可得(图 2-9)，酢浆草根中 PHE 基因具有较高的多样性，但茎叶中 PHE 基因与已知的同源性序列的亲缘关系较近，且茎叶中各 PHE 基因间分化程度高，其遗传距离较远。综上可见，两种植物根中降解基因均具有较高的多样性，产生该结果的原因可能与植物根中具有较多的内生细菌有关。

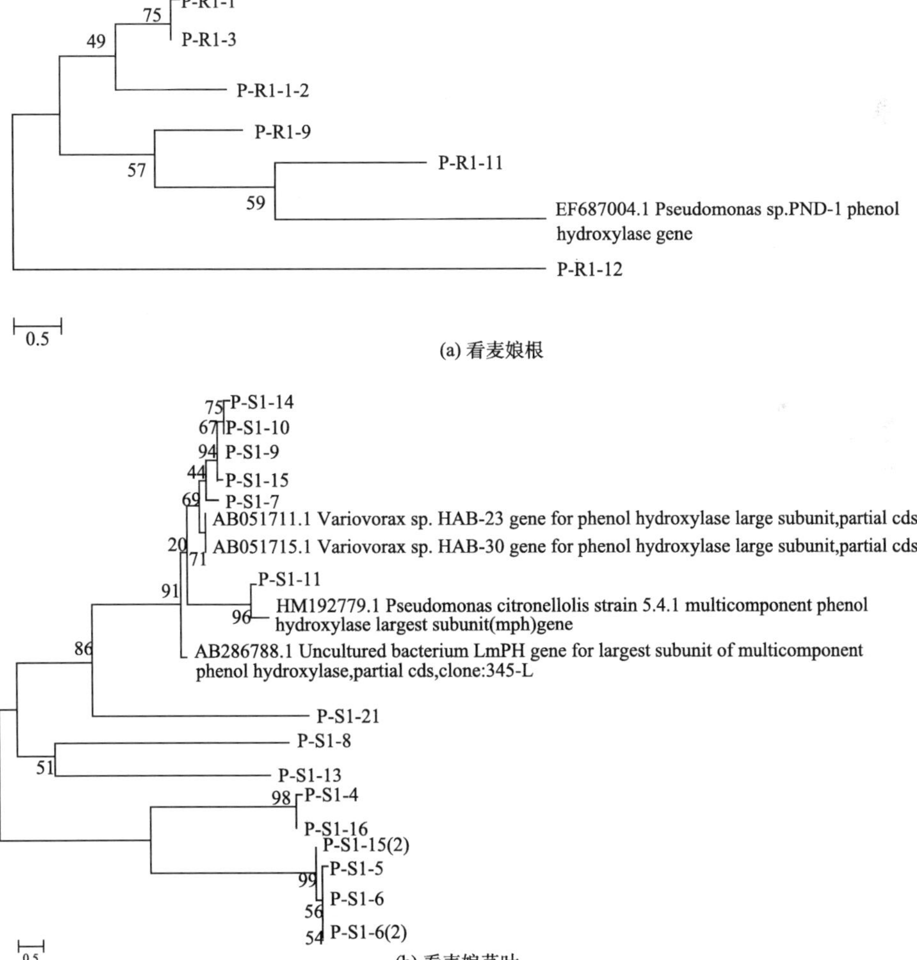

(a) 看麦娘根

(b) 看麦娘茎叶

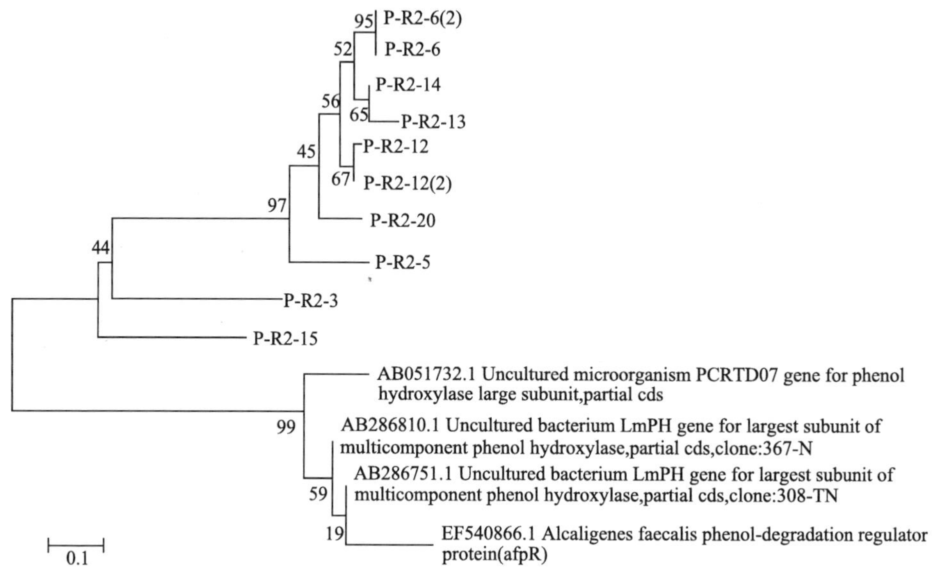

(c) 酢浆草根

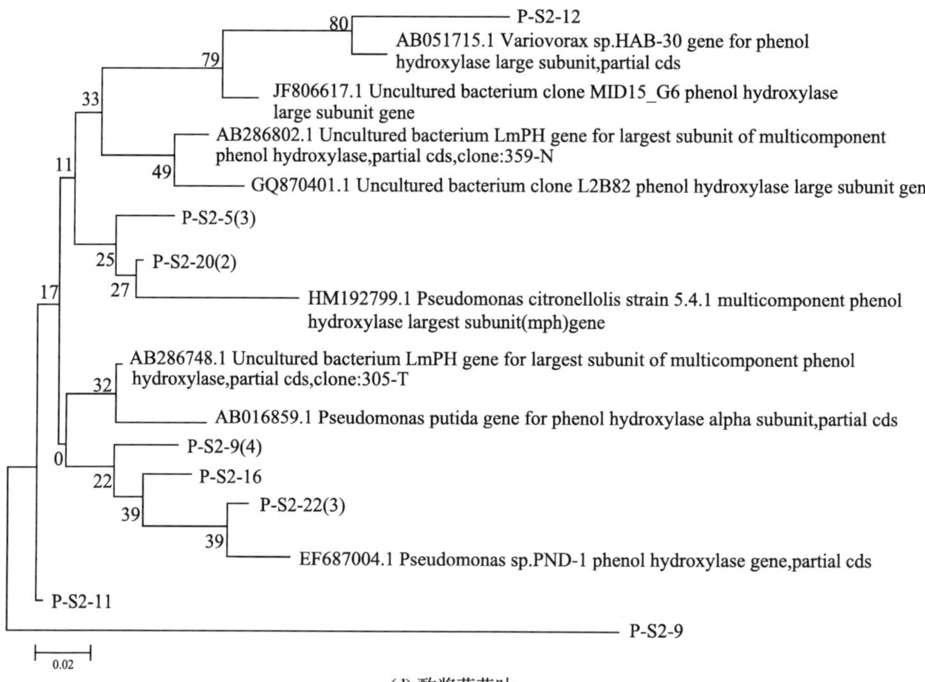

(d) 酢浆草茎叶

图 2-9 看麦娘和酢浆草中 PHE 基因的系统进化树

2.3.4 污染区植物体内 16S rRNA 基因和 PHE 基因的拷贝数

近年来，利用荧光实时定量 PCR（FQ-PCR）技术来研究细菌及其某些基因的形成、分布及数量等特性受到人们广泛关注（Lyons, 2000; Hoque, 2005）。利用该技术进一步分析了不同污染区生长的两种植物体内内生细菌中 16S rRNA 基因以及 PHE 基因的拷贝数，见表 2-18。

表 2-18 植物体内 16S rRNA 基因和 PHE 基因的拷贝数

基因	采样点	看麦娘		酢浆草	
		根	茎叶	根	茎叶
16S rRNA	A	$5.23\times10^5\pm1.22\times10^3$	$4.61\times10^4\pm5.11\times10^3$	$2.21\times10^7\pm8.93\times10^5$	$5.54\times10^5\pm2.93\times10^4$
	Z	$1.36\times10^7\pm5.52\times10^4$	$3.76\times10^6\pm5.04\times10^5$	$2.49\times10^7\pm5.43\times10^4$	$1.21\times10^6\pm1.91\times10^4$
	Q	$4.64\times10^6\pm4.50\times10^4$	$1.95\times10^5\pm2.72\times10^3$	$1.02\times10^8\pm4.61\times10^6$	$1.78\times10^6\pm2.42\times10^4$
PHE	A	$3.56\times10^3\pm3.22\times10^2$	N/A	N/A	$8.22\times10^3\pm2.97\times10^2$
	Z	$1.47\times10^2\pm9.29$	$1.96\times10^3\pm7.78$	$4.84\times10^3\pm1.10\times10^2$	$1.07\times10^5\pm7.39\times10^2$
	Q	$5.64\times10^3\pm6.95$	$5.73\times10^3\pm1.39\times10^2$	$1.23\times10^4\pm8.91$	$1.99\times10^5\pm5.07\times10^3$

注：N/A 表示未检测。

植物种类、植物不同部位、污染水平等均可显著影响两种基因在植物内生细菌中的拷贝数。例如，两种植物根中 16S rRNA 基因的拷贝数要远大于植物茎叶。在Z区生长的看麦娘拥有较高的16S rRNA基因拷贝数，Z区根和茎叶中16S rRNA基因的拷贝数分别是 A 和 Q 区的 2.93～26.00 和 1.56～19.28 倍。较轻污染区（Q区）生长的酢浆草中则含有较多的 16S rRNA 基因拷贝数，其根和茎叶中 16S rRNA 基因的拷贝数分别是 A 和 Z 区的 4.10～4.62 和 1.47～3.21 倍。与 16S rRNA 基因不同，两种植物根中 PHE 基因的拷贝数要少于植物茎叶，且两种植物体内 PHE 基因的拷贝数均随着 PAHs 污染水平的降低而增多。该结果与 Langworthy 等（1998）的研究结果有所差异，他们的研究结果揭示，在中度和重度 PAHs 污染下检测到 PAHs 降解基因（nah A 及 alk B 基因）的频率较高，产生该差异的原因可能与细菌种类及生长环境不同有关。

2.4 模拟污染条件下植物体内内生细菌对 PAHs 污染的响应

在前述污染区野外采样和分析工作的基础上，本节以菲为 PAHs 代表物，进一步采用水培体系模拟研究了不同菲污染强度对黑麦草（*Lolium multiflorum* Lam.）体内可培养内生细菌数量和种群特性的影响。黑麦草生长基质为含菲的 1/2

hoaglands 培养液，培养液中菲浓度分别为 0 mg/L、0.4 mg/L、0.8 mg/L、1.2 mg/L、1.6 mg/L 和 2.0 mg/L，对应处理编号为 CK、T1、T2、T3、T4、T5；植物体内可培养内生细菌分离、鉴定和分析同 2.2 节。结果表明，随着菲污染浓度提高，黑麦草体内可培养内生细菌数量呈下降趋势；经形态观察、生理生化特征分析以及 16S rRNA 基因序列同源性分析，从黑麦草体内分离纯化的 23 种内生细菌分属于 6 大类群 13 个属；黑麦草体内优势种属是 *Kocuria*、*Staphylococcus*、*Rahnella* 和 *Stenotrophomonas* 属，其中，*Stenotrophomonas* 和 *Staphylococcus* 属在高浓度菲污染条件下为黑麦草体内优势种属（盛月慧等，2013）。这些结果不仅验证了污染区野外调查的相关结论，而且为后续揭示植物体内功能内生细菌调控植物吸收代谢 PAHs 的作用及机理奠定了基础。

2.4.1　植物体内菲含量

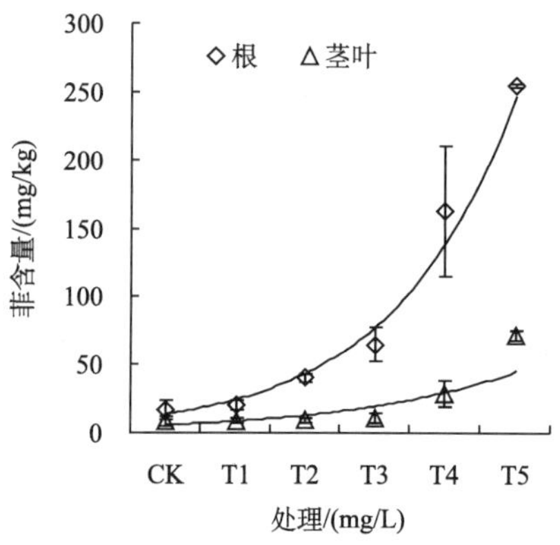

图 2-10　不同处理下黑麦草根和茎叶中菲含量

不同菲浓度处理下黑麦草根和茎叶中菲含量见图 2-10。黑麦草能从营养液中吸收菲并在体内富集，黑麦草对菲的吸收量与营养液中菲浓度间存在相关性。由图 2-10 可以看出，黑麦草根和茎叶中菲含量均随着培养液中菲污染浓度的提高而增大，且根中菲含量要显著高于茎叶。凌婉婷等（2006）的研究也表明，水培条件下黑麦草茎叶中菲含量、积累量和茎叶富集系数均明显小于根，黑麦草根对菲的积累量远大于茎叶。这主要与根吸收后菲由根向茎叶的传输系数较小有关。

2.4.2　菲污染下植物体内可培养内生细菌的分离、鉴定及进化分析

内生细菌菌株的鉴定通常需结合菌株的菌落形态和个体形态、生理生化特征以及 16S rRNA 基因序列同源性。据此，从不同浓度菲污染下黑麦草体内分离得到 23 种内生细菌，其中，从根部分离得到 15 种（编号为 G1～G15），从茎叶部分离得到 8 种（编号为 Y1～Y8）。将各菌株的 16S rRNA 基因序列与已报道的序列进行同源性分析，获得与其序列同源性最高的相关菌株信息，并将测序获得的各菌株的 16S rRNA 基因序列上传至 GenBank 获得了序列登录号。

利用各菌株的 16S rDNA 序列及其相关序列构建了系统发育树（图 2-11）。从图中可以看出，从黑麦草体内分离筛选的 23 种内生细菌分别属于 Actinobacteria、

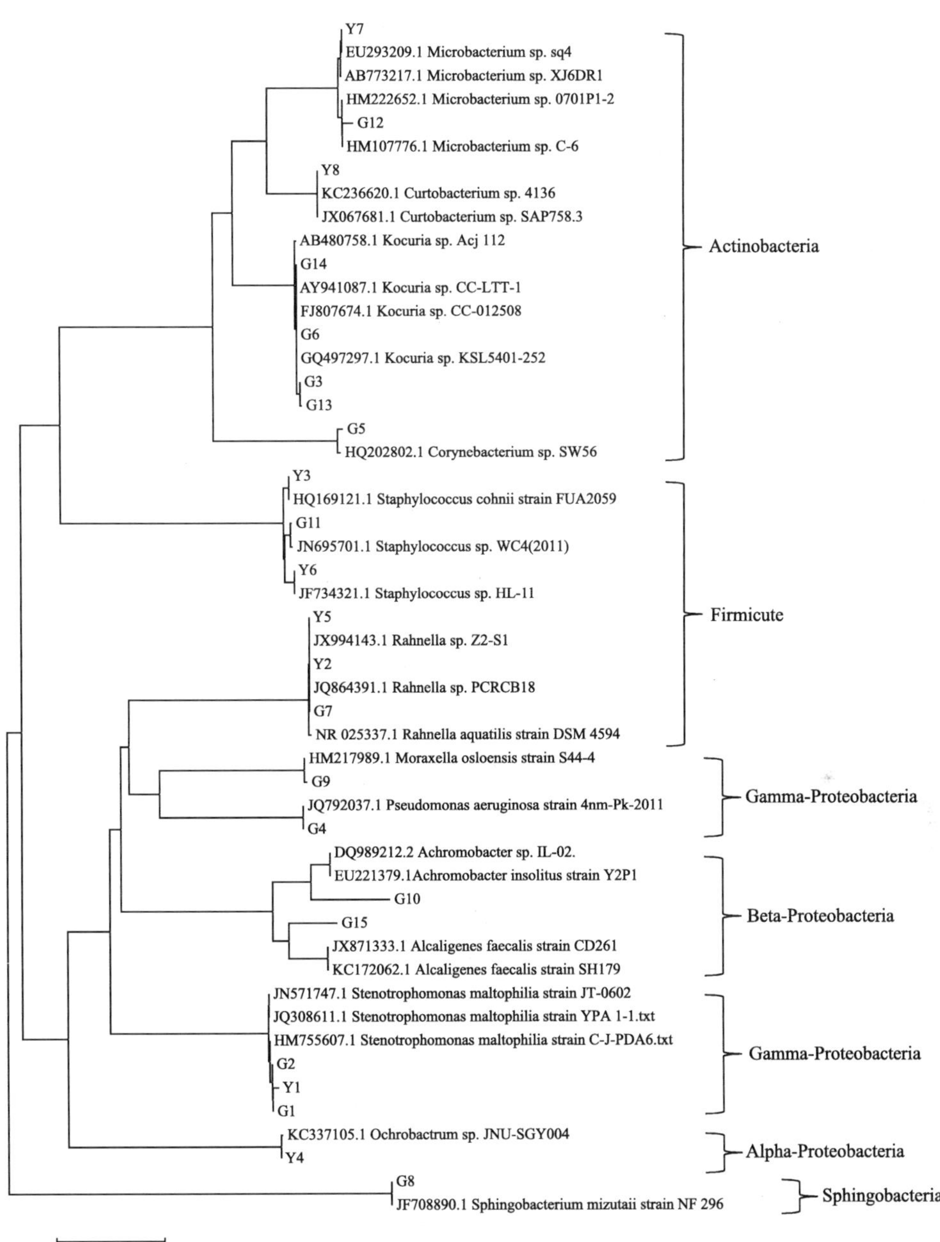

图 2-11 基于 16S rDNA 序列同源性的 23 株内生细菌系统发育树

Firmicutes、Beta-proteobacteria、Gamma-proteobacteria、Alpha-proteobacteria 和 Sphingobacteria 6 个类群。其中，根中优势类群为 Gamma-proteobacteria 和 Actinobacteria，茎叶中优势类群为 Firmicutes。从种属水平看，23 种内生细菌分属于 13 个属，且与已报道菌株的 16S rRNA 基因序列同源性均在 99%以上（G15 的同源性为 96%），其中 *Kocuria* 属的细菌种类最多，*Staphylococcus* 属、*Rahnella* 属和 *Stenotrophomonas* 属次之。

2.4.3 菲污染下黑麦草体内可培养内生细菌数量

由图 2-12 可以看出，随着培养液和植物体内菲污染浓度提高，黑麦草根和茎叶中可培养内生细菌数呈下降趋势。在低浓度菲（T1）处理下，黑麦草根中可培养内生细菌从对照的 3.426×10^5 CFU/g 下降到 8.33×10^4 CFU/g，仅为对照的 24.3%，而黑麦草茎叶中内生细菌数由原来的 3.81×10^4 CFU/g 下降到 3.33×10^4 CFU/g，为对照的 87.4%；在高浓度菲（T5）处理下，黑麦草根中可培养内生细菌从对照中的 3.426×10^5 CFU/g 下降到 9.1×10^3 CFU/g，仅为对照的 2.7%，而黑麦草茎叶中可培养内生细菌数由对照的 3.81×10^4 CFU/g 下降到 7×10^2 CFU/g，为对照的 1.8%。显然，随着菲污染浓度增大，根和茎叶中可培养内生细菌数量下降，且根部下降趋势更为明显，说明大部分黑麦草体内可培养内生细菌很难在高浓度菲污染环境中生存，而少数细菌能正常生长，推测是由于其对菲具有耐受性或是其本身可利用菲作为营养物质进行生长。

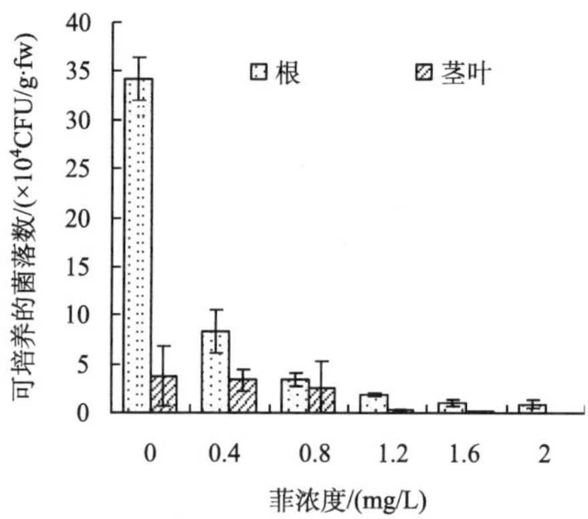

图 2-12　不同菲污染浓度下黑麦草根和茎叶中内生细菌数量

与茎叶相比，黑麦草根部有更多的可培养内生细菌。在无菲胁迫条件下（对照处理），黑麦草茎叶部可培养内生细菌数为根部的 11.1%；低浓度菲胁迫下茎叶部可培养内生细菌数为根部的 50%；高浓度菲胁迫时，茎叶部和根部的数量差距与对照处理相似，茎叶部为根部的 10%左右。由此可见，相较于茎叶部，低浓度菲污染对根部可培养内生细菌的生长抑制作用更强。这是由于低浓度菲污染胁迫下，黑麦草茎叶中菲含量几乎无变化，而根部则富集了较高浓度的菲（图 2-10），并抑制了细菌繁殖；而在高浓度菲胁迫下，不管是黑麦草根部还是茎叶部都有大量菲存在，进而抑制了细菌生长。

2.4.4 菲污染下黑麦草体内可培养内生细菌种群特性

不同浓度菲污染下黑麦草根和茎叶中可培养内生细菌的种群和分布见表 2-19。随着菲胁迫增强，黑麦草根和茎叶中可培养内生细菌种属先增加后降低；在培养液中菲浓度为 0.8 mg/L（T2 处理）时黑麦草根和茎叶中可培养细菌种属达到最多，根中有 10 种、茎叶中有 6 种。

表 2-19　不同浓度菲污染下黑麦草根和茎叶中可培养内生细菌种群变化

	处理	可培养细菌种属数	根中优势种属
根	CK	5	*Kocuria* sp.
	T1	7	*Stenotrophomonas* sp. *Kocuria* sp. *Corynebacterium* sp.
	T2	10	*Stenotrophomonas* sp. *Corynebacterium* sp. *Kocuria* sp.
	T3	4	*Kocuria* sp. *Corynebacterium* sp. *Stenotrophomonas* sp.
	T4	4	*Stenotrophomonas* sp. *Corynebacterium* sp. *Kocuria* sp.
	T5	4	*Stenotrophomonas* sp. *Kocuria* sp.
茎叶	CK	5	*Rahnella* sp. *Microbacterium* sp.
	T1	5	*Rahnella* sp. *Microbacterium* sp.
	T2	6	*Rahnella* sp. *Stenotrophomonas* sp. *Microbacterium* sp. *Ochrobactrum* sp.
	T3	3	*Rahnella* sp. *Stenotrophomonas* sp.
	T4	3	*Staphylococcus* sp. *Rahnella* sp.
	T5	3	*Staphylococcus* sp. *Stenotrophomonas* sp. *Rahnella* sp.

在黑麦草根部，*Kocuria* 属是其优势种属，在各浓度菲污染条件下均存在，只是由菲低浓度胁迫时的绝对优势种属降为了菲高浓度胁迫时的略优势。同时，随着菲污染浓度增加，根部优势种群也发生了变化，菲污染条件下出现了 *Stenotrophomonas* 属和 *Corynebacterium* 属等优势种属；随着菲胁迫逐渐增强，*Stenotrophomonas* 属始终是优势种属，说明其对菲有较强的耐受能力，*Corynebacterium* 属在高浓度菲污染条件下（2.0 mg/L）则转变为劣势种属，说明其不耐受高浓度菲。

在黑麦草茎叶部，*Rahnella* 属是其优势种属，在各浓度菲污染条件下均存在，只是由低浓度菲时的绝对优势种属降为了略优势。同时，在低浓度菲污染下，*Microbacterium* 属和 *Stenotrophomonas* 属为次优势种属，并且出现了 *Ochrobactrum* 属；在高浓度菲污染下 *Staphylococcus* 属和 *Stenotrophomonas* 属为黑麦草内生细菌中的优势种属，说明 *Staphylococcus* 属和 *Stenotrophomonas* 属中存在耐受高浓度菲胁迫的细菌。

在已发现的植物内生细菌中，*Pseudomons* 属、*Bacillus* 属、*Enterobacter* 属和 *Agrobacterium* 属为最常见的种属（Peng et al., 2013）。研究中，我们发现 *Kocuria* 属和 *Rahnella* 属分别是菲污染胁迫下黑麦草根和茎叶中可培养内生细菌的优势种属。王爱华等（2010）也发现了类似的现象，*Kocuria* 属的细菌是柑橘健株根部的优势种群；而 Yu 等（2008）和 Tian 等（2011）均从植物体内筛选到了 *Rahnella* 属的内生细菌。研究结果还表明，黑麦草体内可培养内生细菌分别属于 Actinobacteria、Firmicutes 、Beta-proteobacteria 、Gamma-proteobacteria 、Alpha-proteoba-cteria 和 Sphingobacteria 6 大类群；无独有偶，刘琳等（2010）从春兰植物中分离筛选到的内生细菌经鉴定也属于上述 6 大类群，且其研究结果也显示了植物不同部位内生细菌的种类及优势种属存在明显差异。

研究结果表明，外界环境中菲污染导致了黑麦草体内可培养内生细菌的变化。以往研究中也有类似的报道。Sobral 等（2005）从施用草甘膦的大豆植株中分离出了大量可培养内生细菌，并且随着大豆中草甘膦富集，可培养内生细菌种群发生了明显变化。王陶等（2010）研究了代森锌、恶霉灵和农用链霉素 3 种杀菌剂对小白菜内生细菌种群的影响，发现不同杀菌剂作用于不同的植物器官，导致小白菜根、茎、叶中内生细菌种群发生改变。Phillips 等（2008）分析了苜蓿中内生细菌种群与有机污染物降解能力的相关关系，发现有 *Pseudomonas* 属存在下植物降解烷烃的能力增强，而当 *Brevundimonas* 属和 *Pseudomonas* 属共同存在时，植物代谢芳香烃的能力得到了增强。综上可见，环境中有机污染物可以影响植物内生细菌种群特性，而内生细菌种群也会对污染物做出响应，以增强植物对有机污染物的代谢能力。

2.4.5　体内可培养内生细菌对菲的耐受性

将分离获得的内生细菌经基础盐培养基反复洗涤后点接于含菲的基础盐平板中，并传代三次以上，以验证各内生细菌对菲的耐受性。结果表明，从黑麦草体内分离的 23 株内生细菌均能在菲浓度为 100 mg/L 的基础盐平板上正常生长，说明各内生细菌均对菲有较强的耐受性。进一步验证了分离获得的各内生细菌 7d 内以菲为唯一碳源时对菲的降解效率，结果如表 2-20。大部分分离获得的内生细菌都可在一定程度上降解菲，而菌株 G1、G2 和 Y1、Y2 在 7d 内对菲的降解率可达到 70%以上。经鉴定，上述 4 株菌分别为 *Stenotrophomonas* 属和 *Rahnella* 属细菌，该种属细菌是高浓度菲污染条件下黑麦草根和茎叶部的优势种群。由此可见，高浓度菲污染条件下的植物体内存在对菲有较强降解能力的内生细菌。

表 2-20　黑麦草体内可培养内生细菌对菲的 7 d 降解效率

菌株	7 d 降解率/%	菌株	7 d 降解率/%	菌株	7 d 降解率/%
G1	87.30±3.53	G9	59.21±8.79	Y2	70.67±1.31
G2	83.12±5.30	G10	52.28±0.29	Y3	12.79±4.39
G3	37.57±2.16	G11	47.28±0.09	Y4	39.24±9.06
G4	10.75±6.97	G12	37.40±5.18	Y5	45.18±1.80
G5	11.64±0.58	G13	49.20±2.77	Y6	40.88±1.57
G6	2.60±0.01	G14	41.91±7.81	Y7	54.83±3.41
G7	31.57±1.05	G15	42.07±4.64	Y8	24.95±1.95
G8	47.93±1.63	Y1	70.02±3.47		

综上所述，菲污染胁迫下黑麦草体内存在数量可观的可培养内生细菌，虽然其多样性并不丰富，仅有 13 个属，但在菲污染条件下多个种属的细菌能正常生长甚至成为优势种群（如 *Kocuria* 属、*Staphylococcus* 属、*Rahnella* 属和 *Stenotrophomonas* 属等），说明这些内生细菌对高浓度菲具有很好的耐受性。通过进一步验证各内生细菌以菲为唯一碳源时对菲的降解能力，结果表明多株内生细菌可以利用菲为唯一碳源进行生长，并对菲有明显的降解作用。这些结果为后续分离筛选具有 PAHs 降解功能的内生细菌奠定了基础。

参 考 文 献

凌婉婷, 高彦征, 李秋玲, 等. 2006. 植物对水中菲和芘的吸收. 生态学报, 26(10): 3332-3338.

刘琳. 2010. 春兰根中可分泌吲哚乙酸的内生细菌多样性. 生物多样性, 18 (2): 195-200.

彭安萍. 2014. 多环芳烃污染对植物内生细菌分布及相关降解基因多样性的影响. 南京: 南京农业大学.

盛月慧, 刘娟, 高彦征, 等. 2013. 黑麦草体内 POD 和 PPO 活性及可培养内生细菌种群对不同浓度菲污染的响应. 南京农业大学学报, 36(6): 51-59.

王爱华, 殷幼平, 熊红利, 等. 2010. 广西柑橘黄龙病植株韧皮部内生细菌多样性分析. 中国农业科学, 43(23): 4823-4833.

王陶, 王振中. 2010. 3 种杀菌剂对小白菜内生细菌多样性的影响. 广东农业科学, 11: 153-159.

Baldwin B R, Nakatsu C H, Nies L. 2003. Detection and enumeration of aromatic oxygenase genes by multiplex and real-time PCR. Appl Environ Microbiol, 69: 3350-3358.

Baran T, Taghavi S, Borremans B, et al. 2004. Engineered endophytic bacteria improve phytoredmediation of water-soluble, volatile, organic pollutants. Nat Biotechnol, 22(5): 583-588.

Chelius M, Triplett E. 2001. The diversity of archaea and bacteria in association with the roots of *Zea mays* L. Microb Ecol, 41(3): 252-263.

Chiou C T, Sheng G Y, Manes M. 2001. A partition-limited model for the plant uptake of organic contaminants from soil and water. Environ Sci Technol, 35 (7): 1437-1444.

Garbeva P, van Overbeek L S, van Vuurde J W L, et al. 2001. Analysis of endophytic bacterial communities of potato by plating and denaturing gradient gel electrophoresis (DGGE) of 16S rDNA based PCR fragments. Microb Ecol, 41(4): 369-383.

Germaine K J, Liu X M, Cabellos G G, et al. 2006. Bacterial endophyte-enhanced phytoremediation of the organochlorine herbicide 2,4-dichlorophenoxyacetic acid. FEMS Microb Ecol, 57(2): 302-310.

Herrick J B, Stuart-keil K G, Ghiorse W C, et al. 1997. Natural horizontal transfer of a naphthalene dioxygenase gene between bacteria native to a coal Tar-Contaminated field sit. Appl Environ Microbiol, 63(3): 2330-2337.

Ho Y N, Shih C H, Hsiao S C, et al. 2009. A novel endophytic bacterium, *Achromobacter xylosoxidans*, helps plants against pollutant stress and improves phytoremediation. J Biosci Bioeng, 108: S75-S95.

Hoque M O, Topaloglu O, Begum S, et al. 2005. Quantitative methylation-specific polymerase chain reaction gene patterns in urine sediment distinguish prostate cancer patients from control subjects. J Clin Oncol, 23 : 6569-6575.

Juhasz A L, Naidu R. 2000. Bioremediation of high molecular weight polycyclic aromatic hydrocarbons: A review of the microbial degradation of benzo[a]pyrene. Inter Biodeter Biodegrad, 45(1-2): 57-88.

Kaplan C W, Kitts C L. 2004. Bacterial succession in a petroleum land treatment unit. Appl Environ Microbiol, 70 (3): 1777-1786.

Kapley A, Siddiqui S, Misra K, et al. 2007. Preliminary analysis of bacterial diversity associated with the Porites coral from the Arabian sea. World J Microbiol Biotechnol, 23(7): 923-930.

Langworthy D E, Stapleton R D, Sayler G S, et al. 1998. Genotypic and phenotypic responses of a riverine microbial community to polycyclic aromatic hydrocarbon contamination. Appl Environ Microbiol, 64: 3422-3428.

Lewis K, Epstein S, D'Onofriol A, et al. 2010. Uncultured microorganisms as a source of secondary metabolites. J Antibiot, 63(8): 468-476.

Lyons S R, Griffen A L, Leys E J. 2000. Quantitative real-time PCR for *Porphyromonas gingivalis* and total bacteria. J Clin Microbiol, 38: 2362-2365.

Moore F P, Barac T, Borremans B, et al. 2006. Endophytic bacterial diversity in poplar trees growing on a BTEX-contaminated site: The characterisation of isolates with potential to enhance phytoremediation. System Appl Microbiol, 29(7): 539-556.

Peng A P, Liu J, Gao Y Z, et al. 2013. Distribution of endophytic bacteria in *Alopecurus aequalis*

Sobol and *Oxalis corniculata* L. from soils contaminated by polycyclic aromatic hydrocarbons. PLoS One, 8(12): e83054.

Peng A P, Liu J, Ling W T, et al. 2015. Diversity and distribution of 16S rRNA and phenol monooxygenase genes in the rhizosphere and endophytic bacteria isolated from PAH-contaminated sites. Sci Rep, 5: 12173.

Phillips L A, Germida J J, Farrell R E, et al. 2008. Hydrocarbon degradation potential and activity of endophytic bacteria associated with prairie plants. Soil Biol Biochem, 40(12): 3054-3064.

Sessitsch A, Reiter B, Pfeifer U, et al. 2002. Cultivation-independent population analysis of bacterial endophytes in three potato varieties based on eubacterial and *Actinomycetes*-specific PCR of 16S rRNA genes. FEMS Microbiol Ecol, 39(1): 23-32.

Sheng X F, Chen X B, He L Y. 2008. Characteristics of an endophytic pyrene-degrading bacterium of *Enterobacter* sp. 12J1 from *Allium macrostemon* Bunge. Inter Biodeter Biodegrad, 62(2): 88-95.

Siciliano S D, Fortin N, Mihoc A, et al. 2001. Selection of specific endophytic bacterial genotypes by plants in response to soil contamination. Appl Environ Microbiol, 67(6): 2469-2475.

Sobral J K, Araũjo W L, Mendes R, et al. 2005. Isolation and characterization of endophytic bacteria from soybean (*Glycine max*) grown in soil treated with glyphosate herbicide. Plant Soil, 273: 91-99.

Tang J, Wang R, Niu X, et al. 2010. Enhancement of soil petroleum remediation by using a combination of ryegrass (*Lolium perenne*) and different microorganisms. Soil Till Res, 110(1): 87-93.

Tian X L, Cheng X Y, Mao Z C, et al. 2011. Composition of bacterial communities associated with a plant–parasitic nematode *Bursaphelenchus mucronatus*. Curr Microbiol, 62: 117-125.

Vaz-Moreira I, Egas C, Nunes O C, et al. 2011. Culture-dependent and culture-independent diversity surveys target different bacteria: a case study in a freshwater sample. Antonie van Leeuwenhoek, 100(2): 245-257.

Yu H W, Wang Z K, Liu L, et al. 2008. Analysis of the intestinal microflora in Hepialus gonggaensis larvae using 16S rRNA sequences. Curr Microbiol, 56:391-396.

Zak D R, Holmes W E, White D C, et al. 2003. Plant diversity, soil microbial communities, and ecosystem function: are there any links? Ecology, 84(8): 2042-2050.

Zhu L Z, Gao Y Z. 2004. Prediction of phenanthrene uptake by plants with a partition-limited model. Environ Pollut, 131(3): 505-508.

3　具有 PAHs 降解功能的植物内生细菌分离筛选及降解性能

土壤中 PAHs 可被植物吸收并在体内积累，进而通过食物链危害生态安全和人群健康。如何降低植物 PAHs 污染的风险是当前农业环境领域研究的热点之一。以往文献中大量报道了植物对 PAHs 的吸收作用，但如何调控植物吸收积累行为以有效地规避植物 PAHs 污染的风险，国内外相关成果仍很少。

植物内生细菌能够定殖在植物健康组织间隙或细胞内并与宿主植物建立和谐共生关系，可促进植物生长、增强宿主植物抗逆性（Suto et al., 2002）。研究表明，植物内生菌可影响植物吸收重金属。Sun 等（2010）从铜矿区油菜体内筛选出内生细菌 JL35、YM22、YM23，侵染后芸苔地上部铜含量提高了 63%～125%。Sheng 等（2008）分离的 2 株植物内生细菌可提高植株对铅的吸收。然而，有关植物功能内生细菌影响植物吸收有机污染物的报道仍很少。Ho 等（2009）指出内生细菌 *Achromobacter xylosoxidans* F3B 可以提高 PAHs 污染土壤上植株的根长和生物量，增强植株对 PAHs 的耐受性。Barac 等（2004）利用基因改造的内生细菌 B. *cepacia* L.S.2.4 侵染黄色羽扇豆，发现通过植物叶片挥发的甲苯量减少 50%～70%。有学者推测，筛选具有降解特性的植物功能内生菌并将其定殖在目标植物上，有望提高植物对有机污染物的降解作用（Newman and Reynolds, 2005）。针对 PAHs，以往文献中多是从土壤、底泥等介质中分离筛选 PAHs 降解功能菌；然而，能否从植物体内筛选出具有 PAHs 降解功能的内生细菌，并将其重新定殖到污染植物体以降低植物 PAHs 污染的风险？国内外仍少有资料报道。

本章从污染区植物体内分离筛选了 10 株具有 PAHs 降解功能内生细菌，鉴别了其生物学特性，优化了其对 PAHs 的降解性能。这不仅丰富了 PAHs 降解微生物菌种库，而且为后续利用功能内生细菌降低植物 PAHs 污染风险奠定了基础。

3.1　*Pseudomonas* sp. Ph6

采用选择性富集培养法，从南京某 PAHs 污染区排污口的健康植物三叶草（*Trifolium pratense* L.）体内分离、筛选出一株具有菲降解功能的植物内生菌株 Ph6，结合菌株 Ph6 形态学特征、生理生化特性和 16S rRNA 基因序列同源性分析，确定了其分类学地位。采用三亲结合法，将绿色荧光蛋白 GFP 基因成功地导入受体菌株 Ph6 体内并使其稳定表达，研究了野生菌株 Ph6 和标记菌株 Ph6-*gfp* 对菲的降解效能。

3.1.1 菌株 Ph6 的鉴定和 GFP 基因标记

菌株 Ph6 的单菌体形态如图 3-1 所示，该菌为革兰氏阴性菌，杆状、好氧、有鞭毛。结合菌株 Ph6 的形态学特征、生理生化特性和 16S rRNA 基因序列同源性分析，菌株 Ph6 为假单胞属细菌（*Pseudomonas* sp.），其 16S rRNA 基因 GenBank 序列号为 KF741207。

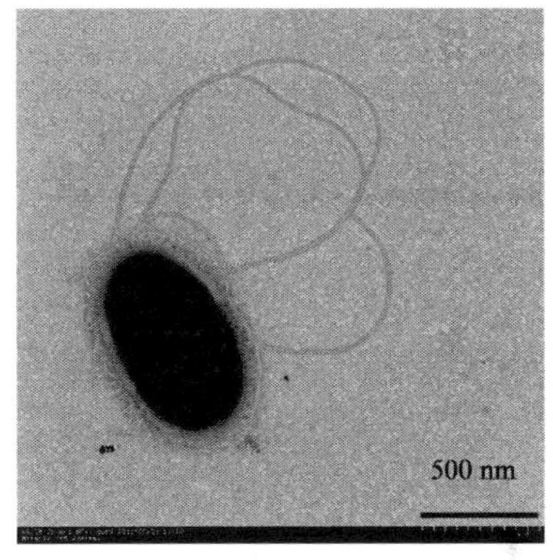

图 3-1 菌株 Ph6 的透射电镜图

GFP 基因标记技术普遍地用于示踪和定位功能内生细菌在宿主植物体内的定殖规律（Chelius et al., 2000；Errampalli et al., 1999；Rajasekaran et al., 2008）。该技术灵敏度高、稳定性好，为明晰功能内生细菌在目标植物体内的定殖分布和数量变化提供了一种独特的、可视化的表现形式。

采用三亲结合法，以含有质粒 pBBRGFP-45 的 *E.coil* DH5*α* 作为供体菌，含有质粒 pRK2013 的 *E.coil* HB101 作为辅助菌，菌株 Ph6 作为受体菌，混合培养筛选结合子（表 3-1）。将获得的结合子涂布于选择性固体平板，筛选出具有绿色的单菌落，并在荧光显微镜下检测单细胞荧光强度。如图 3-2 所示，在紫外灯下，阳性结合子 Ph6-*gfp* 的单菌落发光明显，其单细胞具有较强的荧光。将所获得的阳性结合子传代培养 50 次后，该菌的 pBBRGFR 45 质粒并未丢失，表明质粒 pBBRGFP-45 能够成功地导入到受体菌株 Ph6 体内并稳定表达。

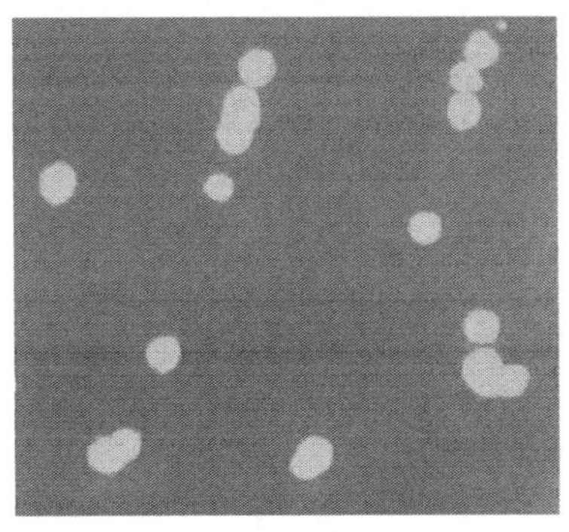

(a) 菌株Ph6-*gfp*菌落形态

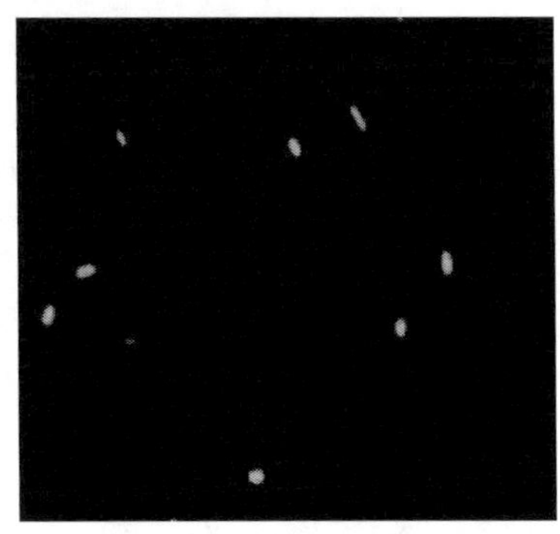

(b) 菌株Ph6-*gfp*荧光显微镜照片(×100)

图 3-2 GFP 基因标记菌株 Ph6 的菌体形态（见彩图）

表 3-1　供试菌株和质粒

供试菌株或质粒	基因型或表现型	来源或参考文献
pBBRGFP-45	pBBR-MCS2 含有 1.4 kb 的外源 GFP 基因片段	虞方伯，2007
pRK2013	mob^{+}，tra^{+}，Km^{r}，辅助质粒	本书作者实验室
假单胞菌 Ph6	菲生物降解	本书作者实验室

从大约 1×10^3 个单菌落中，随机挑取 4 个颜色较绿的菌落，利用质粒提取试剂盒提取菌株 Ph6-*gfp* 的质粒，经电泳检测质粒大小无误后，采用 *Eco*R Ⅰ和 *Hin*d Ⅲ进行双酶切，以验证质粒中是否携带 *gfp* 基因片段。由图 3-3 可知，菌株 Ph6-*gfp* 的质粒与供体质粒 pBBRGFP-45 大小一致。双酶切电泳图谱显示，酶切片段长度与 GFP 基因长度一致，证明所得到的绿色单菌落中确实有质粒 pBBRGFP-45 导入（图 3-4）。

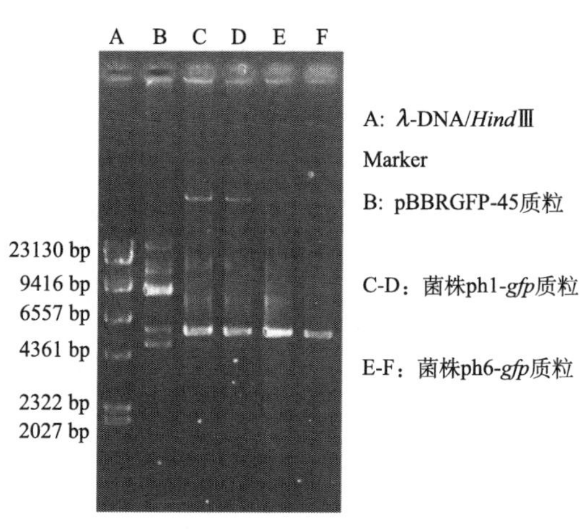

图 3-3　结合子菌株 Ph6-*gfp* 质粒提取验证

3.1.2　菌株 Ph6-*gfp* 的生长应答和生物膜形成

草酸（OA）和苹果酸（MA）是植物根系的主要分泌物，有益的根系分泌物能够为细菌繁殖提供营养，并可增强细菌在植物根表的定殖能力（Bacilio-Jiménez et al., 2003; De Weert et al., 2002）。采用游动平板法，测定菌株 Ph6-*gfp* 对菲（PHE）、OA 和 MA 的生长应答反应，结果如图 3-5 所示。菌株 Ph6-*gfp* 能够利用 PHE、OA 和 MA 作为碳源和能源进行生长。接种 48 h 后，菌株 Ph6-*gfp* 的菌落生长圈直径大小依次为：OA（3.3 cm）＞MA（3.1 cm）＞PHE（1.7 cm）＞空白对照（CK; 0.8 cm）。这些结果表明菌株 Ph6-*gfp* 对植物主要根系分泌物 OA 和 MA 具有较好

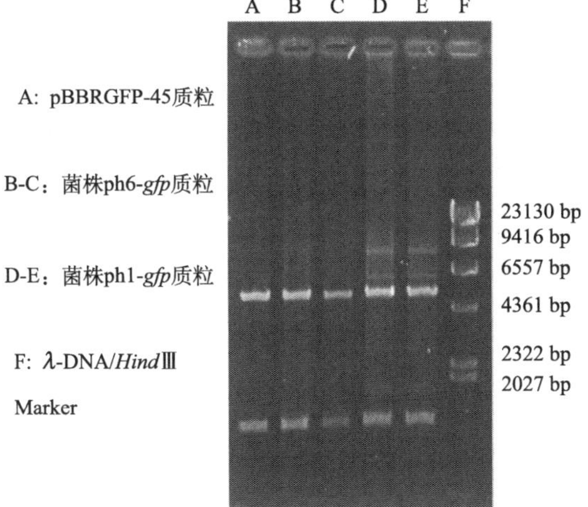

图 3-4 结合子菌株 ph6-*gfp* 的质粒 *Eco*R Ⅰ和 *Hin*d Ⅲ双酶切验证

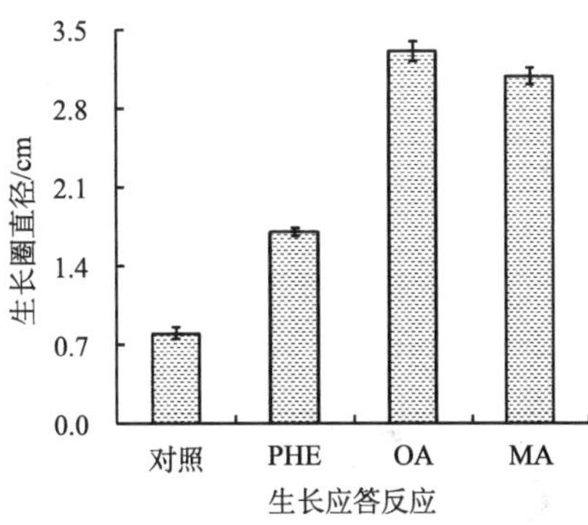

图 3-5 菌株 Ph6-*gfp* 的生长应答反应

的生长应答反应，可能促进该菌在植物根表的定殖。

根表细菌生物膜的形成是降解细菌在植物根表定殖并降解有机污染物的一个重要特性（Ishii et al., 2004；Lugtenberg et al., 2001；Ryan et al., 2008）。采用结晶紫染色法，测定菌株 Ph6-*gfp* 的细菌成膜能力。结果表明，菌株 Ph6-*gfp* 能够在 1.5-mL 离心管中形成致密的生物膜，其荧光显微镜图如图 3-6 所示。培养 0~48 h，菌株 Ph6-*gfp* 生物膜快速增加，OD_{590} 值为 0~1.9；但是培养 48 h 后，菌株 Ph6-*gfp* 生物膜形成随着时间的增加逐渐呈趋于平稳(图 3-7)。

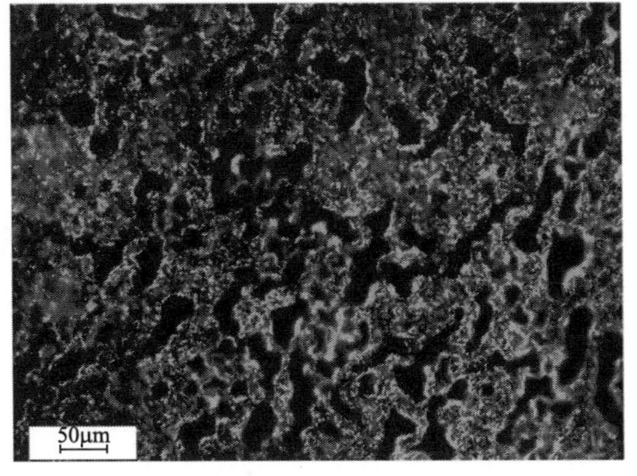

图 3-6 菌株 Ph6-*gfp* 生物膜荧光显微镜照片（见彩图）

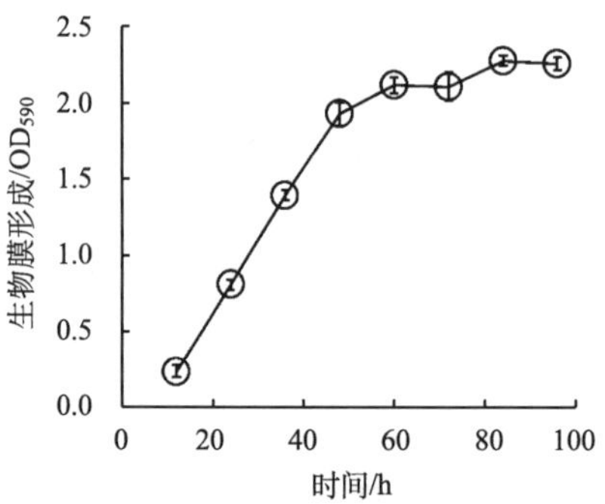

图 3-7　菌株 Ph6-*gfp* 成膜能力

3.1.3　菌株 Ph6-*gfp* 的生长和菲降解动力学

菌株 Ph6-*gfp* 与野生菌株 Ph6 在 LB 培养基中的生长曲线类似（图 3-8）。菌株 Ph6-*gfp* 对菲的降解效率与野生菌株 Ph6 也无显著性差异，其降解动力学和生长曲线如图 3-9 所示。由图 3-9 可知，菌株 Ph6-*gfp* 能够在含菲的无机盐培养基中良好生长，并有效地降解菲。菌株 Ph6-*gfp* 的细菌数量呈先增加后减小的趋势，培养初期菌株 Ph6-*gfp* 数量为 8.60 log CFU/mL，培养 5 d 后，细菌数量达到最大值 8.72 log CFU/mL。培养基中菲浓度随着时间增加而逐渐减小，15 d 内菲降解效率为 81.1%，而不接菌对照组中仅有 21.6%的菲损失。上述结果表明，质粒 pBBRGFP-45 的导入没有改变菌株 Ph6 的生长特性及其对菲的降解能力。

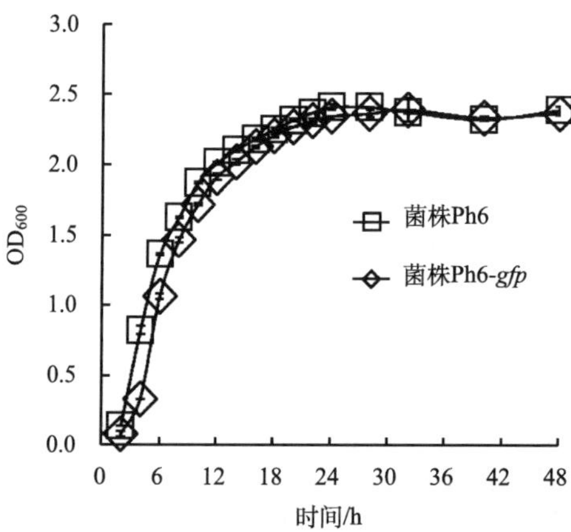

图 3-8　菌株 Ph6 和 Ph6-*gfp* 的生长曲线

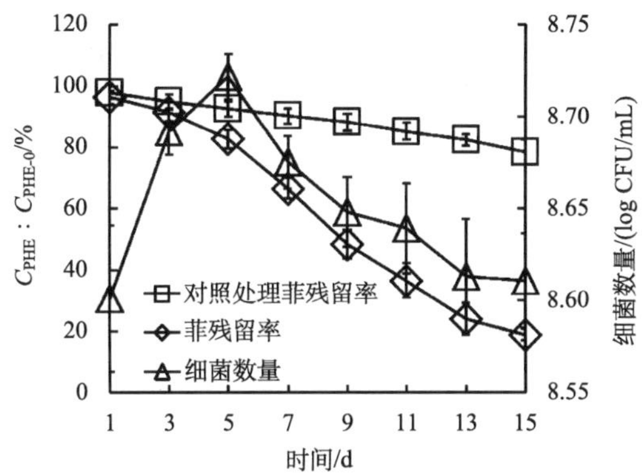

图 3-9　菌株 Ph6-*gfp* 生长和菲降解动力学曲线

“对照”指无菌株处理的菲降解；“菲残留”指菌株 Ph6-*gfp* 处理的菲降解；C_{PHE-0} 和 C_{PHE} 分别为处理前和处理后溶液中菲的浓度（mg/L）

研究者已经从受污染的土壤、污水、淤泥和沉积物等环境介质中分离、筛选出大量 PAHs 降解菌（Braddock et al., 1997；Delille, 2000；Eriksson et al., 2003）。然而，关于从植物体内分离、筛选出具有 PAHs 降解功能的植物内生细菌的研究相对较少（Toledo et al., 2006）。本研究从 PAHs 污染的三叶草（*Trifolium pratense* L.）体内分离、筛选出一株具有菲降解功能的内生假单胞菌 Ph6，表明 PAHs 降解菌能够存活于植物体内（Weyens et al., 2009）。该结果也丰富了 PAHs 降解菌的菌种库。

3.2　*Massilia* sp. Pn2

利用表面消毒、富集培养和平板划线分离纯化等方法，从某芳烃厂周边长期受 PAHs 污染的植物看麦娘（*Alopecurus aequalis* Sobol）中，分离获得 1 株可高效降解菲的植物内生细菌 Pn2，经生理生化特征和 16S rRNA 基因序列同源性分析，确定该菌为 *Massilia* sp.，而以往报道中有关 PAHs 降解菌的种属尚未涉及过马赛菌属。本节研究了菌株 Pn2 的生长特性及其对菲的降解作用。菌株 Pn2 能以菲为碳源生长，并对菲有良好的降解性能。该菌有较强的环境适应能力：温度为 25～37℃、环境 pH 为 6.0～8.0 时，菌株 Pn2 生长状况良好。菌株 Pn2 能以萘、苊、蒽、菲和芘作为碳源生长，并对萘、苊、菲、芘有良好的降解作用，降解谱较广。该菌属作为新的菌种资源，在微生物降解 PAHs 领域中有着较好的应用前景。

3.2.1　菌株 Pn2 鉴定

菌株 Pn2 的生理生化实验结果见表 3-2。所筛选出的菌株 Pn2 为革兰氏染色阴性，不产芽孢，菌体形状为杆状（图 3-10、图 3-11），分散排列、好氧，在 1/10LB

培养基上 28℃下培养 3d 形成的菌落呈圆形，较大，中间隆起，湿润光滑，有光泽，淡黄色（图 3-12）。液体培养有絮状沉淀，成膜能力较强。将菌株的 16S rRNA 基因序列在 NCBI 上比对分析（图 3-13），发现其与 *Massilia* sp.细菌有很高的同源性（98%），再结合菌株的生理生化特性，可确定菌株 Pn2 属于 *Massilia* sp.。

表 3-2　菌株 Pn2 的生理生化特征

项目	结果	项目	结果
氧气	＋	淀粉水解	＋
过氧化氢酶	＋	明胶水解	＋
吲哚	－	葡萄糖发酵	－
V.P 试验	－	乳糖发酵	－
M.R 试验	－	果糖发酵	－
产 H_2S	－	麦芽糖发酵	＋
柠檬酸利用	－	苯丙氨酸脱氨酶	－

注：“＋”表示阳性，“－”表示阴性。

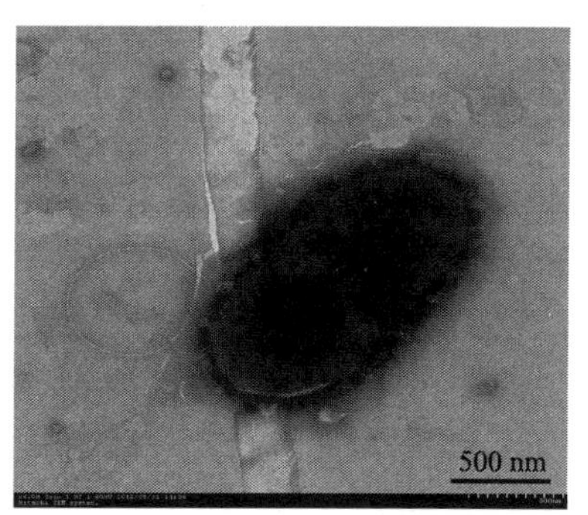

图 3-10　菌株 Pn2 透射电镜照片

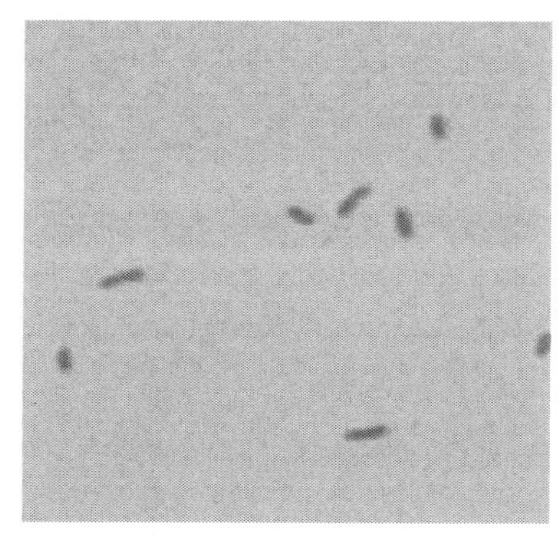

图 3-11　菌株 Pn2 菌体形态（×100）（见彩图）

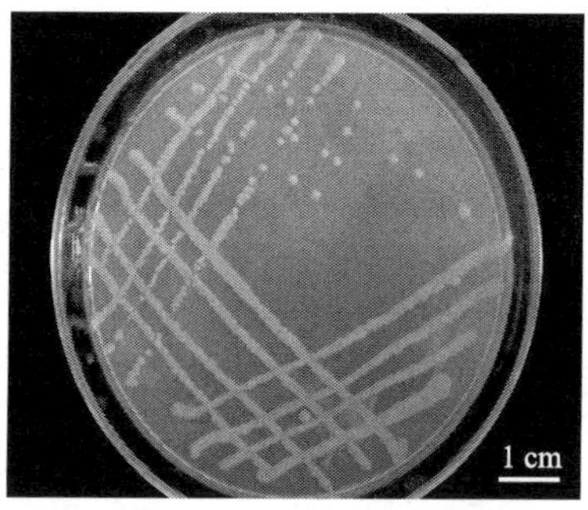

图 3-12　Pn2 菌落形态（见彩图）

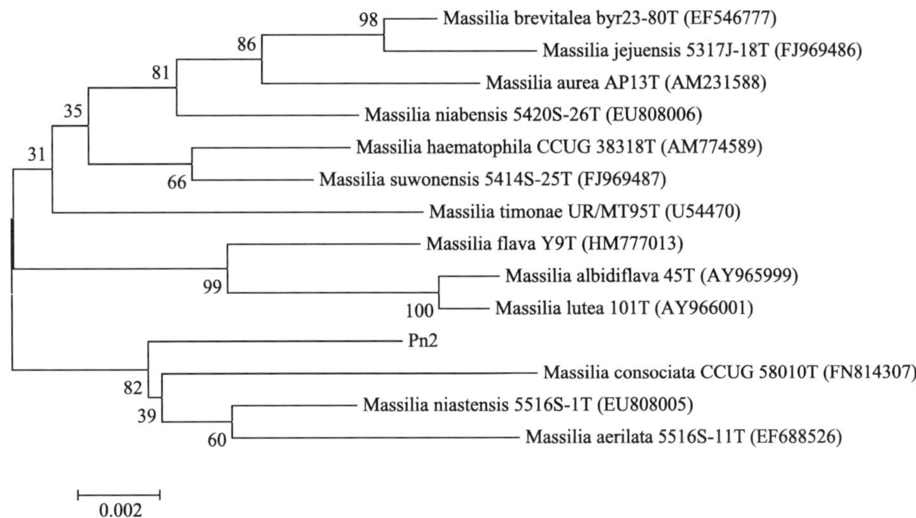

图 3-13 Pn2 的系统进化发育树

3.2.2 菌株 Pn2 生长特性

pH、温度、盐浓度和装液量对菌株 Pn2 生长的影响见图 3-14。25～37℃下菌株 Pn2 能够良好生长，最适生长温度为 30℃。pH 在 6.0～8.0 时，Pn2 可良好生长，最适生长 pH 为 6。盐浓度在 1%～2%，Pn2 生长良好，最适生长盐浓度为 2%。装液量在 50～150mL，菌株 Pn2 能良好生长，且装液量越少、通气量越大，菌株生长越旺盛；表明菌株 Pn2 为好氧生长。菌株 Pn2 抗生素抗性实验结果见表 3-3。Pn2 仅对低浓度的氨苄青霉素和氯霉素有抗性，对其余几种抗生素无抗性。

表 3-3 菌株 Pn2 对抗生素的抗性

抗生素浓度/（mg/L）	庆大霉素	氨苄青霉素	卡那霉素	氯霉素	链霉素	利福平	四环素
0	+	+	+	+	+	+	+
10	−	+	−	+	−	−	−
20	−	+	−	+	−	−	−
50	−	−	−	−	−	−	−
75	−	−	−	−	−	−	−
100	−	−	−	−	−	−	−

注：“+”表示有抗性，“−”表示无抗性。

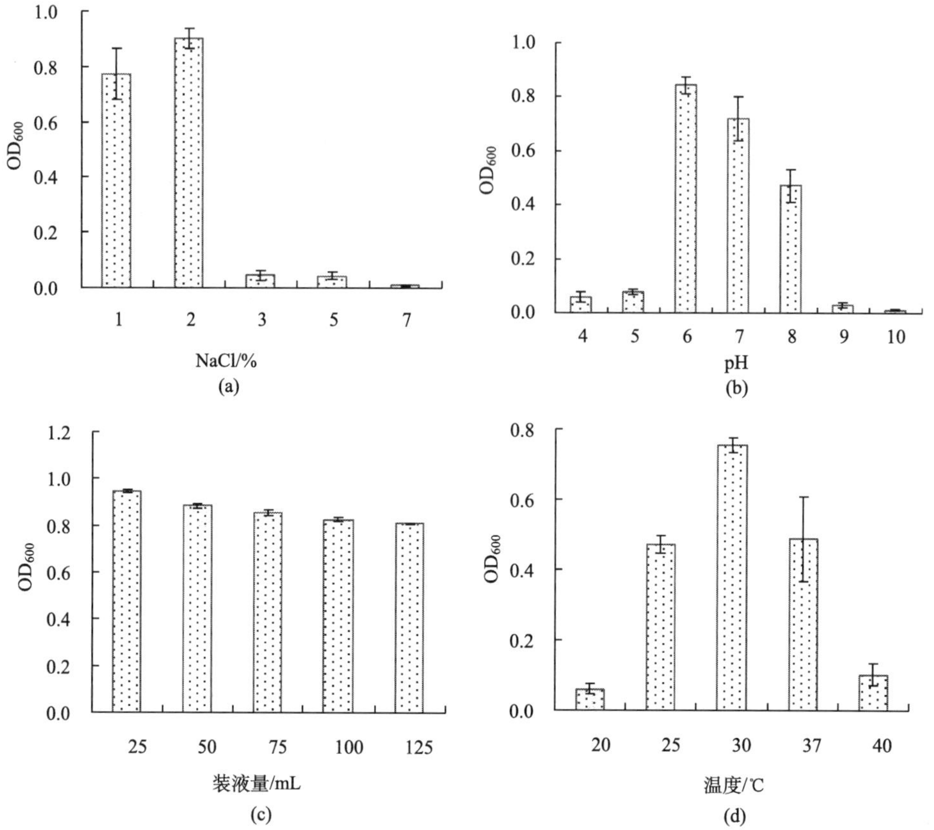

图 3-14　环境条件对菌株生长的影响

菌株 Pn2 对不同碳氮源的利用情况见图 3-15。该菌利用的最适碳源为葡萄糖、淀粉、果糖和麦芽糖，还能以水杨酸和 1-萘酚作为唯一碳源生长，但不能利用邻苯

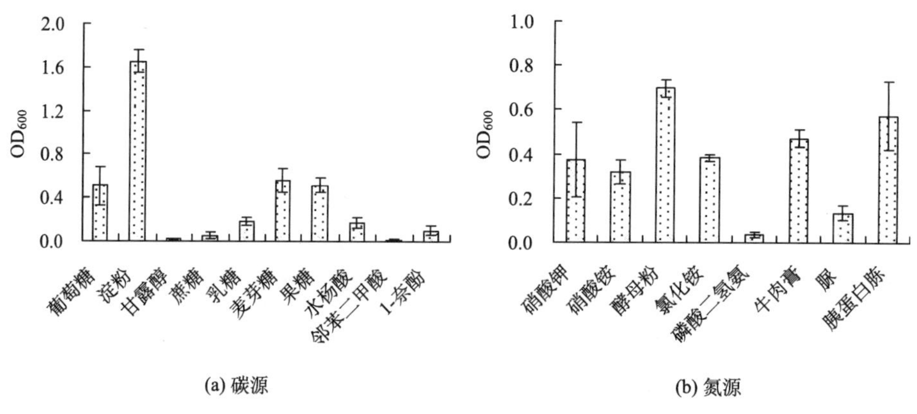

图 3-15　不同碳源和氮源对菌株生长的影响

二甲酸。菌株 Pn2 对蛋白胨、牛肉膏和酵母等有机氮源的利用明显优于硝酸钾、硝酸铵、氯化铵等无机氮源。

3.2.3　菌株 Pn2 对 PAHs 降解作用

菌株 Pn2 对菲的降解动力学曲线如图 3-16（a）所示。接种后 72 h 内，菌株 Pn2 可将菲从 49.92 mg/L 降解到 0.61 mg/L，降解率为 98.78%。接种后的前 12 h，菌株处于环境适应期，菲降解率只有 8.05%。接种 12 h 后，进入菲快速降解阶段。42 h 后，菲降解率＞90%，且基本保持不变，这说明菲已基本被降解。菌株 Pn2 在接种后的 12 h 内处于生长迟缓期，12 h 以后菌株 Pn2 能利用碳源菲快速生长，在 30 h 后，由于菲碳源的减少，菌株 Pn2 生长速度减慢。72 h 内，细菌数量由 1.88×10^8 CFU/mL 上升到 8.87×10^8 CFU/mL。接种 12 h 后，培养液颜色发生变化，由无色渐变成橙黄色。陶雪琴等（2006）也发现此现象，这一现象应该是由于中间代谢产物引起。对菲降解动力学进行拟合，得到动力学方程为 $-\mathrm{d}C/\mathrm{d}t = K\cdot C$，式中，$C$ 为菲浓度（mg/L），t 为反应时间，K 为动力学常数。菲的降解反应显著地符合一级动力学特征，拟合结果见图 3-16（b）。

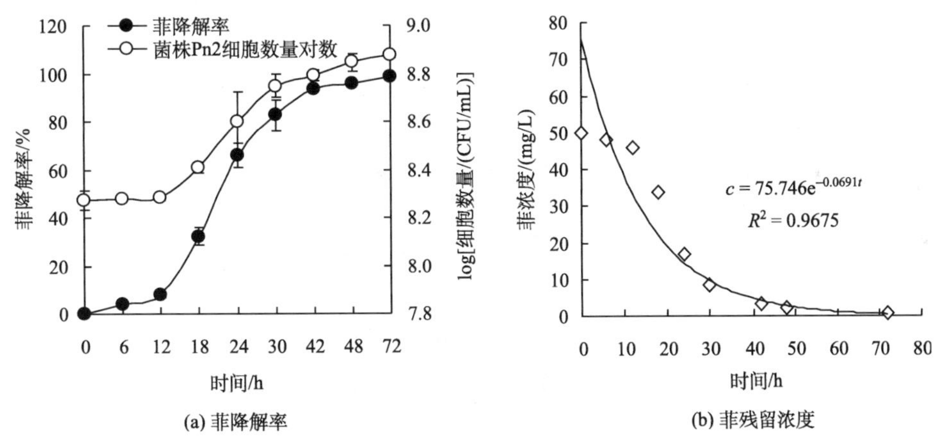

图 3-16　菌株 Pn2 对菲的降解动力学曲线

接种 12～24 h，接种量显著影响了菲降解率。如图 3-17 所示，接种 12 h 时，接种量为 10%和 15%处理的菲降解率分别为 38.01%和 32.84%，而 5%的接种量处理的菲降解率仅为 13%。这表明，高接种量显著提高了菲降解率；24 h 时菌株接种量对菲降解率仍有显著影响，且表现为接种量越大、菲降解率越高。36 h 和 48 h 时，3 种不同接种量对菲降解率的影响差异不显著，这主要是因为碳源菲不足，菌株 Pn2 生长没有足够的碳源利用。

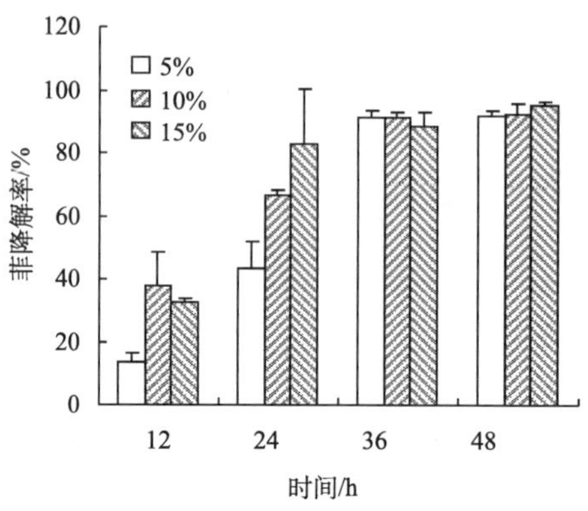

图 3-17 接种量对菌株 Pn2 降解菲的影响

污染强度对菌株 Pn2 降解菲的影响见图 3-18。接种 1 d 后，随着污染强度升高，菲降解率先增大后减小。这主要是由于 PAHs 浓度低时不能快速诱导产生降解酶系（Bouchez et al., 1995），浓度太高则对微生物有毒副作用，限制 PAHs 的微生物降解。从资料来看，给定细菌浓度下化合物存在一个能够被有效降解的最适浓度（金志刚等，1997），当菲污染强度为 150 mg/L 时，菲降解率最大，说明供试条件下菲的有效降解最适浓度为 150 mg/L。对于污染强度为 50 mg/L 和 100 mg/L 的处理，接种 2 d 后，菲基本被菌株降解；说明菌株能快速降解低浓度菲。而对于污染强度为 150、200、250 mg/L 处理，4 d 内均表现为污染强度越高、菲降解率越小，说明高浓度菲对菌株 Pn2 降解有抑制作用；5～7d，污染强度对菲降解率的影响不显著，从图 3-18 中可知，这是由于菲已经被降解 90%以上，菌株没有足够碳源菲可供利用。7 d 时，污染强度为 250 mg/L 的处理菌株 Pn2 对菲的降解率可达 97.01%，说明菌株 Pn2 能有效地降解高浓度菲。

菌株 Pn2 对不同 PAHs 降解具有广谱性。菌株 Pn2 在不同单一 PAHs 降解体系中的生长曲线如图 3-19 所示。图 3-19（a）为不加营养元素 LB 处理，结果表明菌株能以不同的 PAHs 作为碳源和能源生长。在单一反应体系中，菌株能够快速利用环数较少的萘和苊生长；对于 3 环以上的 PAHs，细菌生长适应期较长，培养第 3d 时，菌株以芘和苯并[a]芘为碳源，进入生长期。这主要是由于随着 PAHs 苯环数量的增加，其生物利用率越来越低。萘与苊有相同的苯环数，但细菌在萘体系中的适应期比苊体系中长，这是由于苊多一个已环，碳碳单键比碳碳双键更容易被打开，所以菌株更容易利用苊。添加营养元素 LB 后，与不加 LB 相比菌株利用 PAHs 的速率明显提高（图 3-19（b）），说明添加一定的营养物质，有利于菌株利用 PAHs。

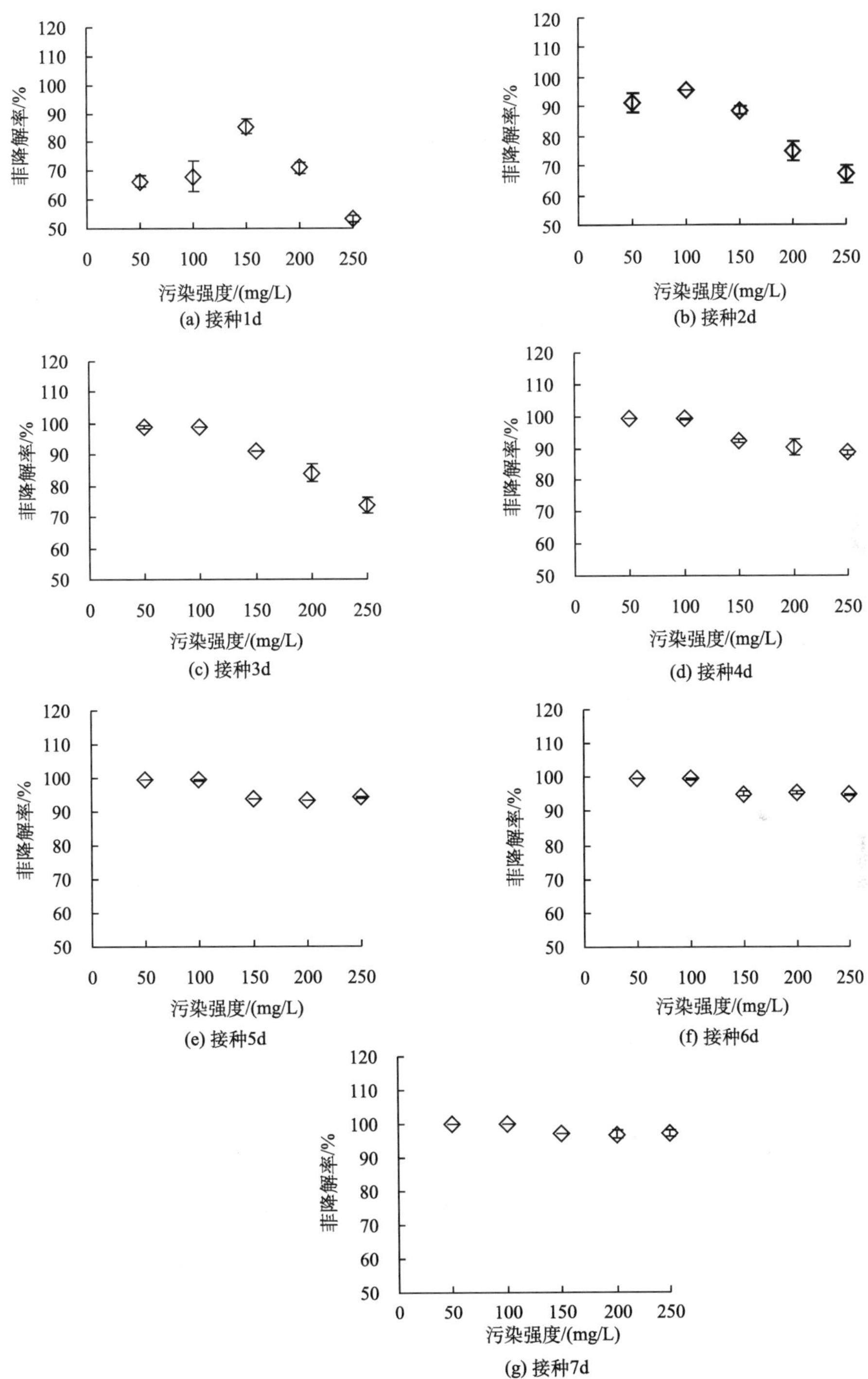

(a) 接种1d

(b) 接种2d

(c) 接种3d

(d) 接种4d

(e) 接种5d

(f) 接种6d

(g) 接种7d

图 3-18 污染强度对菌株 Pn2 降解菲的影响

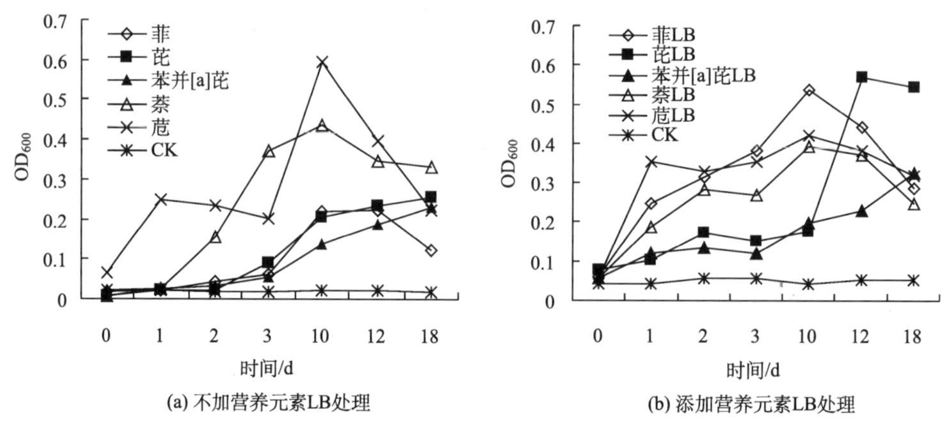

图 3-19　菌株在 PAHs 降解体系中的生长曲线

CK 为无 PAHs 对照

菌株 Pn2 对萘、苊、菲、芘和苯并[a]芘等不同 PAHs 的降解率见表 3-4。菌株 Pn2 能降解该 5 种不同苯环数量 PAHs，具有较广的降解谱。萘和苊初始浓度为 100 mg/L，2 d 内菌株 Pn2 对萘和苊的降解率分别为 99.59%和 99.39%。试验过程中发现，菌株在 1 d 内适应了萘和苊的降解体系，并以其为唯一碳源和能源快速生长繁殖，培养液变得浑浊，有淡粉红色物质出现。芘和苯并[a]芘较难降解。芘初始浓度为 10 mg/L 时，12 d 内仅能降解 60.95%；苯并[a]芘初始浓度仅为 1 mg/L 时，12 d 内只降解了 43.35%。从表中可见，添加一定量营养物质 LB，可促进菌株 Pn2 降解 PAHs，其中芘降解率从 60.95%提高到 64.29%，苯并[a]芘降解率从 43.35%提高到 52.55%。添加营养物质使菌株的降解率提高，这主要是由于营养物质促进了细菌生长，进而促进了菌株对 PAHs 的降解。

表 3-4　菌株对不同 PAHs 的降解率

处理	降解率/%	OD_{600}	处理	降解率/%	OD_{600}
萘	99.59±0.03	0.318±0.028	萘+LB	99.63±0.02	0.344±0.023
苊	99.39±0.03	0.397±0.044	苊+LB	99.47±0.03	0.389±0.007
菲	99.76±0.16	0.119±0.004	菲+LB	99.91±0.09	0.217±0.033
芘	60.95±1.56	0.349±0.017	芘+LB	64.29±0.47	0.573±0.087
苯并[a]芘	43.35±10.02	0.269±0.041	苯并[a]芘+LB	52.55±12.77	0.384±0.019

PAHs 降解菌的环境功能及应用已引起学者广泛关注，但大部分功能降解菌筛选自污染土壤或底泥。周乐等（2005）从土壤中筛选了一株高效降解菲的芽孢杆菌，50 mg/L 条件下 28℃培养 27 h，其对菲的降解率达 98.12%。毛健等（2008）

从污染区土壤中筛选了一株苯并[a]芘降解菌，该菌经 5 d 培养后可降解 89.7%的苯并[a]芘。但这些从土壤中分离的专性功能降解菌能否在植物体内定殖并发挥降解效能，尚无文献证实。最近有研究者提出，从污染区植物中筛选能降解 PAHs 的植物内生细菌，有望更好地在植物体内定殖（陈小兵等，2008），但是相关研究报道尚少。本实验中从 PAHs 污染区看麦娘体内筛选出了一株高效降解菲的菌株 Pn2，该菌属对 PAHs 的降解作用未曾报道过，其对菲的降解能力高于很多目前已报道的其他 PAHs 降解细菌。

3.3 *Stenotrophomonas* sp. P_1

利用含 PAHs 的培养基从小飞蓬（采集于江苏省南京市某芳烃厂厂区内）体内富集、分离获得植物内生细菌株 P_1。该菌株能够降解培养基中高浓度菲（200 mg/L）。经形态观察、生理生化特征鉴定和 16S rRNA 基因序列同源性分析，确定菌株 P_1 鉴定为寡养单胞菌属（*Stenotrophomonas* sp.）。菌株 P_1 为好氧菌。最适生长温度为 30 ℃，pH 为 7.0，盐浓度≤4%，装液量≤30 mL。28 ℃、150 r/min 摇床培养 7 d，菌株 P_1 对无机盐培养基中菲（100 mg/L）的去除率高于 90%。

3.3.1 菌株 P_1 鉴定

菌株 P_1 从 PAHs 污染场地采集的小飞蓬（*Conyza canadensis* L. Cronq.）中分离获得。其在含菲的 MS 固体培养基上生长良好，并产生明显降解圈。该菌株为革兰氏阴性细菌，菌体无芽孢、呈短杆状。菌落外形隆起、光滑、边缘整齐，呈半透明状、有光泽，菌体易挑起；P_1 菌落为淡黄色（图 3-20～图 3-22）。其生理生化

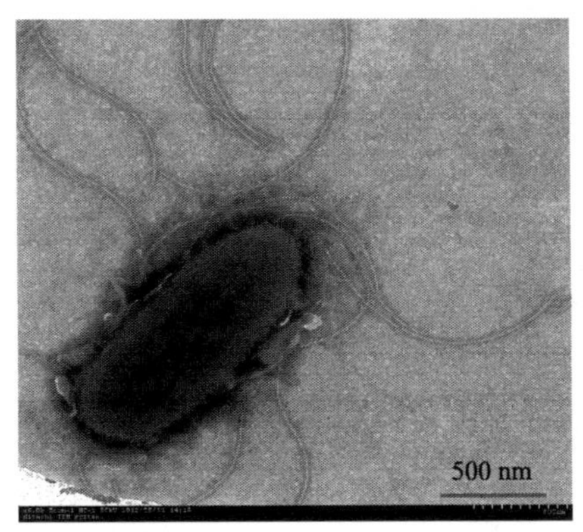

图 3-20 菌株 P_1 透射电镜照片

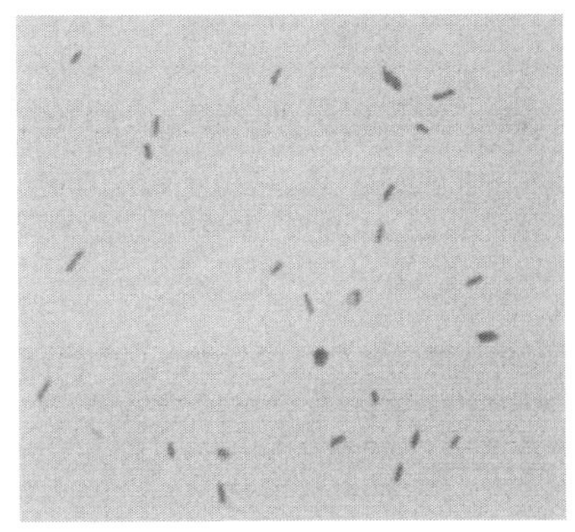

图 3-21 菌株 P_1 菌体形态（×100）（见彩图）

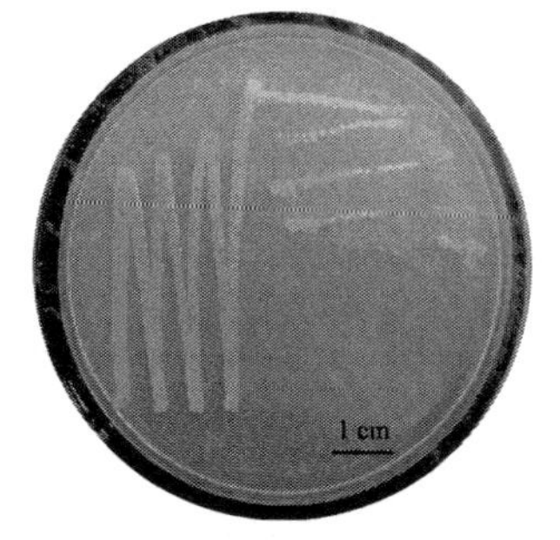

图 3-22　菌株 P_1 菌落形态（见彩图）

特性见表 3-5。16S rRNA 基因序列测序结果显示菌株 P_1 与 *Stenotrophomonas* sp.多个菌株的序列相似性达到 99.70%以上（图 3-23），其中与 *Stenotrophomonas maltophilia* 菌株的序列相似性达到 99.98%。综合菌株 P_1 的生理生化特性和 16S rRNA 基因序列比对分析结果，可确定菌株 P_1 为寡养单胞菌属（*Stenotrophomonas* sp.）。

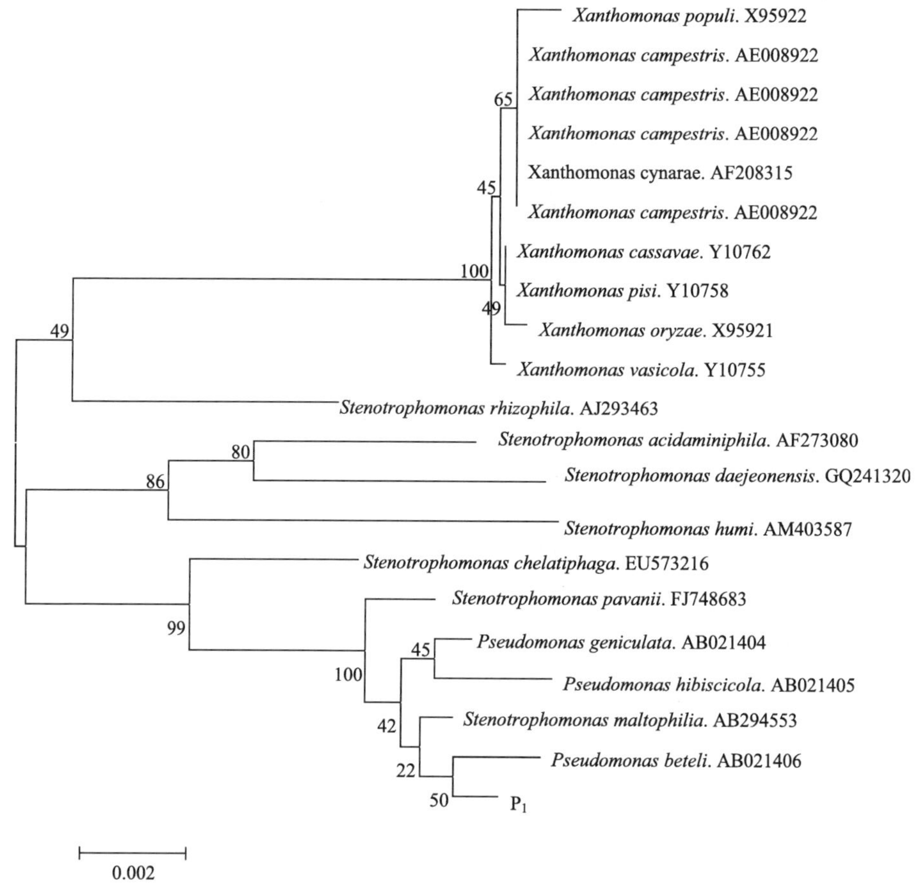

图 3-23　基于 16S rDNA 基因序列同源性的菌株 P_1 系统发育树

表 3-5　菌株 P_1 生理生化特性

测定项目	结果	测定项目	结果
葡萄糖发酵试验	＋	M.R 试验	－
果糖发酵试验	＋	V.P 试验	＋
蔗糖发酵试验	－	氧气	＋
乳糖发酵试验	－	明胶水解	－
甘油发酵试验	－	苯丙氨酸脱氨酶	＋
过氧化氢酶试验	＋	柠檬酸盐利用	－
淀粉水解	－	产 H_2S 试验	＋
吲哚试验	＋		

注：“＋”表示发酵糖类只产酸不产气，或其他试验中呈阳性反应；“－”表示阴性反应。

3.3.2　菌株 P_1 生长特性

pH、温度、盐浓度和通气量对菌株 P_1 生长的影响见图 3-24。温度是影响微生物生存的重要因子，可通过影响蛋白质、核酸等生物大分子的结构和功能来影

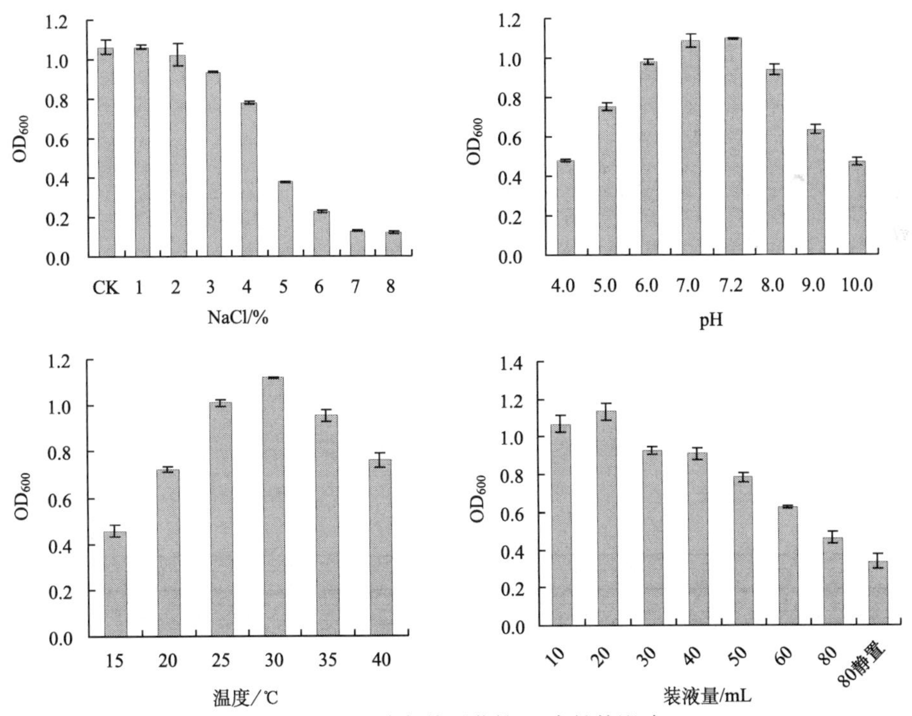

图 3-24　环境条件对菌株 P_1 生长的影响

按 1%接种量加入菌悬液（OD_{600}=1），150 r/min 下摇床振荡培养 7 d；培养温度为 28 ℃（温度试验除外）、培养 7d 后测定培养基的 OD_{600} 值

响微生物的新陈代谢、生长与繁殖。温度过低可导致微生物酶活力受到抑制，新陈代谢活动减弱；温度过高则会导致蛋白质变性失活。研究表明，菌株 P_1 具有较好的温度适应性。菌株 P_1 在 20～35 ℃生长良好，最适温度为 30 ℃，此时 OD_{600} 值为 1.119。这一结果与 Ma 等（2006）的报道相似，他们研究发现 30℃为假单胞菌属降解 PAHs 的最适温度。温度低于 30 ℃时，菌株生长随温度升高而增加。当温度高于 30 ℃时，菌株 P_1 的生长速率开始下降，但仍生长良好。当温度达 40 ℃时，菌株 P_1 仍可较好生长。这说明菌株 P_1 可适应高温胁迫。

菌株 P_1 在酸性和碱性条件下均能生长，最适生长 pH 为 7.0，酸性与碱性条件均会对菌株生长与菲降解产生不利影响。菌株对酸性条件的适应能力高于碱性条件。其适宜生长 pH 范围与大多环境 PAHs 降解菌相似，为 6.0～8.0（Kastner et al., 1998）。本研究中，当培养基 pH 为 7.0 时，菌株 P_1 生长情况最好；当 pH 从 7.0 降至 4.0 时，P_1 菌液 OD_{600} 值分别从 1.086 降至 0.481；当 pH 从 7.0 升至 10.0 时，P_1 菌液 OD_{600} 值降至 0.473。

外界环境中盐浓度是影响微生物生长繁殖的重要因素。不同类型微生物对渗透压变化的适应能力不同。在高渗溶液中细胞会失水收缩，新陈代谢和生长繁殖均受到抑制。菌株 P_1 具有良好的耐盐性。当盐浓度低于 3%时，菌株生长良好，菌液 OD_{600} 值为 0.936～1.063；盐浓度为 4%时，菌液的 OD_{600} 值为 0.781，达到空白对照组的 73.6%。随着培养基中盐浓度升高，菌株的生物量急剧降低。当处于盐浓度为 8%的高渗环境时，菌液的 OD_{600} 值降至 0.119，为空白对照组的 11.2%。这些结果表明菌株 P_1 具有很强适应高渗环境能力。

本书通过改变 100 mL 三角瓶中培养基的数量来改变菌株生长供气量。当装液量小于 40 mL 时，菌株 P_1 生长良好，此时 OD_{600} 值均达 0.910 以上。随着装液量继续增加，菌株 P_1 生物量逐渐降低，其中 80 mL 静置组生物量最低，菌液的 OD_{600} 值仅为 0.338。这结果可能是由于静止状态下氧气向培养基中扩散率太低、导致菌株氧气不足所致。微生物对氧气的需求量不同，主要是因为微生物细胞内的生物氧化酶系统存在差别。研究结果显示，充足的氧气有利于菌株 P_1 生长。

抗生素是微生物在生命活动过程中产生的一种次级代谢产物或其人工衍生物。微量的抗生素就能影响或抑制很多微生物的生命活动。微生物产生抗生素的要求是培养基中存在过量的底物，在有机物浓度较高时，部分微生物通过产生抗生素来抑制其他微生物群体的生长，因此，具有抗生素抗性的菌株更有利于与其他微生物竞争生存空间。同时在内生细菌定殖研究中，可利用内生细菌的抗性标记进行再次筛选与鉴定，确定其在植物体内的内生菌定殖效率。

本书选择卡那霉素、四环素、链霉素、氯霉素、庆大霉素、氨苄青霉素和利福平 7 种抗生素研究菌株 P_1 的抗性标记。结果表明，菌株 P_1 对抗生素具有很强的抗性（表 3-6）。其可以在卡那霉素（50 mg/L）、四环素（50 mg/L）、链霉素（50 mg/L）、氯霉素（50 mg/L）、庆大霉素（50 mg/L）、氨苄青霉素（400 mg/L）胁迫下生长，对低浓度利福平（10 mg/L）也有一定抗性。定殖研究中可选择以上几种混合抗生素作为菌株 P_1 的抗性标记。

表 3-6　菌株 P_1 对几种抗生素的抗性

抗生素浓度/（mg/L）	卡那霉素	四环素	链霉素	氯霉素	庆大霉素	利福平	氨苄青霉素
10	＋	＋	＋	＋	＋	＋	N.D.
20	＋	＋	＋	＋	＋	N.D.	N.D.
50	＋	＋	＋	＋	＋	－	N.D.
100	N.D.	N.D.	N.D.	N.D.	N.D.	－	＋
200	N.D.	N.D.	N.D.	N.D.	N.D.	N.D.	＋
400	N.D.	N.D.	N.D.	N.D.	N.D.	N.D.	＋

注：“＋”表示有抗性，“－”表示无抗性，N.D.表示未测定。试验条件：菌株 P_1 点接于含有不同浓度抗生素的 LB 固体培养基平板上，28 ℃培养 2 d，观察其能否生长及其生长情况，转接 2 次。

3.3.3　菌株 P_1 对 PAHs 降解作用

从图 3-25 可以看出，菌株 P_1 能高效去除培养基中的菲，7 d 的菲去除率达到 90.2%。其中，前 5 d 菲降解较快，降解率达 83.0%。经代谢动力学分析，菌株 P_1 对菲的降解动力学方程为 $c=167.61e^{-0.4075t}$（r=0.9738），式中，c 为培养基中菲残留浓度（mg/L），t 为培养时间（d）。经计算，菲在含有菌株 P_1 的培养基中的半衰期为 1.70 d。

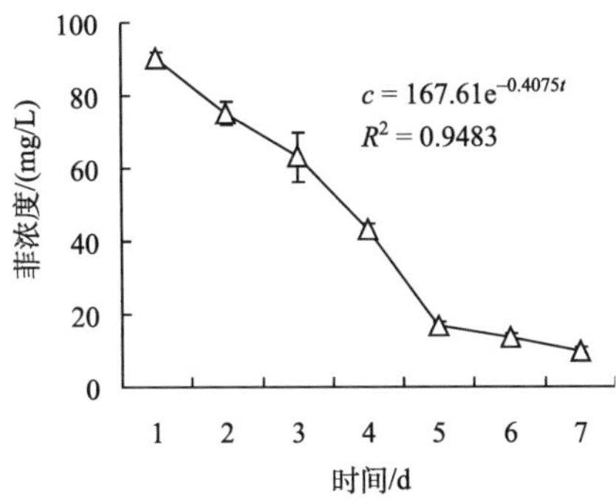

图 3-25　菌株 P_1 对菲的降解动力学曲线

菲含量为 100 mg/L 的培养基中，按 1%接种量加入菌悬液（OD_{600}=1），28 ℃、150 r/min 下摇床培养 7d，每天定时整瓶取样，测定培养基的 OD_{600} 值与菲浓度，计算菲降解率

高盐浓度下，菌株 P_1 可高效降解培养基中的菲（图 3-26）。当培养基中含 1%～3% NaCl 时，菌株 P_1 对菲的去除效率达 85.2%～89.9%；当培养基中含 4% NaCl 时，菌株 P_1 对菲的去除率仍能达到 70%。然而，随着培养基中盐浓度升至 5%时，培养基中菲去除效率降低；特别是当 NaCl 浓度为 7%时，培养基内菲降解率低于 20%。分析原因，当培养基内盐浓度高于 4%时，菌株生长受到抑制，特别是盐浓度达到 7%时，高 NaCl 浓度抑制了菌株 P_1 的生长，培养液 OD_{600} 已降至对照 OD_{600} 的 10 %，从而导致菲的降解率降低。与土壤环境中的降解菌进行比较，菌株 P_1 表现出较强的耐盐性能。

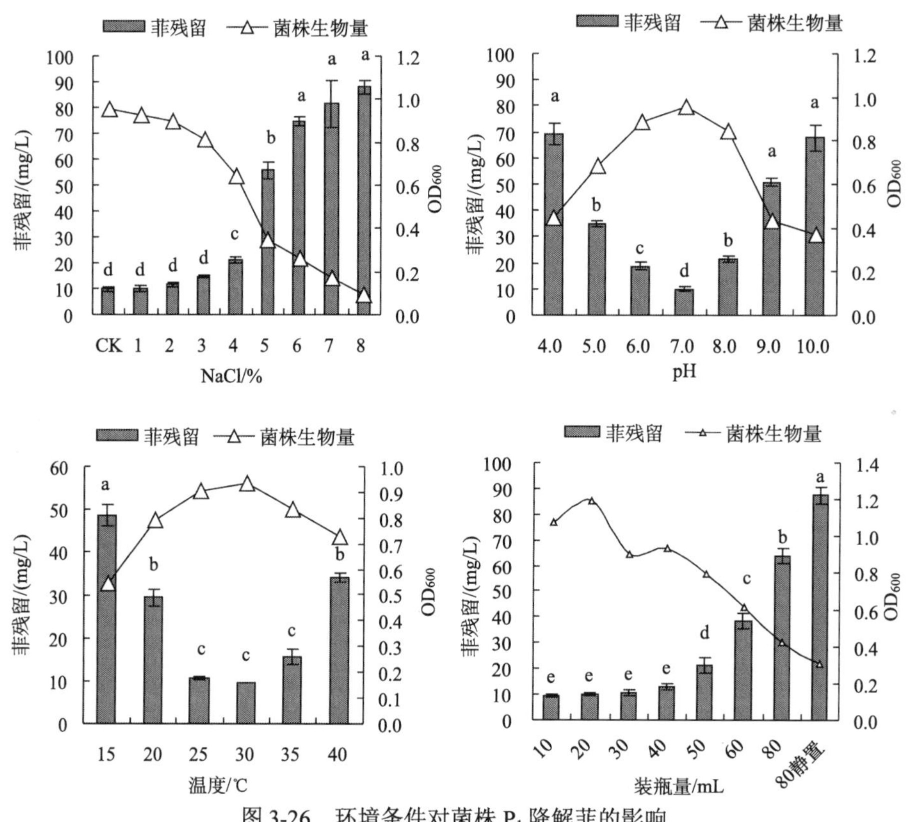

图 3-26 环境条件对菌株 P_1 降解菲的影响

菲含量为 100 mg/L 的菲降解培养基中，按 1%接种量加入菌悬液（OD_{600}=1）， 150 r/min，摇床培养 7 d；培养温度为 28 ℃（温度试验除外）、培养 7d 后测定培养基的 OD_{600} 值

菌株 P_1 降解菲的最适 pH 为 7.0（图 3-26）。酸性与碱性条件均对菌株生长与菲的降解产生不利影响。其最适宜 pH 与一些报道相似，有研究报道培养基中性偏碱性有利于菌株对 PAHs 的降解（李全霞等, 2008; 刘芳等, 2011；张宏波等, 2010）。本研究中，当培养基 pH 为 7.0 时，菌株 P_1 生长情况最好，对菲的降解

率最高达到 90 %以上。当 pH 从 7.0 降至 4.0 时，菌株 P_1 对菲的降解率也下降至 30.7 %；当 pH 从 7.0 升至 10.0 时，菌株 P_1 对菲的降解率降为 32.1 %。

在 30 ℃时，菌株 P_1 数量达到最大，同时对菲的降解率也最高，为 90.3%（图 3-26）。30 ℃以下时，随着温度上升，菌株生长增加，菲去除率升高；但 30 ℃以上时，随着温度上升菌株生长减少，对菲的降解率显著降低。

随着三角瓶中液体培养基体积的增加，菌株生长受抑制，菲降解效率下降（图 3-26）。静置对照组中菌株 P_1 生长最差，且菲降解率仅为 12.6%。当 100 mL 的三角锥瓶中培养基体积≤30 mL 时，菌株生长、菲降解效率并无显著差异，菲去除效率较高，可达 90%；但当 100 mL 的三角锥瓶中培养基体积＞30 mL 时，随着培养基体积增加，细菌生长被抑制且其对菲的降解效率随之下降；培养基装瓶量为 80 mL 时，菌株对菲的降解率降至最低值，仅为 36.3 %。分析原因认为，菌株 P_1 为好氧菌，随着培养基装瓶量的增加，空气中的氧气向培养基扩散速率下降，导致氧气供给不能满足菌株 P_1 生长需求，抑制了菌株 P_1 生长，从而导致菲降解率下降。

菌株 P_1 可降解较高浓度的菲，当菲浓度≤200 mg/L 时，菌株对菲的降解效率随着菲浓度变化并无显著差异，降解率可达 90%以上。当菲浓度≥250 mg/L 时，菌株对菲的降解效率随着菲浓度升高而显著降低；例如，当菲浓度为 250 mg/L 时，菌株 P_1 对菲的降解率为 81.8%，当菲浓度为 400 mg/L 时，菲降解率仅为 50.2%（图 3-27）。

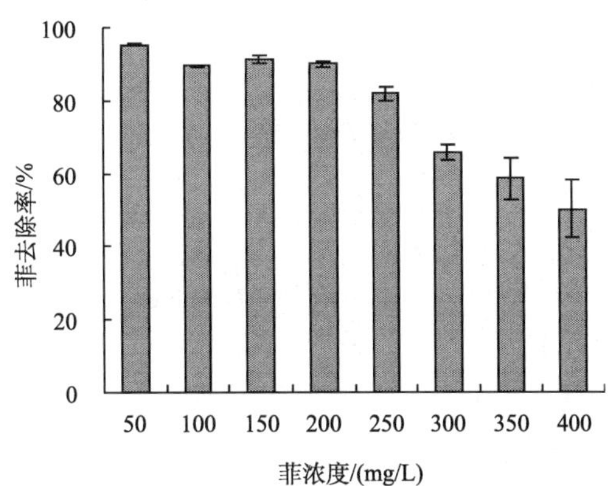

图 3-27 污染强度对菌株 P_1 降解菲的影响

在含菲 50、100、150、200、250、300、350、400 mg/L 的培养基中，分别按 1%接种量加入菌悬液（OD_{600}=1），50 r/min、28 ℃下摇床培养 7 d 后，测定培养基 OD_{600} 值和菲残留浓度

当培养基中另外添加不同碳源时，菌株 P_1 对菲的降解率均有提高（表 3-7）。葡萄糖、果糖、蔗糖、酵母粉对菌株降解菲有显著促进作用，菲降解率可达 97%

以上；甘油作为碳源对菌株 P_1 降解菲有促进作用，降解率较对照组提高了 8.1%（$P<0.05$）。邻苯二酚、邻苯二甲酸、水杨酸作为外加碳源对于菌株 P_1 降解菲无显著影响。在有机氮源蛋白胨、牛肉膏作用下，菌株对菲的降解率显著高于无机氮氮源（$P<0.05$）；复合氮源牛肉膏作为氮源时，降解率达最高，为 99.1%。

表 3-7　外来氮源对菌株 P_1 降解菲的影响

氮源	菲降解率/%	OD_{600}	碳源	菲降解率/%	OD_{600}
CK（只有菲）	90.5±0.2	0.738	葡萄糖	98.7±0.1	1.482
NH_4Cl	90.0±1.2	0.790	果糖	99.0±0.1	1.971
NH_4NO_3	89.7±1.4	0.739	蔗糖	97.7±0.2	1.274
$(NH_4)_2SO_4$	91.4±0.8	0.908	酵母粉	98.4±0.1	1.536
$(NH_4)_2HPO_4$	91.2±1.6	0.902	可溶性淀粉	94.1±0.5	1.044
蛋白胨	96.7±0.9	1.250	甘油	98.6±0.1	1.281
尿素	90.1±1.1	0.736	苹果酸	95.8±0.5	0.973
牛肉膏	99.1±0.2	1.424	草酸	95.2±0.5	0.869
色氨酸	76.1±2.6	0.421	柠檬酸	96.1±0.5	0.891
精氨酸	84.6±1.3	0.506	甘露醇	92.7±0.6	0.806
半胱氨酸	91.4±1.0	0.697	山梨醇	92.5±0.5	0.878
脯氨酸	94.7±1.1	0.787	邻苯二酚	91.2±0.5	0.812
			邻苯二甲酸	90.9±0.5	0.715
			水杨酸	90.5±1.0	0.781

注：外加碳源浓度为葡萄糖（10 g/L）、果糖（10 g/L）、蔗糖（10 g/L）、酵母粉（5 g/L）、可溶性淀粉（10 g/L）、甘油（10 g/L）、苹果酸（1 g/L）、草酸（1 g/L）、柠檬酸（1 g/L）、甘露醇（10 g/L）、山梨醇（10 g/L）、邻苯二酚（150 mg/L）、邻苯二甲酸（150 mg/L）、水杨酸（300 mg/L）；外加氮源浓度为 NH_4Cl（5 g/L）、NH_4NO_3（5 g/L）、$(NH_4)_2SO_4$（5 g/L）、$(NH_4)_2HPO_4$（5 g/L）、蛋白胨（10 g/L）、尿素（5 g/L）、牛肉膏（5 g/L）、色氨酸（1 g/L）、精氨酸（1 g/L）、半胱氨酸（1 g/L）、脯氨酸（1 g/L）。

菌株 P_1 可同时降解培养基中多种 PAHs（图 3-28）。在 5 种 PAHs 复合污染体系中，7 d 后菌株 P_1 对萘、芴、菲、芘、苯并[a]芘的去除率分别为 99.7%、83.5%、88.5%、16.5%、3.2%。在多种 PAHs 同时存在的情况下，菌株 P_1 会优先利用低相对分子质量 PAHs。萘、芴、菲等低相对分子质量 PAHs 更易被菌株 P_1 利用降解，7 d 内 3 环 PAHs 的降解率均可达 80%以上。微生物对于环境中 PAHs 的降解一般通过两种方式进行：以 PAHs 作为唯一碳源和能源直接降解和共代谢而降解。通常萘、芴、菲等低相对分子质量 PAHs（2～3 环）可以作为唯一碳源和能源被微生物直接降解，而芘、苯并[a]芘等高相对分子质量 PAHs 的微生物降解一般通过共代谢方式进行。PAHs 间的相互作用影响着环境中不同相对分子质量 PAHs 残留量，这种相互影响包括协同和拮抗作用。

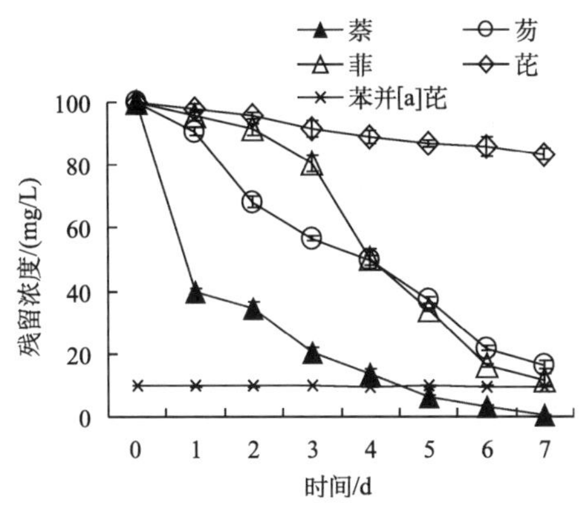

图 3-28 菌株 P_1 对培养基中混合 PAHs 的降解作用

3.4 *Sphingobium* sp. RS2

利用富集培养和平板划线分离纯化方法，从采自 PAHs 污染场地的健康植株小飞蓬（*Conyza canadensis* L. Cronq.）根部分离筛选得到 1 株可高效降解菲的功能细菌 RS2。经生理生化特征和 16S rRNA 基因序列同源性分析，确定菌株 RS2 为 *Sphingobium* sp.。菌株 RS2 能以菲为碳源生长，并可高效降解菲。以 5%接菌量（OD_{600}=0.3）接种功能菌株 RS2 至含菲的无机盐培养基（菲初始浓度为 100 mg/L），在 30℃、150 r/min 恒温摇床培养 72 h，RS2 对菲的降解率可达到 98%以上。菌株 RS2 生长和降解菲的最适温度为 37℃，适宜 pH 为 5.0～7.0。在供试条件下，底物菲浓度（50～250 mg/L）越高，RS2 对菲的降解越慢；接种量（1%～15%）越大，RS2 对菲的降解越快。菌株 RS2 能以苊、蒽、芘和苯并[a]芘等其他单一 PAH 为碳源和能源生长，并不同程度上降解各 PAHs。

3.4.1 菌株 RS2 鉴定

通过在紫外灯下照射含菲的无机盐固体平板，挑选有明显降解暗圈的菌株，获得了 1 株菲降解功能细菌 RS2。菌株 RS2 菌落较小、圆形、外形隆起、光滑、边缘整齐、有光泽、淡黄色。菌体均呈短杆状，有鞭毛。菌落照片见图 3-29，透射电镜照片见图 3-30。

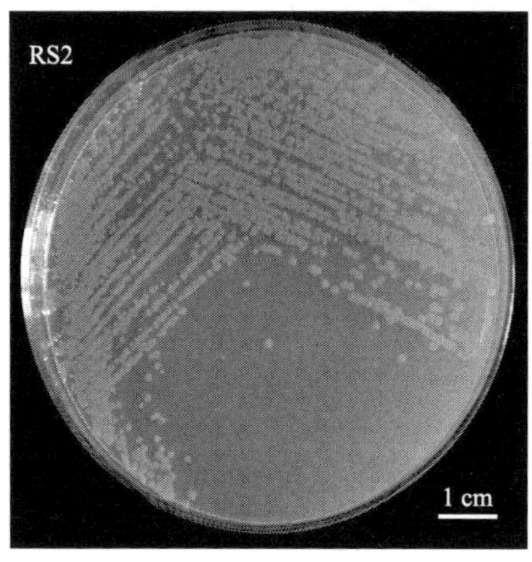

图 3-29　菌株 RS2 的菌落形态（见彩图）

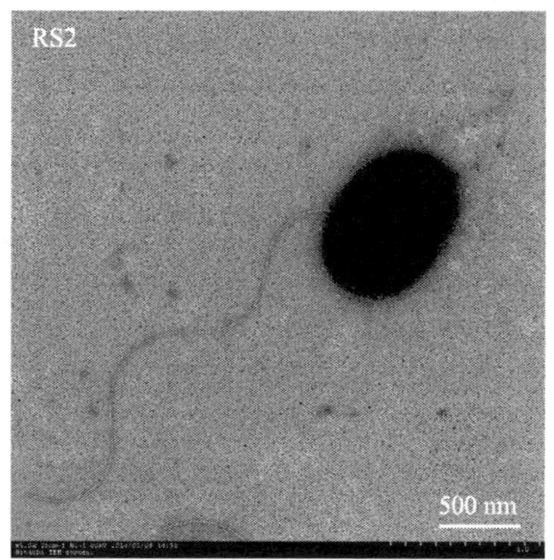

图 3-30　菌株 RS2 的透射电镜照片（见彩图）

菌株 RS2 的 16S rRNA 基因序列在 EZBIOCLOUD 中进行比对，结果表明，菌株 RS2 的基因序列与 *Sphingobium* sp.的相似性最大（≥99%）。结合菌株 RS2 的菌落形态、生理生化特征（表 3-8）和 16S rRNA 基因序列分析，确定菌株 RS2 为 *Sphingobium* sp.细菌，其系统发育树如图 3-31 所示，菌株 RS2 的 16S rRNA 基因登录号为 KP900972。

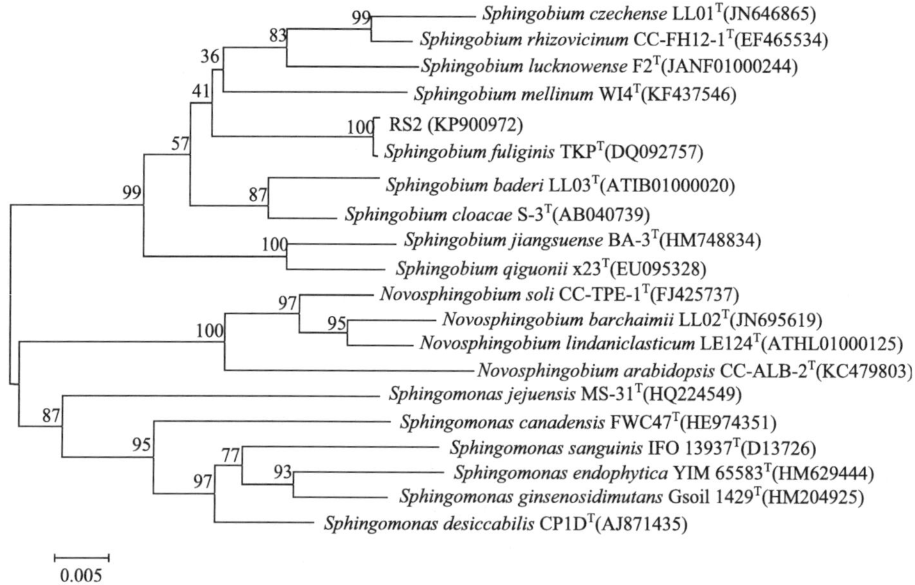

图 3-31　基于 16S rRNA 基因序列同源性的菌株 RS2 的系统发育树

表 3-8　菌株 RS2 的生理生化特性

测定项目	结果	测定项目	结果
硝酸盐还原试验	+	V.P 试验	+
吲哚试验	+	甲基红试验	−
葡萄糖发酵	−	乙二酸同化	−
精氨酸	+	苹果酸同化	+
脲酶	+	甘露醇同化	+
七叶灵	+	麦芽糖同化	+
明胶液化	+	柠檬酸盐试验	*
阿拉伯糖同化	+	甘露糖同化	−

注：“+”表示反应为阳性；“−”表示反应为阴性；“*”表示只产生微弱反应。

3.4.2　菌株 RS2 对菲降解性能

利用高效液相色谱测定了菌株 RS2 对菲的降解性能，图 3-32 是 0 h（图 3-32（a））和 64 h（图 3-32（b））时菌株降解菲的高效液相色谱图。如图所示，在 5.9 min

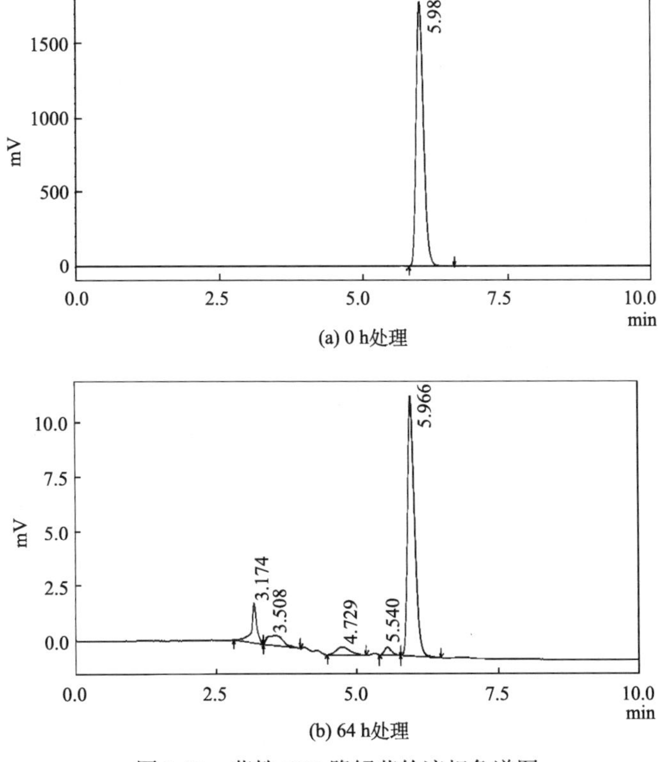

图 3-32　菌株 RS2 降解菲的液相色谱图

时出现了菲的特征峰。比较两个图的纵坐标，可观察到明显的峰高变化，这说明培养液中一部分菲已被降解。在图 3-32（b）中还出现了几个特征峰，推测为菌株 RS2 降解菲过程中产生的代谢产物。

菌株 RS2 对菲的降解曲线如图 3-33 所示。菌株 RS2 能够以菲为碳源进行生长，且在 72 h 内对菲（100 mg/L）的降解率达 98.3%。菌株 RS2 能快速地利用菲进行生长和代谢，12 h 时菲降解率为 12.6%，48 h 内菲降解率提高到 97.4%，此时菌株生长量达到最大，为 7.74 log CFU/mL；48 h 后菌株生长略有下降，菲的降解率趋于平缓，可能是由于培养基中菲含量降低碳源不足，导致菌体 RS2 数量下降。接种灭活菌株的对照中，摇床培养 72 h，菲损失率仅为 5.1%。根据培养液中菲的残留浓度随时间的变化，拟合降解动力学曲线，菌株 RS2 作用下菲降解动力学方程为 C=148.56e$^{-0.006t}$（R^2=0.8544），半衰期为 18 h（式中，C 表示菲残留浓度 mg/L，t 为反应时间 h）。

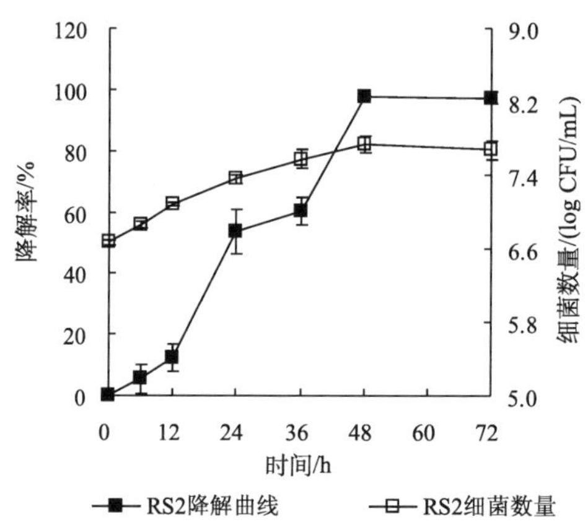

图 3-33　菌株 RS2 以 100 mg/L 菲为碳源时的生长和降解曲线

3.4.3　环境条件对菌株 RS2 降解菲的影响

微生物生长受环境温度、pH 的影响较大，确定最适温度和 pH，可为微生物降解菲提供良好的生存环境。图 3-34（a）给出了在不同环境温度下接种菌株 RS2 48 h 后菲降解效果。环境温度为 25～37℃时，菌株 RS2 对菲的降解率随温度升高而增大，当温度为 37℃时，降解率达到最高，为 96.5%。当环境温度达 42℃时，菌株 RS2 对菲的降解率仅为 7.2%，原因可能是高温影响了 PAHs 降解酶的活性，也可能高温直接抑制了菌株 RS2 的生长，从而降低其对菲的降解能力。在不同环境 pH 下，接种菌株 RS2 72 h 后对菲的降解效果如图 3-34（b）所示。菌株 RS2 的适宜 pH 范围为 5.0～7.0，碱性条件抑制了菌株对菲的降解能力。有研究表明，

Sphingobium sp.菌株在 pH 为 7.0 时对污染物的降解效果最佳（段晓芹等, 2011; 何丽娟等, 2009; 李恋等, 2011），这与本研究结果相似。当 pH 从 7.0 降至 4.0 时，菌株 RS2 对菲的降解率从 96.6%下降至 73.82%；当 pH 从 7.0 升高到 10.0 时，菌株 RS2 对菲的降解率降为 25.7%。

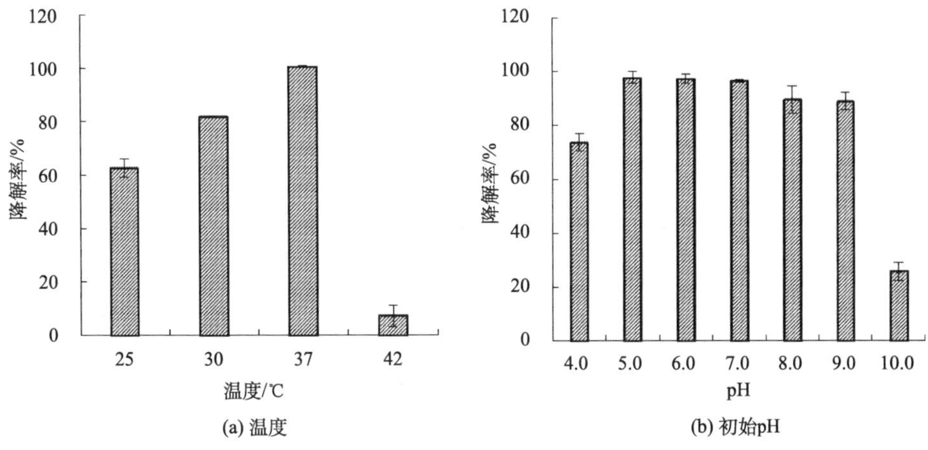

图 3-34　温度和初始 pH 对菌株 RS2 降解菲的影响

图 3-35（a）给出了不同菲浓度下接种菌株 RS2 培养 72 h 后菲降解效果。菌株 RS2 可以降解较高浓度的菲，当菲浓度≤150 mg/L 时，RS2 对菲的降解率随着菲浓度的升高无显著差异，且降解率均在 99%以上；当菲浓度≥150 mg/L 时，RS2 对菲的降解率随着菲浓度的升高而略微下降，当菲浓度为 250 mg/L 时，菌株 RS2 对菲的降解率为 92.6%。图 3-35（b）为温度 30℃、底物浓度 100 mg/L 条件下接种不同体积 RS2 菌悬液并培养 48 h 后菲降解率。菌株 RS2 对菲的降解随着接种

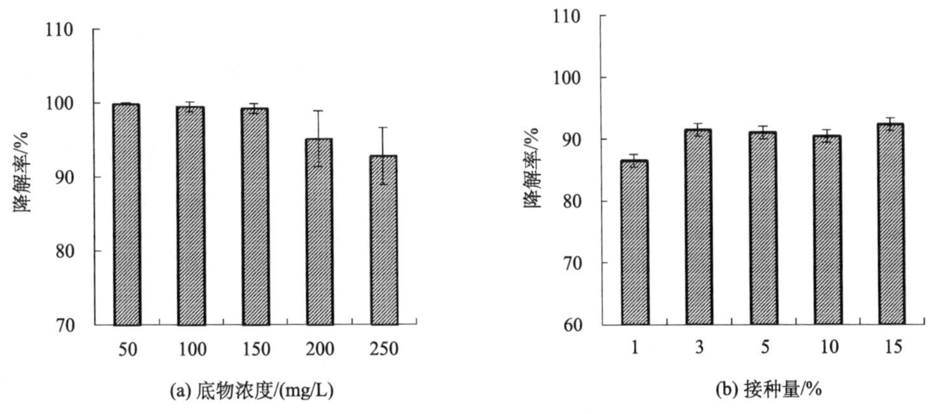

图 3-35　底物浓度和接种量对菌株 RS2 降解菲的影响

量的增加而增强。接种 1%菌悬液时，菌株 RS2 对菲的降解率为 86.5%；当接种量＞3%时，菌株 RS2 对菲的降解率在 90%以上。这表明，供试条件下菌株 RS2 接种量越大菲降解越快。

3.4.4 菌株 RS2 对其他 PAHs 降解作用

在单一 PAH 降解体系中，菌株 RS2 也能以其他单一 PAH 为碳源生长，但对不同 PAHs 的降解效果差异很大。如表 3-9 所示，菌株 RS2 对不同相对分子质量 PAHs 均有一定降解效果，一定时间内其对芘、蒽、芘和苯并[a]芘的降解率分别可达 50.02%、13.44%、15.49%和 21.58%。菌株 RS2 可快速降解芘，但对于供试浓度下的蒽、芘和苯并[a]芘的降解则较缓慢。

表 3-9 菌株 RS2 对其他 PAH 的降解

PAHs	PAHs 初始浓度/（mg/L）	降解时间/d	PAHs 降解率/%	细菌生物量/（log CFU/mL）
对照	0	0	ND	6.57±0.13
芘	100	2	50.02±2.32	7.36±0.09
蒽	100	2	8.91±2.03	7.10±0.02
		7	13.44±1.30	7.25±0.02
芘	50	7	4.22±1.71	6.75±0.29
		14	15.49±2.74	7.14±0.15
苯并[a]芘	10	7	3.79±2.08	6.65±0.13
		14	21.58±8.69	7.11±0.15

注：ND 表示未检出 PAHs。

3.5 *Diaphorobacter* sp. Phe15

利用富集培养和划线纯化等方法，从 PAHs 污染区健康植物牛筋草（*Eleusine indica*（L.） Gaertn.）根部分离获得了 1 株具有菲降解功能的细菌 Phe15。经生理生化特征及 16S rRNA 基因序列同源性分析，确定该菌株为 *Diaphorobacter* sp.。菌株 Phe15 降解菲的最适温度为 30℃，最适 pH 为 7.0～10.0，该条件下 2 d 内其对初始浓度为 100 mg/L 菲的降解率可达到 97%以上。Phe15 对 150 mg/L 浓度范围内的菲都具有良好的降解效果。

3.5.1 菌株 Phe15 鉴定

将双层平板上具有明显水解圈的细菌纯化后得到一株具有菲降解功能的细菌

Phe15。菌株 Phe15 为革兰氏阴性菌，菌体形状为长杆状，端生鞭毛、好氧；在 LB 固体培养基上 30℃下培养形成的菌落呈圆形，菌落湿润、隆起，菌落呈乳白色，边缘透明（图 3-36、图 3-37）。菌株 Phe15 在 LB 液体培养基中培养时有絮状沉淀，且静置几天后摇瓶内细菌可形成膜状体系。

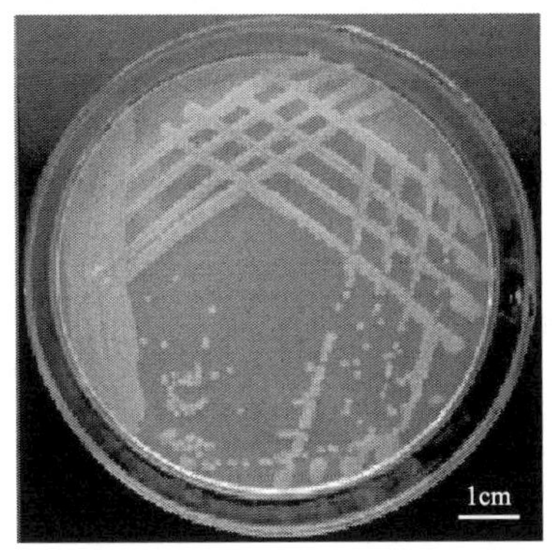

图 3-36 菌株 Phe15 的菌落形态（见彩图）

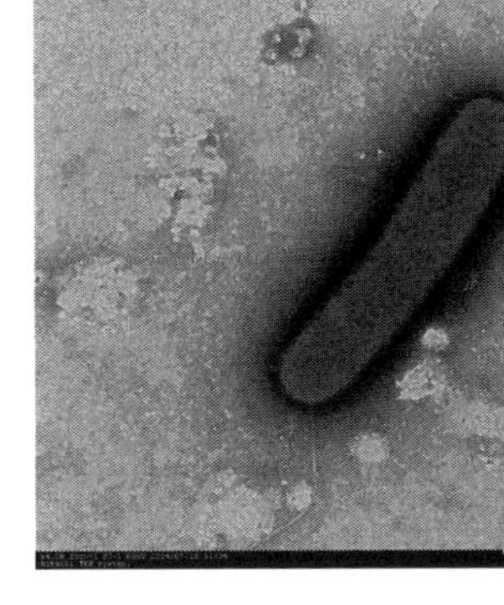

图 3-37 菌株 Phe15 的透射电镜照片(见彩图)

将菌株 Phe15 的 16S rRNA 基因序列在 NCBI 上进行比对分析，与 *Diaphorobacter* sp.有很高的同源性(99.6%)，再结合菌株的生理生化特性(表 3-10)，可确定菌株 Phe15 属于 *Diaphorobacter* sp.，其系统进化发育树见图 3-38。*Diaphorobacter nitroreducens* 是 2002 年发现的一个新种，有文献显示其对聚三羟基丁酸酯（PHB）、氯苯胺、PAHs 等具有降解作用（Khan et al., 2007; Tabrez et al., 2002）。Sauvêtre 等（2015）从芦苇根部分离出具有卡马西平降解能力的 *Diaphorobacter nitroreducens* 细菌，其可增强植物对废水中卡马西平的去除。

表 3-10 菌株 Phe15 的生理生化特性

项目	结果	项目	结果	项目	结果
脲酶	＋	柠檬酸发酵	－	苹果酸发酵	＋
吲哚试验	＋	葡萄糖发酵	－	革兰氏染色	－
乳糖发酵	－	葡萄糖酸化	－	己二酸发酵	＋
癸酸发酵	－	苯乙酸发酵	－	硝酸盐还原试验	＋
甘露糖发酵	－	阿拉伯糖发酵	＋	精氨酸双水解酶	＋
甘露醇发酵	－	β-葡萄糖苷酶	－	N-乙酰-葡萄糖胺发酵	－
麦芽糖发酵	－	明胶水解试验	＋		

注：“＋”表示反应为阳性；“－”表示反应为阴性。

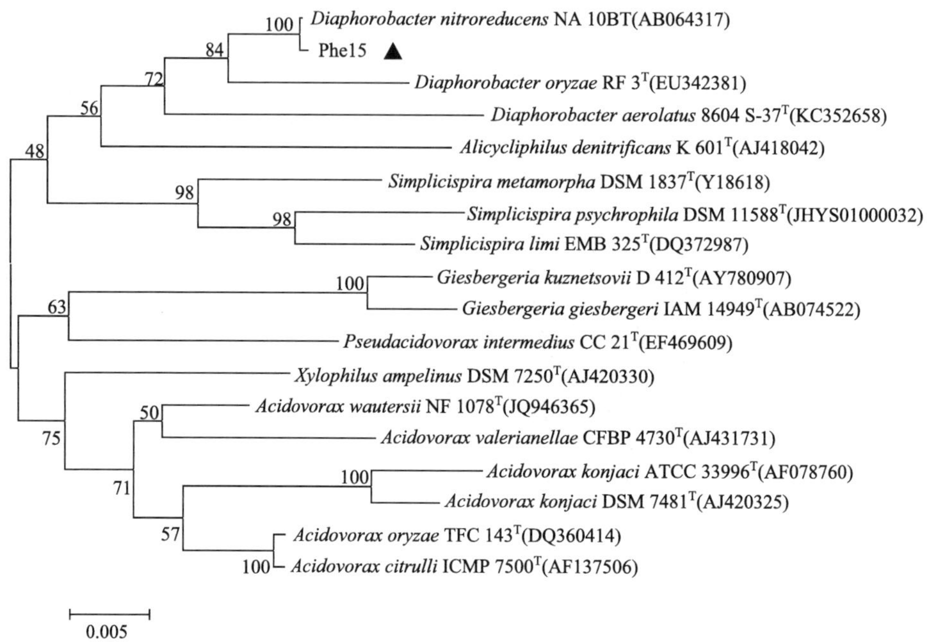

图 3-38　基于 16S rRNA 基因序列同源性的菌株 Phe15 的系统发育树

3.5.2　菌株 Phe15 对菲降解作用

利用高效液相色谱表征了菌株 Phe15 对菲的降解能力（图 3-39）。接种菌株 Phe15 48 h 后，降解液的高效液相色谱图中在 6.2 min 时出现了菲的特征峰。与不接种菌株 Phe15 对照相比，接种菌株的降解液中菲的峰高明显要低，且出现了菲降解产物的特征峰。说明菌株 Phe15 可降解培养基中的菲。

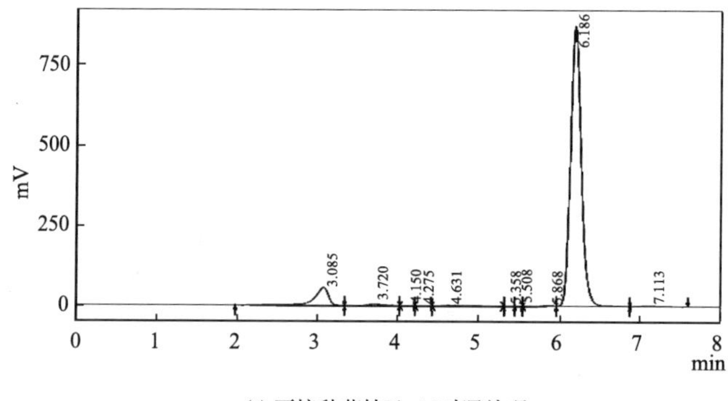

(a) 不接种菌株Phe15对照处理

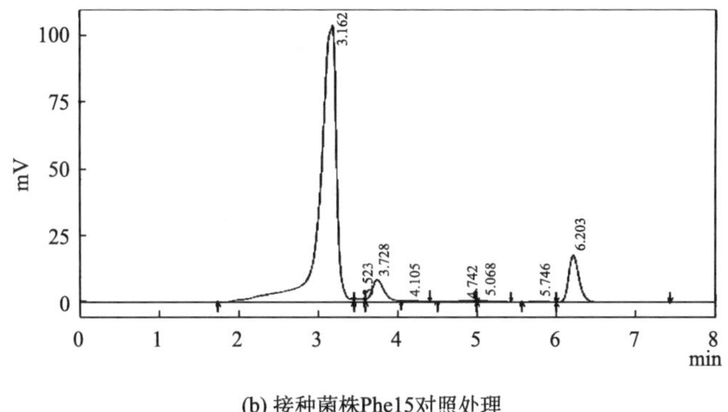

(b) 接种菌株Phe15对照处理

图 3-39 菌株 Phe15 降解菲的液相色谱图

菌株 Phe15 以菲为碳源的生长与降解曲线见图 3-40。在降解的前 24 h 内菌株 Phe15 对菲的降解很快，24 h 时降解率就达 92.6%，36 h 时降解率超过 99%。菌株数量在 12～36 h 时增长最快，48 h 时细菌数量比 36 h 时有所降低。细菌数量下降可能是因为培养基中的菲几乎被降解完全，缺少了供其生长的碳源，也可能因为前期细菌生命活动产生的代谢产物不断累积，细菌受到了反馈抑制。

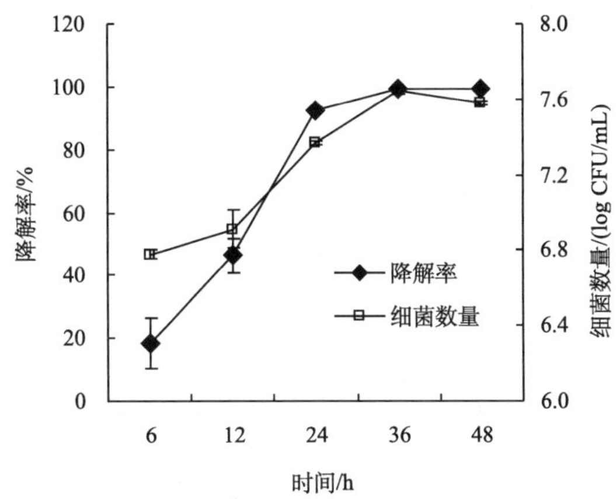

图 3-40 菌株 Phe15 以 100 mg/L 菲为碳源时的生长和降解曲线

3.5.3 环境条件对菌株 Phe15 生长和降解菲的影响

从图 3-41（a）可以看出，温度在 25～30℃时菌株生长量明显高于其他温度下的生长量，30℃左右是菌株 Phe15 的最适生长温度。25～37℃时菌株 Phe15 对菲的降解效果较好，降解率均高于 90%；30℃时的降解效果最好，降解率达 99.7%。而温度在 20℃时菲降解率最低，只有 81.19%，说明温度较低对菌株 Phe15 降解菲不利。温度为20℃、42℃时菌株的生长受到抑制，菲降解效果下降。从图3-41（b）可以看出，菌株 Phe15 的最适生长 pH 为 6.0～8.0，不适宜生长在碱性或偏酸性条件下。培养基的 pH 为 8.0 时菌株生长情况最好，降解性能也最强，降解率达 98.7%。当 pH 在 7.0～10.0 时，菌株对菲的降解率均高于 97%，这一 pH 范围内都具有良好的菲降解性能。酸性条件明显抑制菌株 Phe15 对菲的降解。

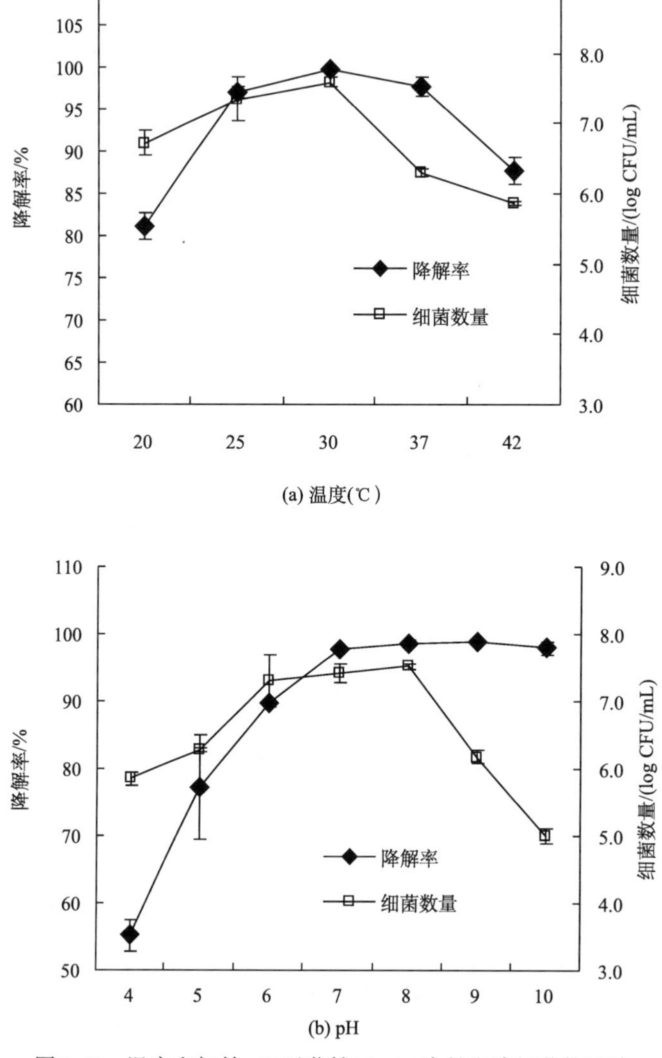

图 3-41 温度和初始 pH 对菌株 Phe15 生长和降解菲的影响

菌株 Phe15 对 50 和 100 mg/L 的菲都具有很好的降解效果（图 3-42），1 d 内降解率均大于 90%。而当底物浓度为 150 mg/L 时菲降解率降为 85.5%，200 mg/L

底物浓度条件下菲降解率只有 71.8%。由菌株的生长量曲线可以看出，随着底物浓度的增大细菌数量增多；说明较高浓度的菲促进了菌株 Phe15 生长，但是菌株也难以在短时间内消耗完培养基中高浓度菲。随着接种量的增加，降解液中细菌数量随之增加，菲降解率也逐渐增加（图 3-42）。接种量为 10%、15%、20%时菲降解率均达 95%以上。随着接种量的增加，降解液中细菌数量的增加却不明显，说明环境容纳量有限，在生长过程中菌株之间也会产生竞争抑制。

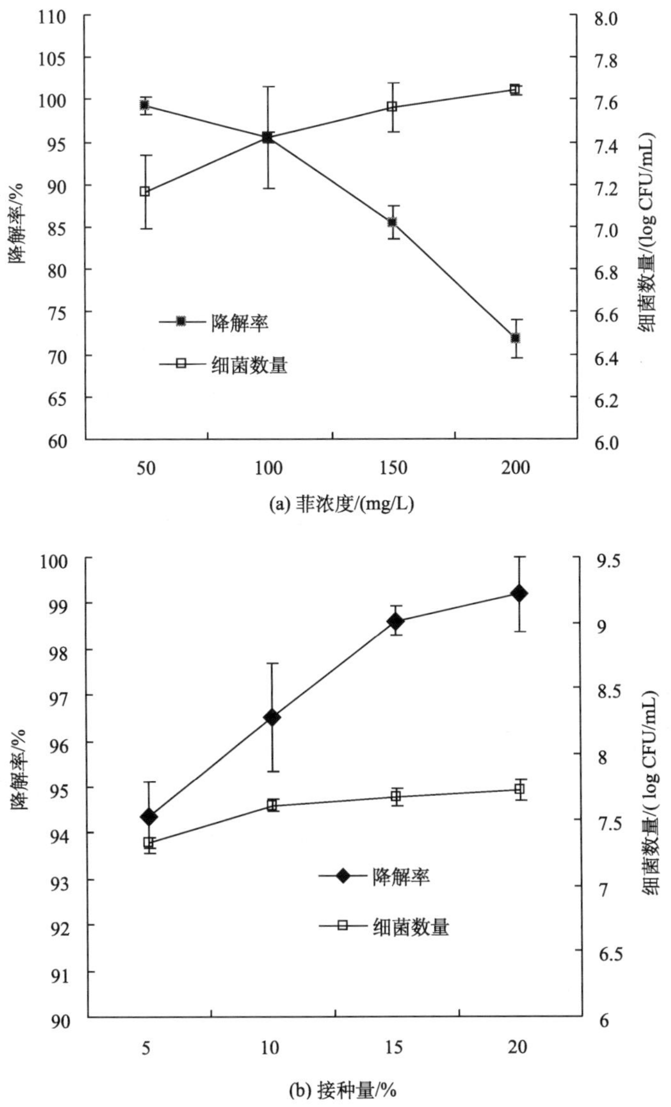

图 3-42　底物浓度和接种量对菌株 Phe15 生长和降解菲的影响

3.6 *Staphylococcus* sp. BJ06

采用选择性富集培养法，从南京某 PAHs 污染场地的健康植物看麦娘（*Alopecurus aequalis*）体内分离、筛选出一株具有芘降解功能的植物内生细菌 BJ06，结合菌株 BJ06 的形态学特征、生理生化特性和 16S rRNA 基因序列同源性分析，确定菌株 BJ06 为葡萄球菌（*Staphylococcus* sp.）。菌株 BJ06 为革兰氏阳性菌，有鞭毛，对氨苄青霉素、卡那霉素和壮观霉素具有抗性，其细胞表面最大疏水率为 15.8%。此外，菌株 BJ06 能够以芘为碳源和能源进行生长，且对萘、菲和苯并[a]芘具有良好耐受性。30℃、150 r/min 摇床培养 15 d，菌株 BJ06 对芘的降解效率为 56.0%。菌株 BJ06 为好氧生长，对芘降解的优化条件为 pH 6.0～8.0、温度 25～35℃、盐浓度 0～10 g/L、接种密度 5%～9%、芘初始浓度 10～30 mg/L。

3.6.1 菌株 BJ06 的分离筛选和鉴定

菌株 BJ06 能在以芘为碳源和能源的固体无机盐平板良好生长，且对萘（200 mg/L）、菲（100 mg/L）和苯并[a]芘（10 mg/L）具有较强的耐受性。菌株 BJ06 的菌落形态和生理生化特性如图 3-43 和表 3-11 所示，该菌为革兰氏阳性菌，菌落呈圆形，表面光滑、隆起、边缘规则，菌体为球状、有鞭毛。将菌株 BJ06 的 16S rRNA 基因序列在 GeneBank 中进行比对，发现其与多株葡萄球菌属（*Staphylococcus* sp.）的序列相似性高达 99%。结合菌株 BJ06 的形态学特征、生理生化特性和 16S rRNA 基因序列同源性分析，确定菌株 BJ06 为葡萄球菌。菌株 BJ06 的系统发育树和相关性种属如图 3-44 所示，其 16S rRNA 基因的 GenBank 登陆号为 KC236189。

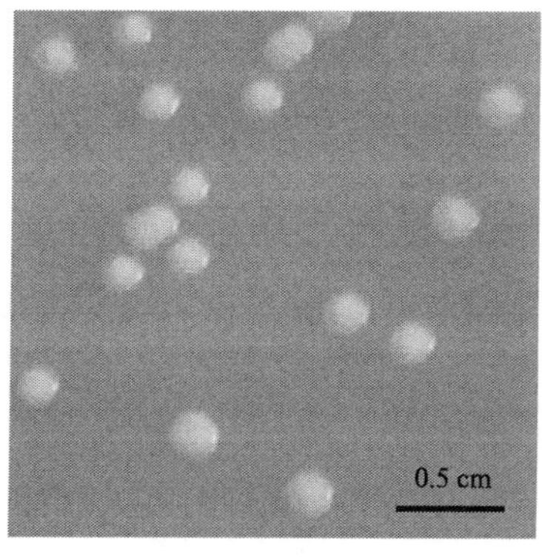

(a) 菌落形态

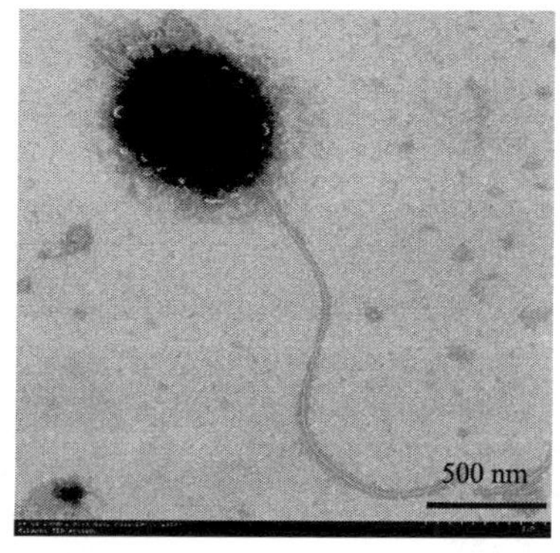

(b) 透射电镜图

图 3-43　菌株 BJ06 的菌落形态和透射电镜图（见彩图）

表 3-11　菌株 BJ06 的生理生化特性

试验项目	菌株 BJ06	试验项目	菌株 BJ06
革兰氏染色	+	甲基红	−
硝酸盐还原	−	乙酰甲基醇	+
淀粉水解	−	过氧化氢酶	−
吲哚试验	+	明胶液化	−
苯丙氨酸脱氢酶	−	柠檬酸盐利用	−
产硫化氢试验	−	葡萄糖发酵	−
果糖发酵	−	蔗糖发酵	−

注：“+”表示发酵糖类只产酸不产气，及其他试验中呈阳性反应；“−”表示阴性反应。

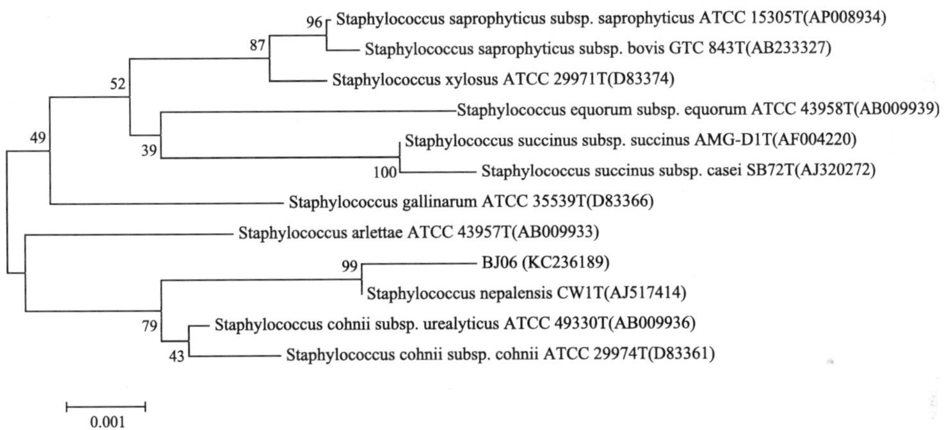

图 3-44　功能内生菌株 BJ06 系统发育树和相关性种属

3.6.2　菌株 BJ06 的生物学特性

明确芘降解功能内生细菌 BJ06 的抗生素抗性可为后期追踪其在植物体内的定殖和分布提供筛选标记。将常用的 6 种抗生素以不同的浓度梯度分别加入到 LB 固体培养基中，观察培养皿中菌落生长状况，结果如表 3-12 所示。菌株 BJ06 对供试的 6 种抗生素皆有抗性，其中对氨苄青霉素、卡那霉素和壮观霉素的抗性较强（≥100 mg/L），而对氯霉素、四环素和利福平的抗性相对较弱（<50 mg/L）。

表 3-12　菌株 BJ06 的抗生素抗性

浓度/（mg/L）	氨苄青霉素	卡那霉素	氯霉素	壮观霉素	四环素	利福平
0	＋	＋	＋	＋	＋	＋
10	＋	＋	＋	＋	＋	＋
20	＋	＋	＋	＋	＋	＋
50	＋	＋	－	＋	－	－
75	＋	＋	－	＋	－	－
100	＋	＋	－	＋	－	－

注：“＋”表示有抗性；“－”表示没有抗性。

细菌细胞表面疏水性（CSH）是决定细菌非特异性黏附到生物和非生物表面的重要因素之一，也是影响细菌吸收和降解疏水性有机物的主要因素之一（Castellanos et al.，1997）。菌株 BJ06 的细胞表面疏水性如图 3-45 所示。菌株 BJ06 的细胞表面最大疏水率为 15.8%。菌体表面疏水性的大小能够影响细胞摄取 PAHs 的方式，进而影响 PAHs 生物降解。菌株 BJ06 疏水性越强，PAHs 在菌体表面的吸附量越大。

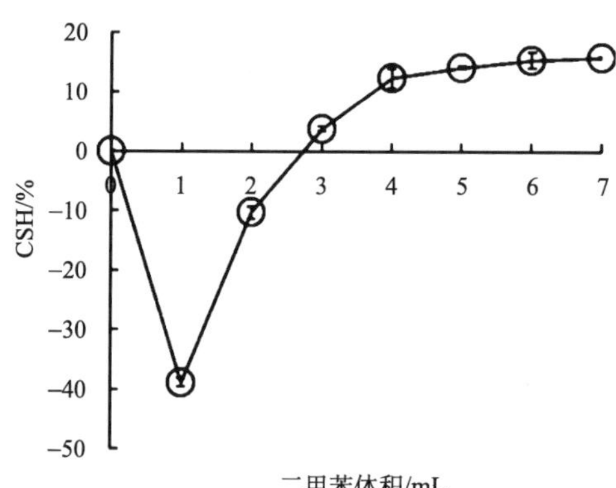

图 3-45　菌株 BJ06 的细胞表面疏水性

3.6.3　菌株 BJ06 的生长和芘降解动力学

菌株 BJ06 能以芘为碳源和能源进行生长，其生长和芘降解动力学曲线如图 3-46 所示。接种菌株 BJ06 并培养 15d 后，培养液中芘的降解率为 56.0%，细菌数量的初始值和最大值分别为 7.7 log CFU/mL 和 8.1 log CFU/mL。培养初期（1 d），培养液中菌株 BJ06 的细菌数量有所降低，可能是由于 MSM 培养基中芘浓度较高，不适于菌株 BJ06 生长，芘本身毒性可对菌株 BJ06 产生毒害作用；培养 1～9 d 后，细菌数量明显增加；培养 9 d 后，细菌数量再次呈减小趋势，这可能是由于培养后期，培养液中芘的代谢产物大量积累对细菌生长的反馈抑制作用。根据 PMM 中芘残留率随时间的变化，拟合降解动力学曲线，菌株 BJ06 的降解动力学方程为 $C = 108.62e^{-0.062t}$，$R^2 = 0.9482$，半衰期为 11.2 d（式中，C 表示芘残留率，t 表示培养时间）。

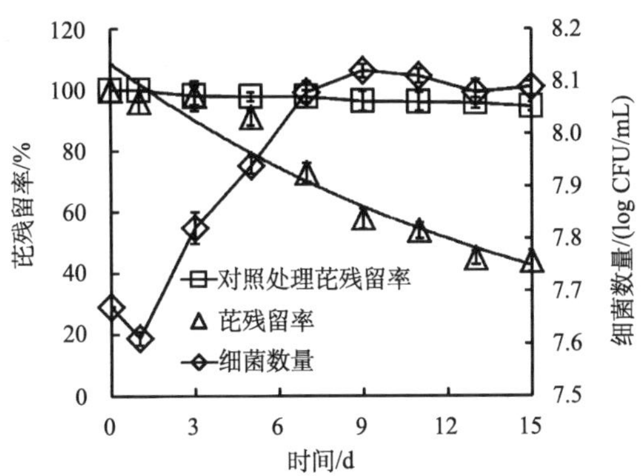

图 3-46　以芘为碳源和能源时菌株 BJ06 生长和芘降解动力学曲线

3.6.4　环境因子对菌株 BJ06 生长和降解芘的影响

试验优化了菌株 BJ06 生长和降解芘的条件。由图 3-47（a）可知，菌株 BJ06 适宜 pH 范围是 6.0～8.0。当 pH 为 6.0 时，菌株 BJ06 生长最佳，15 d 内对芘的降解效率高达 60.6%；在偏酸或偏碱性环境中，菌株 BJ06 对芘的降解能力较低，可能是由于酸或碱性条件下，抑制了菌株 BJ06 生长，从而影响其对芘的降解效果。菌株 BJ06 在 30℃时生长最快，对芘的降解效率为 56.8%（图 3-47（b））。温度较高或较低均会降低菌株 BJ06 对芘的降解能力，可能是由于高温或低温抑制了菌株 BJ06 生长，降低了其体内芘降解酶的活性，从而影响菌株 BJ06 对芘的降解效率。

由图 3-47（c）可知，当 NaCl 浓度为 0～10 g/L 时，菌株 BJ06 生长较好，对芘的降解较佳。当 NaCl 浓度大于 10 g/L 时，菌株 BJ06 生长和芘降解效率均有明显降低，原因是较高盐浓度导致细胞脱水，从而抑制了菌株 BJ06 的生长和芘降解能力。装液量与菌株 BJ06 的生长和芘降解间呈负相关。随着装液量的增加，菌株 BJ06 生长和芘降解效率均逐渐减小（图 3-47（d））。例如，装液量为 10 mL 时菌株 BJ06 生长最佳，对芘的降解效率高达 69.9%，而装液量为 70 mL 时芘降解效率仅为 11.0%，原因是当装液量高时不利于培养液与空气发生气体交换导致菌体供氧不足。该结果也进一步证实菌株 BJ06 为好氧生长。

由图 3-47（e）可知，接种密度由 1%增加到 15%、摇床培养 15 d，菌株 BJ06 对芘的降解效率由 12.7%增加至 65.9%，表明芘降解效率与菌株 BJ06 的接种密度呈正相关。相反，当芘初始浓度由 10 mg/L 增加到 70 mg/L，菌株 BJ06 对芘的降解率由 83.9%降低至 22.5%（图 3-47（f）），这是由于高浓度芘对菌株 BJ06 产生了毒害作用，从而抑制了其对芘的降解。

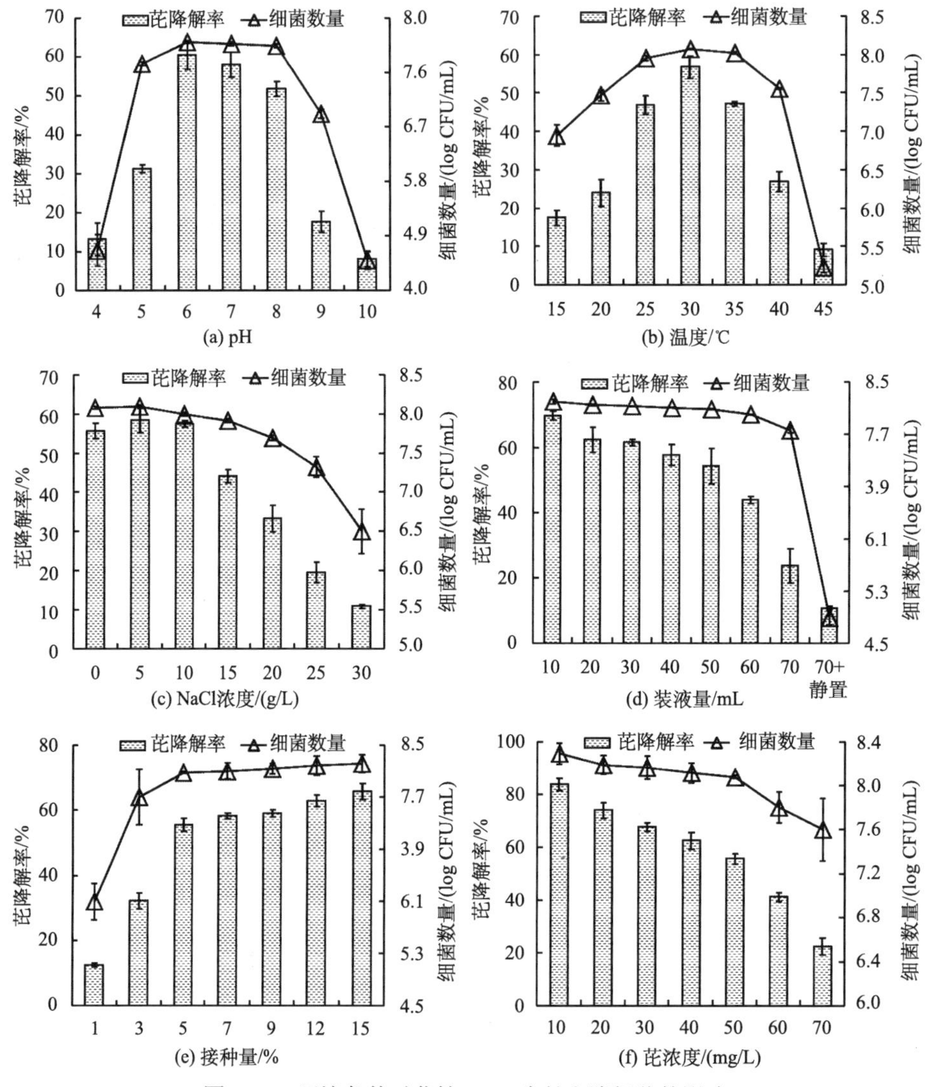

图 3-47　环境条件对菌株 BJ06 生长和降解芘的影响

3.6.5　代谢产物和途径分析

目前，关于葡萄球菌代谢芘的途径尚不清楚。Rehmann 等（1998）研究认为，邻苯二甲酸、水杨酸和邻苯二酚是细菌降解芘的典型途径。Dean-Ross 和 Cerniglia

（1996）从 PAHs 污染的沉积物中分离、筛选出一株具有芘降解功能的分支杆菌（*Mycobacterium flavescens*），并给出该菌降解芘的产物包括芘-4,5-二醇、4,5-二羧基-菲、4-菲甲酸和邻苯二甲酸。

本研究采用 HPLC 结合标样图谱，初步探讨了菌株 BJ06 降解芘的产物，结果见图 3-48。在混合标样中，水杨酸、邻苯二甲酸、邻苯二酚和芘的出峰时间分别为 2.129、2.270、3.513 和 7.168 min。与不接菌的空白对照组相比（图 3-48（a）），接种菌株 BJ06 的处理组（图 3-48（b））中能够明显看到 2 个产物峰，其出峰时间分别为 2.282 和 3.524 min，判断可能是邻苯二甲酸和邻苯二酚。推测，菌株 BJ06 代谢芘的主要途径可能是邻苯二甲酸和邻苯二酚途径。Somnath 等（2007）研究也指出，葡萄球菌 PN/Y 代谢菲的产物包含邻苯二甲酸和邻苯二酚。参考已有的关于细菌降解芘的途径，推测菌株 BJ06 代谢芘的可能途径如图 3-49 所示。

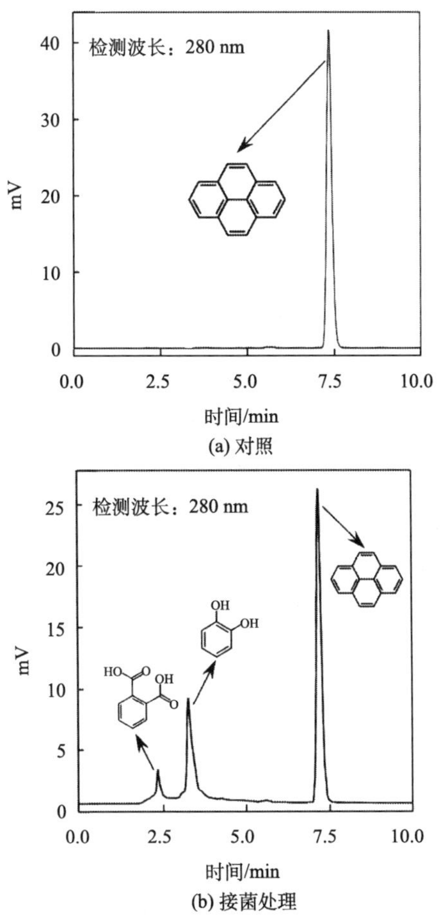

图 3-48　培养 10 d 后对照和接菌处理的溶液中芘降解产物 HPLC 图谱分析

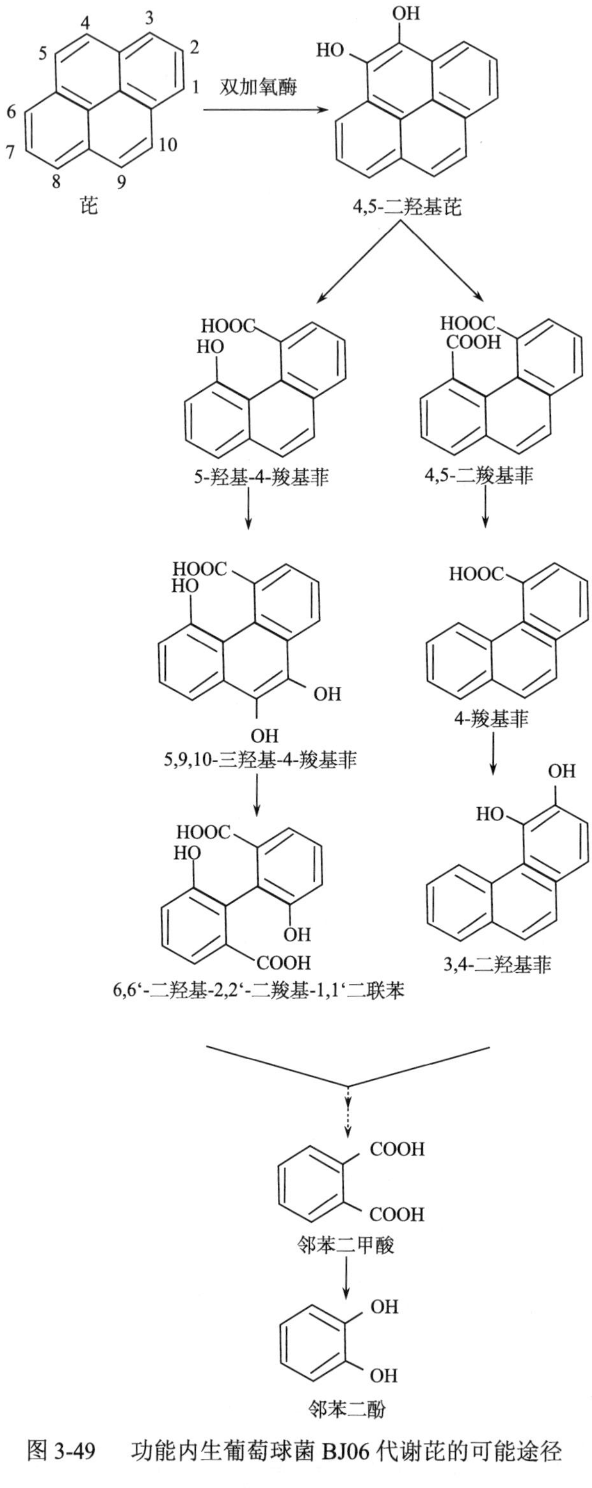

图 3-49　功能内生葡萄球菌 BJ06 代谢芘的可能途径

3.7 *Acinetobacter* sp. BJ03

从生长于 PAHs 污染区土壤的小飞蓬（*Conyza canadensis*（L.）Cronq.）体内分离、筛选一株具有芘降解功能的内生细菌 BJ03。该菌为革兰氏阴性菌，无芽孢，菌落呈白色、圆形、表面光滑、隆起、边缘规则。结合菌株 BJ03 的形态学特征、生理生化特性和 16S rRNA 序列同源性分析，确定菌株 BJ03 为不动杆菌属（*Acinetobacter* sp.）。菌株 BJ03 的细胞表面疏水率最大为 93.7%，且对多种抗生素具有抗性。150 r/min、30℃摇床培养 15 d 后，菌株 BJ03 对芘的降解效率为 65.0%。外加蔗糖和酵母膏能明显地促进菌株 BJ03 生长和芘降解。

3.7.1 菌株 BJ03 的形态及生理生化特性

从 PAHs 污染的小飞蓬体内分离、筛选到一株芘降解功能内生细菌 BJ03。该菌为革兰氏阴性菌，无芽孢，菌落呈白色、圆形、表面光滑、隆起、边缘规则，菌体为杆状，生理生化结果见表 3-13。菌株 BJ03 的细胞表面疏水性如图 3-50 所示。菌株 BJ03 的细胞表面疏水性最大值为 93.7%。

表 3-13 菌株 BJ03 的生理生化特性

试验项目	菌株 BJ03	试验项目	菌株 BJ03
淀粉水解	−	硝酸盐还原	+
甲基红	+	柠檬酸盐利用	+
乙酰甲基醇	−	苯丙氨酸脱氢酶	−
过氧化氢酶	+	葡萄糖发酵	+
吲哚试验	−	果糖发酵	−
明胶液化	−	蔗糖发酵	−
产硫化氢试验	−		

注："+"表示发酵糖类只产酸不产气，及其他试验中呈阳性反应，"−"表示阴性反应。

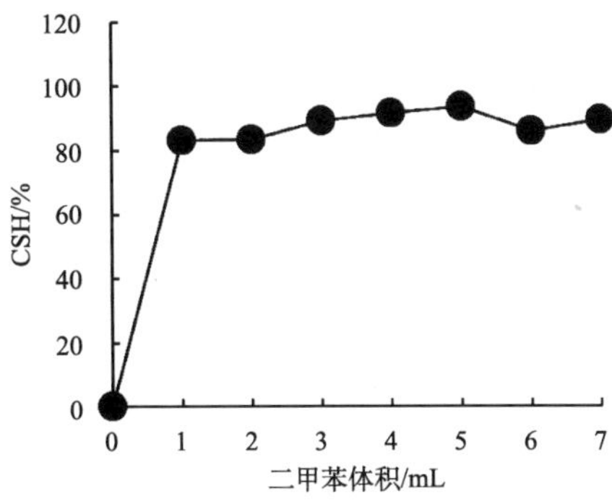

图 3-50 菌株 BJ03 的细胞表面疏水性

抗性试验表明，菌株 BJ03 对四环素和利福平的抗性较弱（≤10 mg/L），而对其他 5 种供试抗生素均具有较强的抗性（≥100 mg/L），结果见表 3-14。

表 3-14　菌株 BJ03 的抗性试验结果

浓度/（mg/L）	庆大霉素	氨苄青霉素	卡那霉素	红霉素	氯霉素	壮观霉素	四环素	利福平
0	+	+	+	+	+	+	+	+
10	+	+	+	+	+	+	+	+
20	+	+	+	+	+	+	−	−
50	+	+	+	+	+	+	−	−
75	+	+	+	+	+	+	−	−
100	+	+	+	+	+	+	−	−

注：“+”表示有抗性，“−”表示无抗性。

3.7.2　菌株 BJ03 的 16S rRNA 基因序列同源性分析

将菌株 BJ03 的 16S rRNA 基因序列在 GeneBank 中进行比对，结果表明，菌株 BJ03 与多株不动杆菌（*Acinetobacter* sp.）的序列相似性大于 97%。结合菌株 BJ03 的形态学特征、生理生化特性和 16S rRNA 序列同源性分析，确定菌株 BJ03 鉴定为不动杆菌属。

3.7.3　菌株 BJ03 的生长和芘降解曲线

菌株 BJ03 以芘为碳源和能源的生长和芘降解曲线见图 3-51。菌株 BJ03 培养 1 d，菌体数量有所下降，这是由于培养初期，无机盐培养基中芘浓度较高，菌株生长不适，而芘本身毒性又可对其产生毒害作用，从而使菌体数量下降。培养 2～7 d，

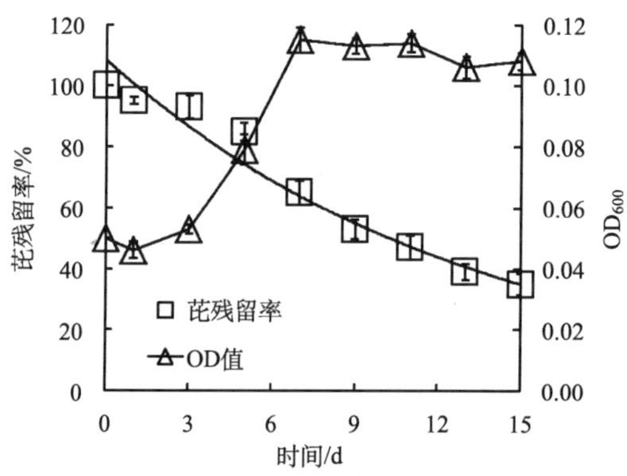

图 3-51　以芘为碳源时菌株 BJ03 的生长和芘降解曲线

随着培养天数增加，菌体数量逐渐增加，芘降解效率也逐渐增大。菌株 BJ03 培养至第 7 d 时菌体数量达最大值。之后，菌体数量有减小趋势，芘降解效率增加缓慢，降解速率也明显降低。培养 15 d 后，不接菌对照组中芘去除率为 5.4%，而接种菌株 BJ03 的处理组中芘降解效率为 65.0%，说明菌株 BJ03 能以芘为碳源生长且对芘具有一定降解能力。根据培养液中芘残留率随时间的变化，拟合降解动力学曲线，菌株 BJ03 的降解动力学方程为 $C = 108.42e^{-0.0754t}$，$R^2 = 0.9723$，半衰期为 10.3 d（式中，C 表示芘残留率%，t 为培养天数 d）。

3.7.4 环境因子对菌株 BJ03 生长和降解芘的影响

pH 和温度是影响微生物生长的关键因素。由图 3-52 可知，菌株 BJ03 适宜 pH 范围为 6.0～9.0。当 pH 为 7.0 时，菌株 BJ03 生长最佳，芘降解效率为 65.6%。在偏酸或偏碱性环境中，菌株 BJ03 对芘的降解能力降低。这是由于酸或碱性条件抑制了菌株生长，从而影响其对芘的降解效果。菌株 BJ03 在 35℃时生长最快，芘降解效率达到最大值（69.4%）。温度较高或较低均会抑制菌株 BJ03 对芘的降解。这是由于高温或低温条件降低了菌株 BJ03 体内芘降解酶的活性，从而影响其对芘的降解能力。

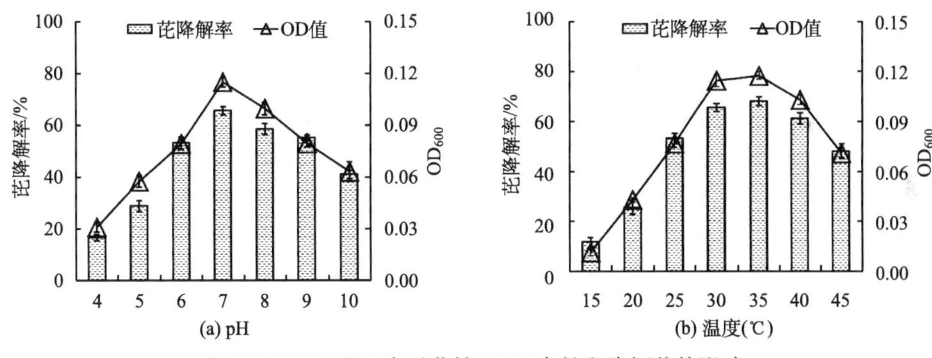

图 3-52 pH 和温度对菌株 BJ03 生长和降解芘的影响

盐浓度和装液量对菌株 BJ03 生长及降解芘的影响见图 3-53。当 NaCl 浓度为 5 g/L 时，菌株 BJ03 生长较好，芘降解最佳；当 NaCl 浓度大于 5 g/L 时，菌株 BJ03 生长和芘降解率逐渐降低。原因可能是由于较高的盐浓度导致细胞脱水，从而抑制菌株生长。通过改变三角瓶中培养基的装液量来研究氧气供给对菌株降解芘的影响。由图 3-53 可知，装液量与菌株的生长和芘降解率呈负相关，随着装液量增加，菌株 BJ03 生长及芘降解率逐渐减小。当装液量为 10 mL 时，菌株 BJ03 生长最好，芘降解率高达 71.9%。当装液量为 70 mL 时菌株 BJ03 的生长和芘降解率最低，原因是装液量过高不利于培养液与空气交换，导致菌体供氧不足；由此可知，菌株 BJ03 为好氧生长。

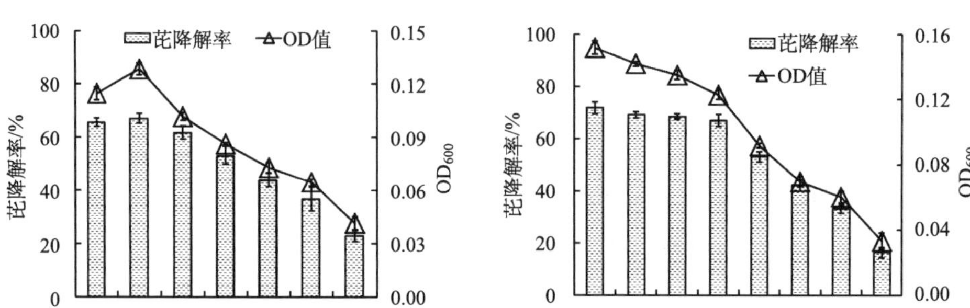

图 3-53　NaCl 浓度和装液量对菌株 BJ03 生长和降解芘的影响

3.7.5　外加 C、N 源对菌株 BJ03 生长和降解芘的影响

有研究表明，在降解培养基中添加不同 C、N 源，可促进微生物生长及其对有机污染物的代谢（孙凯等，2014）。添加 C、N 源对菌株 BJ03 生长及降解芘的影响见图 3-54。当外加 C 源为蔗糖、N 源为酵母膏时，摇床培养 4 d 后，菌株 BJ03 生物量和芘降解率高于其他外加 C、N 源，菌株 BJ03 的菌液 OD_{600} 值为 0.788，芘降解率高达 71.1%，降解速率也显著提高。当外加 C 源为蔗糖、N 源为尿素时，4 d 内菌株 BJ03 的培养液中 OD_{600} 值为 0.112，芘降解率只有 10.3%。蔗糖和酵母膏是微生物生长的良好营养物质，能促进菌体增殖，进而提高菌株对芘的降解速率。而尿素的存在导致菌株 BJ03 对芘的降解率下降，可能是由于尿素对菌株 BJ03 的生长产生了抑制作用，但具体原因有待进一步证实。

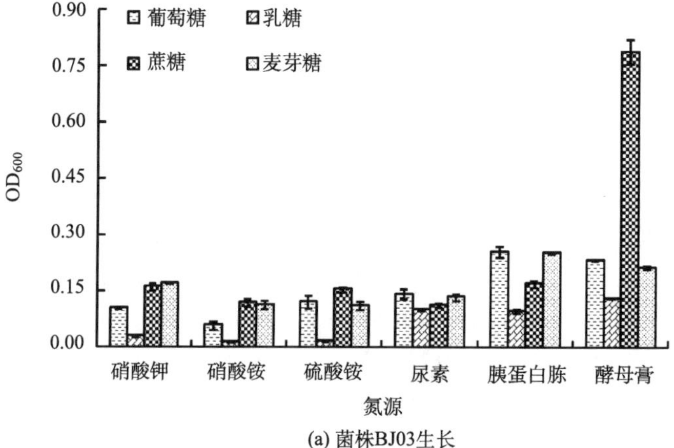

(a) 菌株BJ03生长

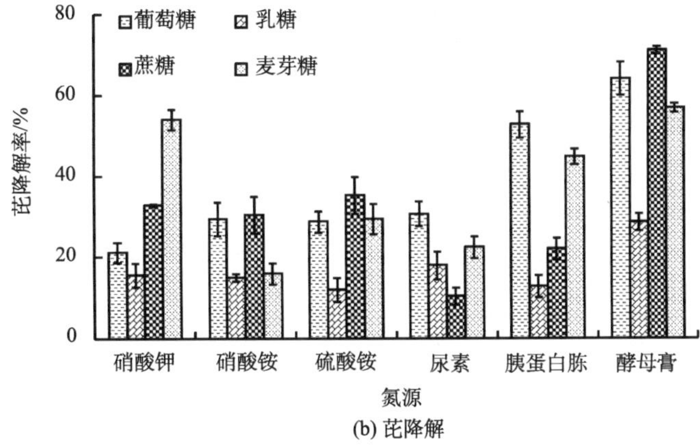

(b) 芘降解

图 3-54 外加 C、N 源对菌株 BJ03 生长和降解芘的影响

3.8 *Kocuria* sp. BJ05

采用富集培养法，从 PAHs 污染土壤中采集的三叶草（*Trifolium pratense* L.）体内分离、筛选到一株具有芘降解功能的内生细菌库克氏菌 BJ05（*Kocuria* sp.）。该菌为革兰氏阴性菌，无芽孢，菌落呈灰白色、凸起、边缘整齐，菌体为球状。菌株 BJ05 的细胞表面最大疏水率为 43.9%，对氨苄青霉素、卡那霉素、红霉素、氯霉素和壮观霉素具有较强抗性（＞100 mg/L），而对庆大霉素、四环素和利福平抗性较弱（≤20 mg/L）。150 r/min、30℃摇床培养 15 d，菌株 BJ05 对芘的降解率为 53.3%。外加蔗糖和酵母膏能显著地提高菌株 BJ05 的生物量及芘降解效能。

3.8.1 菌株 BJ05 形态和生理生化特性

菌株 BJ05 为革兰氏阴性菌，无芽孢，菌落呈灰白色，凸起，边缘整齐，菌体为球状，生理生化结果见表 3-15。细菌表面疏水性的大小可影响细胞摄取 PAHs 的方式，进而影响 PAHs 的生物降解。由图 3-55 可知，菌株 BJ05 细胞表面最大疏水率为 43.9%。

表 3-15 菌株 BJ05 的生理生化特性

试验项目	菌株 BJ05	试验项目	菌株 BJ05
淀粉水解	－	硝酸盐还原	＋
甲基红	＋	柠檬酸盐利用	＋

续表

试验项目	菌株 BJ05	试验项目	菌株 BJ05
乙酰甲基醇	+	苯丙氨酸脱氢酶	−
过氧化氢酶	+	葡萄糖发酵	+
吲哚试验	−	果糖发酵	−
明胶液化	+	蔗糖发酵	−
产硫化氢试验	−		

注：“＋”表示发酵糖类只产酸不产气，及其他试验中呈阳性反应，“－”表示阴性反应。

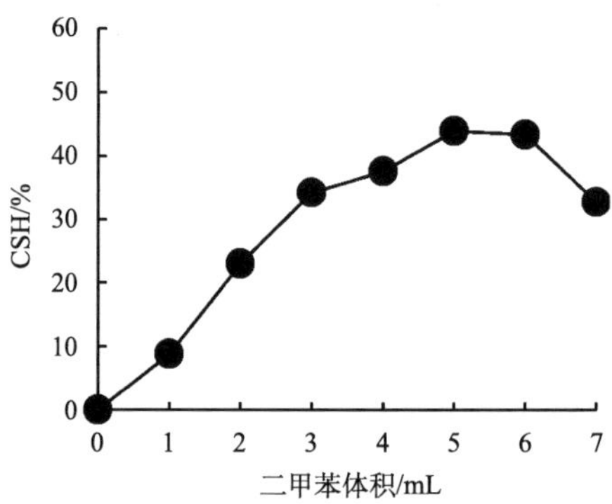

图 3-55　菌株 BJ05 细胞表面疏水性

菌株 BJ05 对氨苄青霉素、卡那霉素、红霉素、氯霉素和壮观霉素具有较强抗性（≥100 mg/L），对庆大霉素抗性较弱（≤20 mg/L），而对四环素和利福平敏感（表 3-16）。

表 3-16　菌株 BJ05 的抗性试验结果

浓度/（mg/L）	庆大霉素	氨苄青霉素	卡那霉素	红霉素	氯霉素	壮观霉素	四环素	利福平
0	+	+	+	+	+	+	+	+
10	+	+	+	+	+	+	−	−
20	+	+	+	+	+	+	−	−
50	−	+	+	+	+	+	−	−
75	−	+	+	+	+	+	−	−
100	−	+	+	+	+	+	−	−

注：“＋”表示有抗性，“－”表示无抗性。

3.8.2 菌种鉴定

将菌株 BJ05 的 16S rRNA 基因序列在 GeneBank 中进行比对，发现其与库克氏菌（*Kocuria* sp.）的序列相似性高达 100%。结合菌株 BJ05 的形态学特征、生理生化特性和 16S rRNA 基因序列同源性分析，确定菌株 BJ05 为库克氏菌属。

3.8.3 菌株 BJ05 生长和芘降解曲线

菌株 BJ05 以芘作为碳源和能源时的生长和芘降解动力学曲线见图 3-56。培养 1 d，菌体数量略有所下降；培养 2～7 d，随着培养天数的增加，菌体数量逐渐增加，芘降解率也逐渐增大。菌株 BJ05 培养至第 8 d 时，菌体数量达到最大值。培养 15 d 后，菌株 BJ05 对芘的降解率为 53.3%。根据培养液中芘残留率随时间的变化，拟合降解动力学曲线，菌株 BJ05 对溶液中芘的降解动力学方程为 $C = 108.97e^{-0.0518t}$，$R^2 = 0.9452$，半衰期为 15.0 d（式中，C 表示芘残留率%，t 表示培养天数 d）。

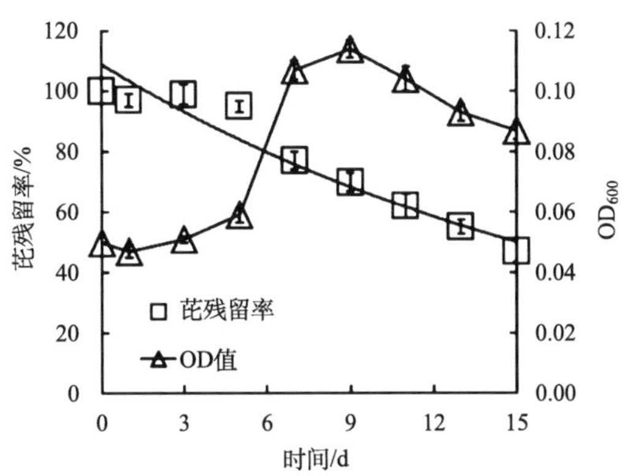

图 3-56 以芘为碳源时菌株 BJ05 生长和芘降解曲线

3.8.4 环境因子对菌株 BJ05 生长和降解芘的影响

由图 3-57 可知，菌株 BJ05 的适宜 pH 为 6.0～9.0。当 pH 为 7.0 时，菌株 BJ05 生长最佳，芘降解率为 52.9%。在偏酸或偏碱性环境中，菌株 BJ05 对芘的降解速率下降。菌株 BJ05 在 30℃时生长最快，芘降解率达到最大值 53.0%。温度较高或较低均会降低菌株 BJ05 对芘的降解速率。

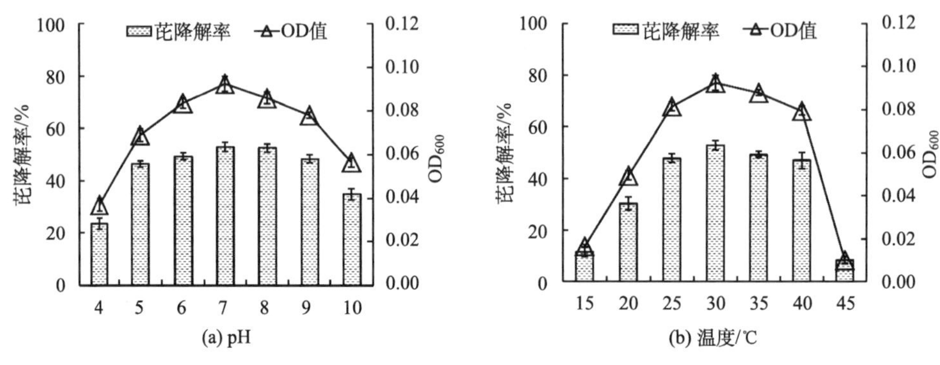

图 3-57　pH 和温度对菌株 BJ05 生长和降解芘的影响

当 NaCl 浓度为 5 g/L 时，菌株 BJ05 生长较好，芘降解最佳；当 NaCl 浓度大于 5 g/L 时，菌株 BJ05 生长和芘降解率逐渐降低（图 3-58）。改变三角瓶中培养基的装液量能够影响菌株 BJ05 生长和芘降解率。由图 3-58 可知，装液量与菌株 BJ05 生长和芘降解率间呈负相关，随着装液量增加，菌株 BJ05 生长及芘降解率逐渐减小。当装液量为 10 mL 时，菌株 BJ05 生长最好，芘降解率高达 63.9%。当装液量为 70 mL 时菌株 BJ05 生长和芘降解率最低，其原因是装液量过高不利于培养液与空气之间的气体交换进而导致菌体供氧不足。菌株 BJ05 为好氧生长。

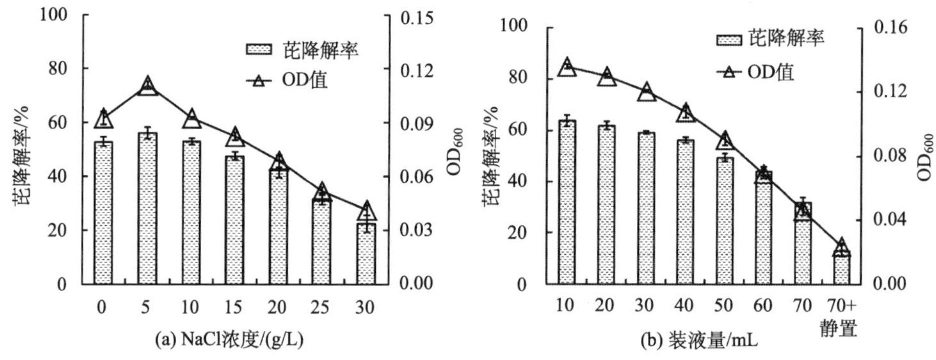

图 3-58　NaCl 浓度和装液量对菌株 BJ05 生长和降解芘的影响

3.8.5　外加 C、N 源对菌株 BJ05 生长和降解芘的影响

由图 3-59 所示，外加不同 C、N 源影响菌株 BJ05 生长和芘降解。当外加 C 源为蔗糖、N 源为酵母膏时，摇床培养 4 d 后，菌株 BJ05 生物量和芘降解率明显高于其他外加 C、N 源，菌株 BJ05 的菌液 OD_{600} 值为 0.256，芘降解率为 55.3%。当外加 C 源为蔗糖、N 源为尿素时，4 d 内菌株 BJ05 处理的培养液中 OD_{600} 值为

0.035，芘降解率只有 10.2%。推测原因是由于蔗糖和酵母膏是微生物生长的良好营养物质，能促进菌体增殖，进而提高菌株 BJ05 对芘的降解速率；而尿素可抑制菌株 BJ05 的生长。

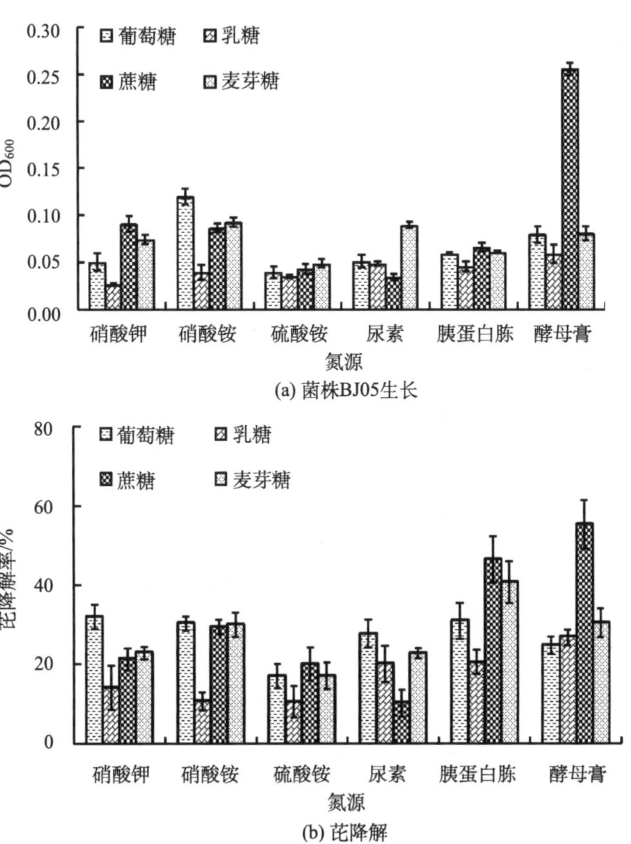

(a) 菌株BJ05生长

(b) 芘降解

图 3-59 外加 C、N 源对菌株 BJ05 生长和降解芘的影响

3.9 *Serratia* sp. PW7

车前草、三叶草、狗尾巴草等植物样品采集于南京市某芳烃厂厂区附近。利用含芘的培养基富集、划线分离纯化方法获得植物内生细菌 PW7，其能够降解培养基中高浓度芘（50 mg/L）。经形态观察、生理生化特征鉴定和 16S rRNA 基因序列同源性分析，菌株 PW7 鉴定为沙雷氏菌属（*Serratia* sp.）。

3.9.1　菌株 PW7 鉴定

菌株 PW7 在芘降解固体平板上生长良好，并产生了明显降解圈。菌株 PW7 为革兰氏阴性菌，无芽孢，近球形短杆菌，但形态多样，无荚膜，有红色色素产生。鲜红色圆形菌落边缘不规则，基本上是隆起，中间不透明。菌落、透射电镜照片及生理生化特性见图 3-60、图 3-61、表 3-17。将菌株 PW7 的 16S rRNA 基因序列在 GeneBank 中进行 BLAST 比对，发现其与多株 *Serratia* sp.的序列相似性高达 100%（图 3-62），综合菌株的形态特征、生理生化性质和 16S rRNA 序列同源性分析，确定菌株 PW7 为沙雷氏菌属（*Serratia* sp.）。

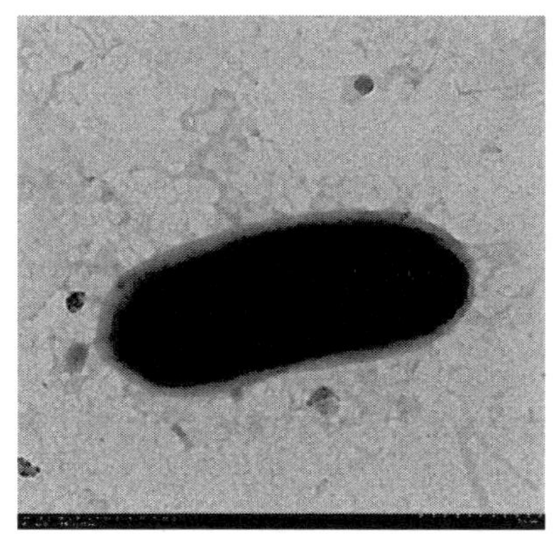

图 3-60　菌株 PW7 电镜照片

（×8.0 K Zoom-1 HC-1 80 kV）

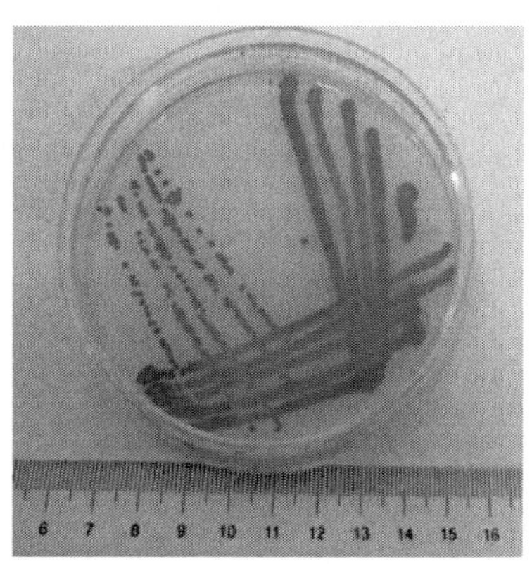

图 3-61　菌株 PW7 菌落形态图（见彩图）

表 3-17　菌株 PW7 生理生化特性

测定项目	结果	测定项目	结果
革兰氏染色	－	甲基红	＋
芽孢染色	－	乙酰甲基醇	＋
淀粉水解	＋	过氧化氢酶	＋
吲哚试验	－	明胶液化	－
产硫化氢试验	－	柠檬酸盐利用	＋

注：“－”表示阴性反应，“＋”表示阳性反应。

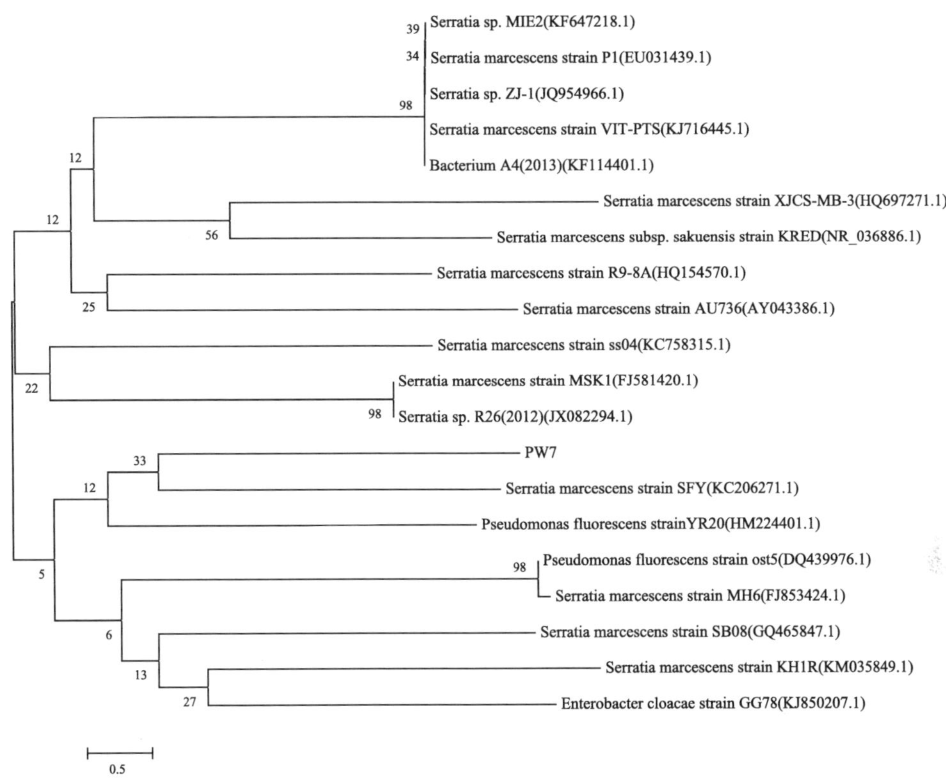

图 3-62 基于 16S rDNA 基因序列同源性的菌株 PW7 系统发育树

3.9.2 菌株 PW7 生长特性及抗生素的抗性

外界环境中盐浓度是影响微生物生长繁殖的重要因素，不同类型微生物对渗透压的适应能力不同。菌株 PW7 具有良好的耐盐性。菌株 PW7 在 NaCl 浓度为 0～25 g/L 的范围内均生长良好（图 3-63（a））。当 NaCl 浓度为 5 g/L 时，菌株生长最好，菌液 OD_{600} 值为 2.001；当 NaCl 浓度高于 25 g/L 时，菌株生长随着渗透压的升高而急剧降低。在高渗溶液中，细胞会失水收缩，新陈代谢和生长繁殖受到抑制，同时干燥细胞将处于长期休眠状态（张培玉等, 2009）。与从土壤环境中分离筛选的降解菌相比，菌株 PW7 有良好的耐盐性（唐玉斌等, 2011）。菌株 PW7 对高渗环境的强适应能力与周乐和盛下放（2006）报道的芘降解菌 F10a 相似。

pH 主要通过影响细胞膜透性、膜结构稳定性和物质电离性或溶解性来影响微生物对目标物质的吸收，从而影响细菌生长。自然界中不同的微生物的最适生长 pH 范围各不相同。微生物 pH 适应范围的大小在一定程度上反映了其对环境的适应能力。菌株 PW7 在 pH 6.0～8.0 范围内生长良好，OD_{600} 值为 1.639～1.764（图

3-63（b））。当 pH=7.0 时，PW7 菌液的 OD_{600} 值最大为 1.764。菌株 PW7 在酸性和碱性条件下均能生长，当 pH=9.0 时，菌液的 OD_{600} 值降至 1.197；当 pH=5.0 时，菌液的 OD_{600} 值仅有 0.492。表明菌株 PW7 对碱性条件的适应能力高于酸性条件。菌株 PW7 对 pH 的适应能力与从天津新港区渤海湾潮间表层沉积物中筛选的芘降解菌株相似（王丽平等, 2010）。

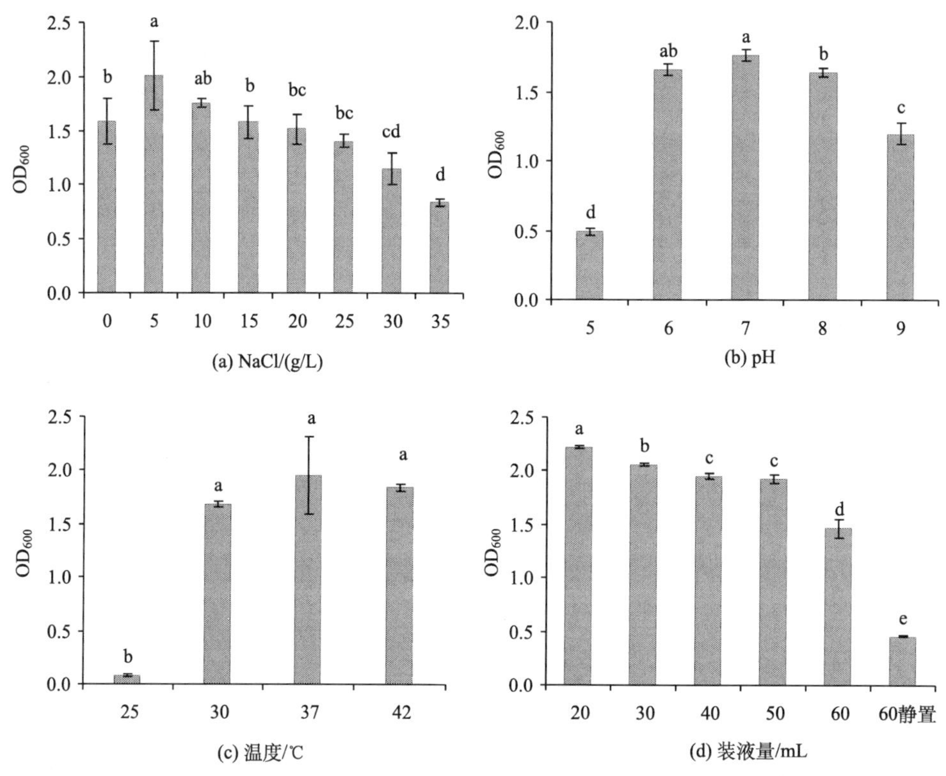

图 3-63　环境条件对菌株 PW7 生长的影响

按 1%接种量加入菌悬液（OD_{600}=1），150 r/min、摇床培养 7 d；培养温度为 28 ℃（温度试验除外）、培养 7d 后测定培养基的 OD_{600} 值

温度是影响微生物生存的一个重要因子。其通过影响蛋白质、核酸等生物大分子的结构和功能来影响微生物的新陈代谢和生长繁殖。菌株 PW7 在 30～42℃范围内生长情况较好（图 3-63（c）），具有较广的温度适宜范围。研究结果显示，菌株 PW7 最适温度为 30℃，此时菌液 OD_{600} 值最大为 1.9535。菌株 PW7 对低温比较敏感，低于 30℃时，生长情况较差，菌液 OD_{600} 值只有 0.0805；高于 30℃时，菌株生长良好，其菌液 OD_{600} 值缓慢下降，说明菌株 PW7 对高温胁迫具有一定的适应性。

通过 100mL 三角瓶内营养液的装瓶量调节菌株 PW7 培养过程中的氧气供给。研究结果显示，培养基装液量与菌株 PW7 的生长呈负相关（图 3-63（d）），说明菌株 PW7 为好氧菌。当装液量<50 mL 时，菌株 PW7 生长良好，菌液 OD_{600} 值均达 1.921 以上；当装液量为 20 mL 时，通气量最大，菌株生长最旺盛，菌液 OD_{600} 为 2.219。随着装液量的增加，菌株 PW7 生物量逐渐降低，其中 60 mL 装液量且静置处理组生物量最低，菌液 OD_{600} 值仅有 0.460。分析原因，由于静止状态下氧气向培养基中扩散速度较慢，导致供氧不足，抑制菌株生长。

检测菌株 PW7 的抗性标记为后续在植物内定殖试验做准备。选择检测了菌株 PW7 对利福平、链霉素、四环素、氨苄青霉素、卡那霉素等的抗性（表 3-18）。结果显示，菌株 PW7 对 8 种抗生素均具有抗性。菌株 PW7 可在含低浓度(25 mg/L)氯霉素和庆大霉素的培养基中生长，也能在含高浓度（100 mg/L）的氨苄青霉素、卡那霉素、壮观霉素、链霉素、红霉素、盐酸四环素培养基中生长良好。菌株定殖试验可在抗性高的 6 种抗生素中选择抗性标记。

表 3-18 菌株 PW7 对抗生素的抗性

抗生素/（mg/L）	10	25	50	75	100
氨苄青霉素	+	+	+	+	+
庆大霉素	+	+	−	−	−
卡那霉素	+	+	+	+	+
壮观霉素	+	+	+	+	+
氯霉素	+	+	−	−	−
链霉素	+	+	+	+	+
红霉素	+	+	+	+	+
盐酸四环素	+	+	+	+	+

注：“+”表示有抗性，“−”表示无抗性。

3.9.3 菌株 PW7 对芘降解作用

菌株能够以芘为能源和碳源进行生长、并有较强的芘降解能力（图 3-64）。菌株 PW7 降解芘的拟合动力学方程为 $C=39.499e^{-0.0642t}$（$r=0.9578$），半衰期为 10.8 d（式中，C 表示芘残留浓度，t 表示培养天数 d）。菌株培养 3 d 内，菌体数量较少，芘降解率仅为 0～8.13%；可能是菌株需要一定的适应期以降解芘。培养 3 d 之后，菌体数量逐渐增大，并能快速有效地降解培养液中芘；培养 10 d 后芘降解率达 47.52%，此时菌体数量也达最大值，为 121×10^6 CFU/mL。随着培养天数的增加，芘降解率也逐渐增大。当降解率最大时，菌株数量也相应最多。有研究表明，在不外加其他碳源与能源时多数芘降解菌对芘的降解率较低；例如，30 d 后菌株 P14 对浓度为 100 mg/L 芘的降解效率 34%（Yan et al., 2008）；分支杆菌属 PYR-1（*Mycoibacterium*.sp.）对芘的降解率为 63%（Nubia et al., 2001）。

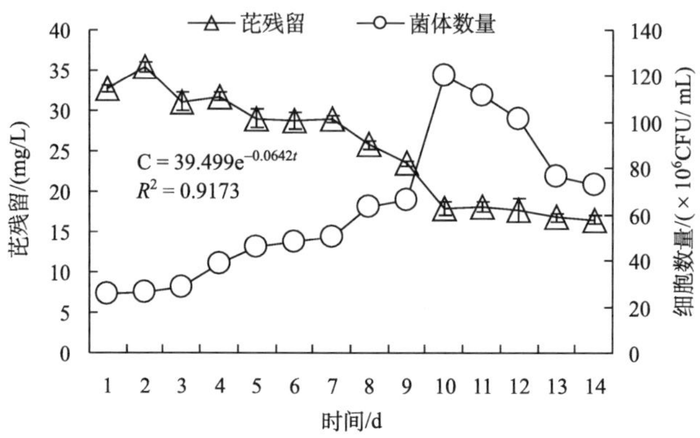

图 3-64　菌株 PW7 对芘的降解动力学曲线

在芘含量为 50 mg/L 的芘降解培养基中，按 5%接种量加入菌悬液，30℃、150 r/min 摇床培养 14 d，每天定时整瓶取样，测定培养基中芘的浓度和计算平板中菌落数量

接种量显著影响了芘降解效率，一定范围内随着接种量增大，菌株 PW7 生长和芘降解率提高（图 3-65）。当接种量为 15%时，菌株 PW7 生长最好，细菌数为 160×10^6 CFU/mL，芘降解率达 59.0%；当接种量为 1%时，菌株 PW7 数量最小，为 9×10^6 CFU/mL，芘降解率只有 26.1%。一定范围内菌株 PW7 接种量与芘降解成正相关。有研究也报道，当接种量＜13%时芘降解率与接种量呈正相关，这与本结果一致（唐玉斌等, 2011）。

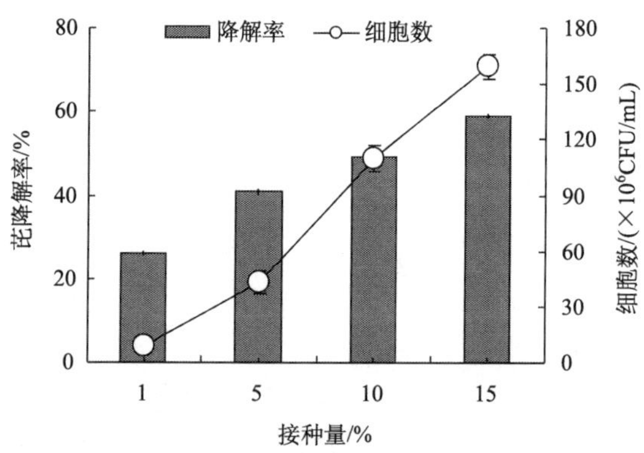

图 3-65　菌株 PW7 接种量对芘降解的影响

按 1%、5%、10%、15%的接种量向芘浓度为 50 mg/L 的培养基中加入菌悬液，30℃、150 r/min 摇床培养培养 10 d 后，测定培养基中芘浓度和计算平板中菌落数量

如图 3-66 所示，不同底物浓度对菌株 PW7 降解芘的影响存在差异。随着芘污染浓度增加，菌株 PW7 生长和芘降解率逐渐下降。当芘浓度为 20 mg/L 时，菌株 PW7 生长最好，细菌数为 126×10^6 CFU/mL，芘降解率最高、达 70.81%，而当芘浓度为 80～100 mg/L 时，菌株 PW7 细胞数量下降，芘降解率只有 18.04%～16.34%。芘降解下降与芘浓度对菌株 PW7 的毒害作用有关。随着芘污染浓度逐渐提高，以及其分解过程中中间产物浓度的上升，导致其对微生物的毒副作用也相应提高，抑制了菌株 PW7 生长，进而影响菌株 PW7 对芘的降解。

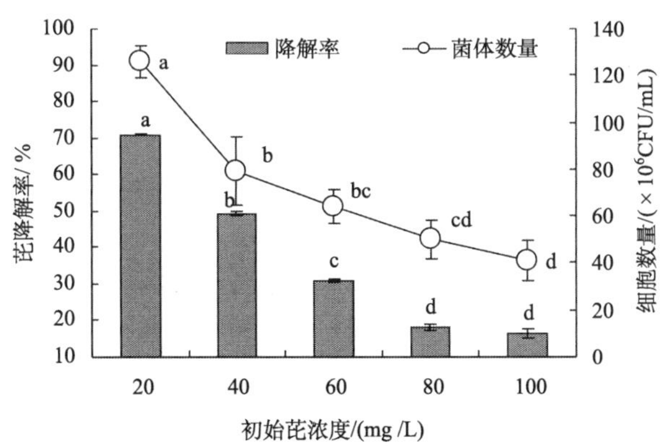

图 3-66 污染强度对菌株 PW7 降解芘的影响

由图 3-67（a）可知，菌株 PW7 最适生长 pH 为 7.0，酸性与碱性条件均对菌株生长与芘降解存在不利影响。菌株 PW7 的适宜 pH 范围与大多环境中分离筛选的 PAHs 降解细菌相似，为 6.0～8.0（Kastner et al., 1998; 张宏波等, 2010; 刘爽等, 2013）。当 pH=7.0 时，菌株 PW7 生长最好，细菌数量高达 34×10^6 CFU/mL，芘降解率最高、达 48.4%。当 pH 高于或低于 7.0 时，过酸或过碱条件对菌株 PW7 生长产生了抑制作用，菌株 PW7 数量减少，芘降解率也下降。

菌株 PW7 降解芘的最适温度为 30℃，且菌株生长和芘降解受温度影响效应一致（图 3-67（b））。30℃时，菌株 PW7 数量达到最大（43×10^6 CFU/mL），且芘降解率也最高(40.9%)。该结果与菌株 Pn2 的研究结果相一致(刘爽等, 2013)。高于或低于 30℃时，菌株生长速率均降低，芘降解率也显著降低。由此推测高温和低温均不利于菌株生长及芘降解。分析原因，过低或过高的环境温度将抑制菌株 PW7 的生长或降低菌株 PW7 体内芘降解酶的活性，从而影响菌株对芘的降解能力。

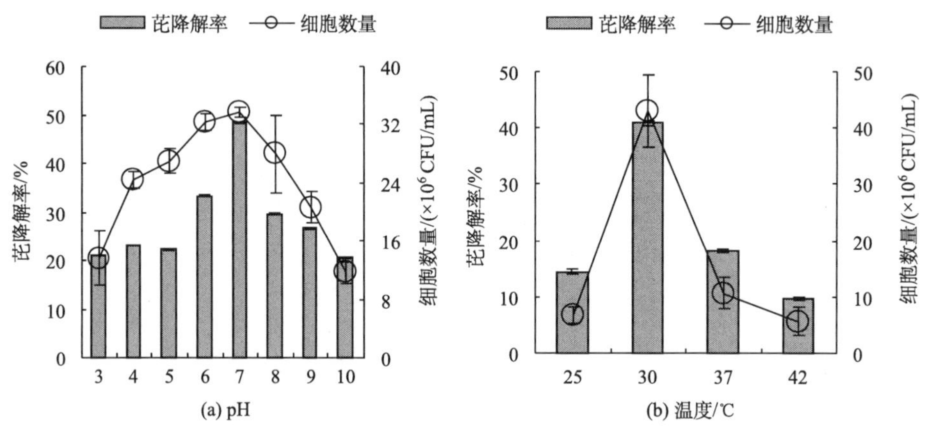

图 3-67　pH 和温度对菌株 PW7 降解芘的影响

一般来看，在 PAHs 降解培养基中外加碳氮源，可为微生物提供了充足营养，使微生物快速生长繁殖，进而促进微生物对 PAHs 的降解。如表 3-19 所示，当外加碳源时，菌株 PW7 对芘的降解率均有提高。外加碳氮源对菌株芘降解率促进的顺序为葡萄糖＞麦芽糖＞蔗糖＞乳糖＞果糖，与对照相比芘降解率分别提高了 95.89%、67.62%、56.53%、50.73%和 10.36%。葡萄糖对菌株 PW7 降解芘的促进作用最大，芘降解率可达 75.3%。张杰等（2003）也发现，外加葡萄糖可提高菌株降解菲、芘的能力。当外加氮源为硝酸钾和氯化铵时，菌株 PW7 降解芘的效率并无显著提高。当外加混合碳氮源为丝氨酸、酵母粉和蛋白胨时，菌株 PW7 对芘的降解率有所提高，芘降解率分别为 62.3%、49.3%和 49.2%，均显著高于对照组。分析原因，外加碳氮源存在的培养基中，菌株能够利用外加碳氮源进行生长，菌体生命活力得到提高，进而加强了菌株代谢分解芘的能力。

表 3-19　外加碳、氮源对菌株 PW7 降解芘的影响

碳源（100 g/L）	降解率/%	氮源（500 g/L）	降解率/%	混合碳氮源（500 g/L）	降解率/%
对照	38.42±0.26	对照	38.42±0.26	对照	38.42±0.26
葡萄糖	75.26±0.14	氯化铵	36.09±0.30	丝氨酸	62.27±0.97
麦芽糖	64.40±0.59	硝酸钾	34.88±0.02	蛋白胨	49.31±0.76
蔗糖	60.14±0.05			酵母粉	49.19±0.87
乳糖	57.91±0.84				
果糖	42.40±0.43				

3.10 *Mycobacterium* sp. Pyr9

利用富集培养和划线纯化等方法，从 PAHs 污染区健康植物牛筋草（*Eleusine indica*（L.）Gaertn.）根部分离获得了 1 株具有芘降解功能的细菌 Pyr9。经生理生化特征及 16S rRNA 基因序列同源性分析，确定菌株为 *Mycobacterium* sp.。菌株 Pyr9 降解芘的最适温度为 30℃，最适 pH 为 7.0～8.0，该条件下 10 d 内能将初始浓度为 50 mg/L 的芘全部降解。芘浓度（50～200 mg/L）越高，菌株 Pyr9 对芘的降解率越低；接种量（5%～20%）越高，芘降解越快。

3.10.1 菌株 Pyr9 鉴定

将双层平板上具有明显水解圈的细菌纯化后得到 1 株具有芘降解功能的细菌 Pyr9。菌株 Pyr9 为革兰氏阳性细菌，菌体形状为椭圆形，周生菌毛，好氧，生长缓慢。在 R_2A 固体培养基上培养形成明黄色菌落，凸起，呈圆形。菌株菌落照片见图 3-68，透射电镜照片见图 3-69。

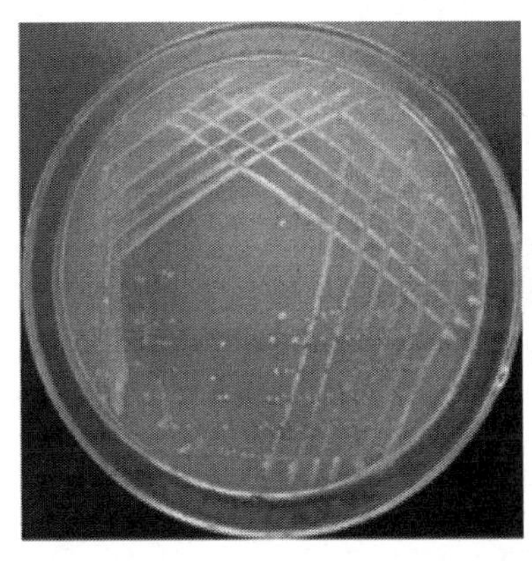

图 3-68 菌株 Pyr9 的菌落形态（见彩图）

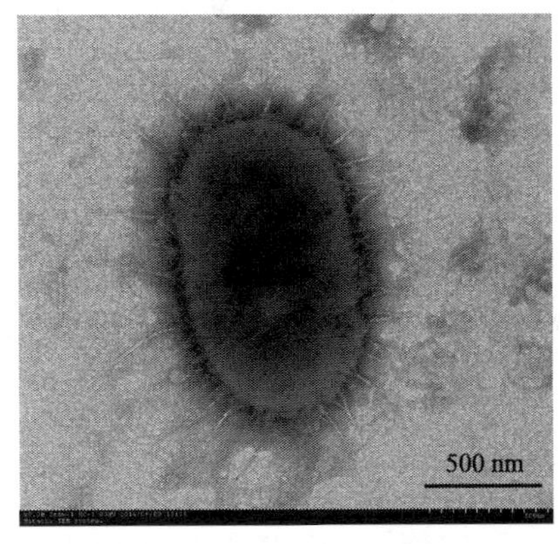

图 3-69 菌株 Pyr9 的透射电镜照片

菌株 Pyr9 的 16S rRNA 基因序列在 NCBI 上进行比对分析后发现，其与 *Mycobacterium* sp.有很高的同源性（98.7%），与菌株的形态特征和生理生化特征结合，可确定菌株 Pyr9 是 *Mycobacterium* sp.。菌株 Pyr9 生理生化试验结果见表 3-20，系统进化发育树见图 3-70。

表 3-20　菌株 Pyr9 的生理生化特性

项目	结果	项目	结果	项目	结果
脲酶	+	柠檬酸发酵	−	苹果酸发酵	+
吲哚试验	−	葡萄糖发酵	−	革兰氏染色	+
乳糖发酵	−	葡萄糖酸化	+	己二酸发酵	−
癸酸发酵	−	苯乙酸发酵	−	硝酸盐还原试验	+
甘露糖发酵	−	阿拉伯糖发酵	−	精氨酸双水解酶	−
甘露醇发酵	+	β-葡萄糖苷酶	+	N-乙酰-葡萄糖胺发酵	−
麦芽糖发酵	−	明胶水解试验	−		

注：“+”表示反应为阳性；“−”表示反应为阴性。

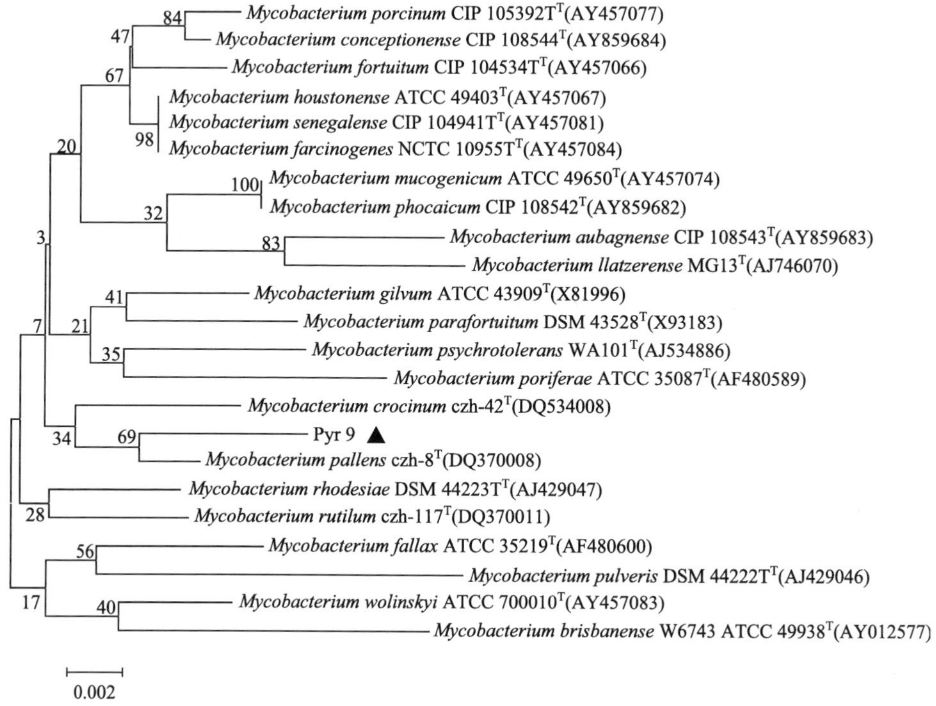

图 3-70　基于 16S rRNA 基因序列同源性的菌株 Pyr9 系统发育树

3.10.2　菌株 Pyr9 对芘降解作用

利用高效液相色谱分析了菌株 Pyr9 对芘的降解能力。图 3-71（b）为 7d 时接种 Pyr9 培养基的高效液相色谱图，图 3-71（a）为不接种对照。在 7.3min 时出现了芘的特征峰；比较接种 Pyr9 培养基与对照的峰高变化，可以看出接种处理中芘峰高明显低于对照，且在不同的出峰时间出现了多个降解产物的特征峰。表明 Pyr9 降解了培养基中的芘。

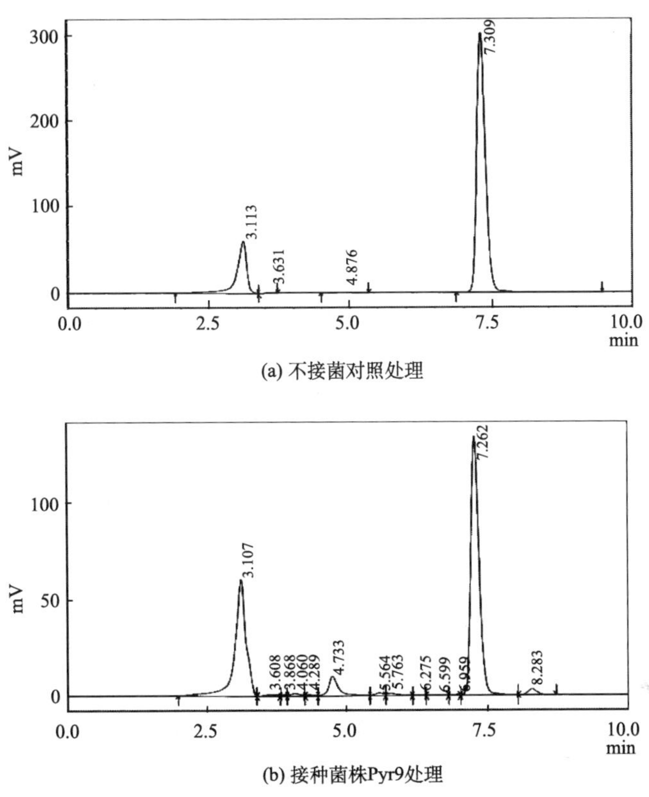

(a) 不接菌对照处理

(b) 接种菌株Pyr9处理

图 3-71　菌株 Pyr9 降解芘的液相色谱检测

菌株 Pyr9 以芘为碳源的生长与降解曲线见图 3-72。Pyr9 对芘的降解缓慢且持久，第 10 d 时芘降解率达到了 100%，表现出良好的降解效果。菌株 Pyr9 属于分支杆菌属，生长较为缓慢。降解培养基中细菌数量的增长总体比较平稳，2～4 d 时增长速度较快，4～8 d 增长较为缓慢，可能是因为培养基中细菌数量较高，而环境容纳量有限，抑制了其迅速增殖。8～12 d 时细菌数量表现出下降趋势，原因是因为培养基中芘完全降解，营养物质缺乏，或者代谢产物的积累对 Pyr9 增殖产生了抑制。

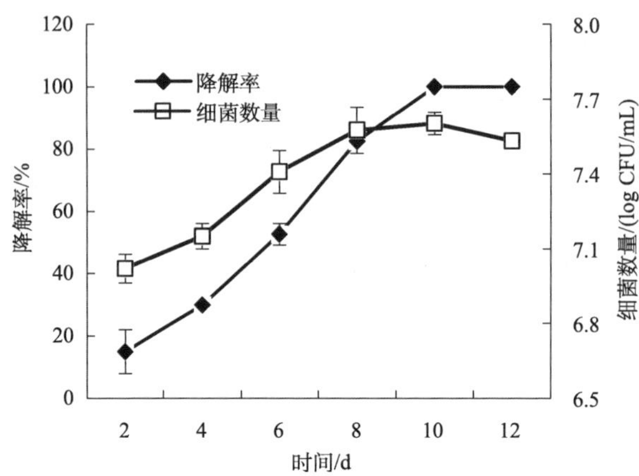

图 3-72　以 50 mg/L 芘为碳源时菌株 Pyr9 生长和芘降解曲线

3.10.3　环境因子对菌株 Pyr9 生长和降解的影响

菌株 Pyr9 在 25～37℃范围内生长良好，最适生长温度为 30℃，在 20℃或 42℃时生长受到明显抑制（图 3-73（a））。菌株 Pyr9 对芘的降解与生长表现出相似的趋势，25～37℃范围内芘降解率均在 60%以上，30℃时降解率最高，在 20℃或 42℃时芘降解受到抑制。

菌株 Pyr9 在 pH 为 5.0～9.0 范围内生长良好，最适生长 pH 为 8.0，在 pH 为 4.0 或 pH 为 10.0 时生长受到抑制（图 3-73）。芘降解方面，pH 为 7.0～9.0 范围内菌株 Pyr9 对芘的降解率都达到 100%，说明这一 pH 范围是菌株降解芘的适宜条件。在 pH 为 4.0 或 pH 为 10.0 时菌株 Pyr9 对芘的降解率皆小于 40%（pH 为 10.0 时只有 15.4%），这与其在该条件下生长缓慢有关。

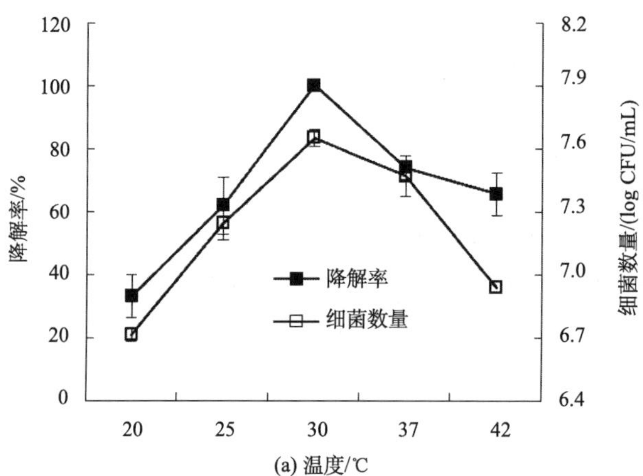

(a) 温度/℃

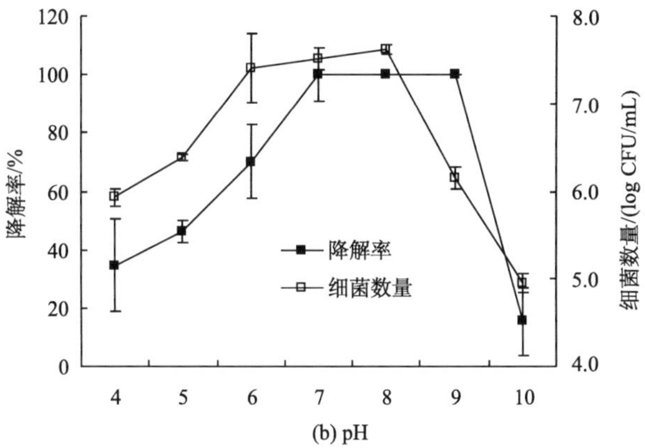

图 3-73　温度和初始 pH 对菌株 Pyr9 生长和降解芘的影响

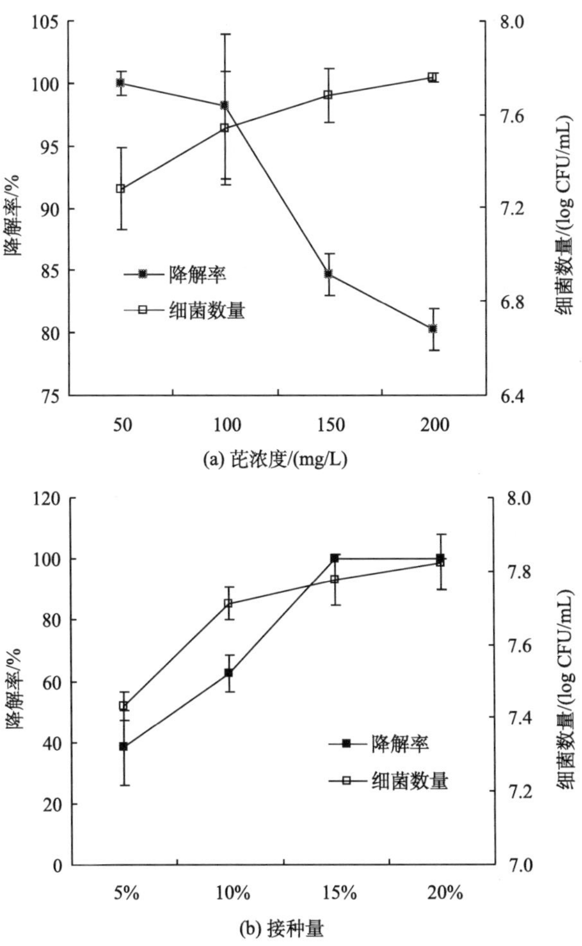

图 3-74　芘浓度和接种量对菌株 Pyr9 生长和降解芘的影响

从图 3-74（a）可以看出，当芘浓度较低时，菌株 Pyr9 对芘的降解很快，芘浓度为 50～100 mg/L 时降解率均高于 98%。而当芘浓度为 150～200 mg/L 时降解率只有 80%左右。在供试芘浓度范围下，菌株 Pyr9 皆生长良好，且随着芘浓度增加，菌株数量有所增加，说明高浓度芘并未对菌株产生明显毒害作用。从图 3-74（b）可以看出，随着接种量增加，菌株 Pyr9 对芘的降解加快。15%和 20%接种量条件下，Pyr9 对芘的 5 d 降解率都达到了 100%，而 5%接种量和 10%接种量条件下芘降解率分别只有 38.3%和 62.5%。随着接种量的增加 Pyr9 生物量呈增大趋势。

参 考 文 献

段晓芹, 郑金伟, 张隽. 2011. 3-PBA 降解菌 BA3 的降解特性及基因工程菌构建. 环境科学, 32(01): 240-246.

何丽娟, 李正华, 洪青. 2009. 一株菲降解菌的特性及相关降解基因的克隆. 应用与环境生物学报, 15(05): 682-685.

金志刚, 张 彤, 朱怀兰. 1997. 污染物生物降解. 上海: 华东理工大学出版社.

李恋, 王保战, 周维友. 2011. *Sphingobium* sp. JZ-1 对菊酯类农药的降解特性研究. 土壤学报, 48(02): 389-396.

李全霞, 范丙全, 龚明波, 等. 2008. 降解芘的分枝杆菌 M11 的分离鉴定和降解特性. 环境科学, 29(3): 763-768.

刘芳, 梁金松, 孙英, 等. 2011. 高分子量多环芳烃降解菌 LD29 的筛选及降解特性研究. 环境科学, 32(6): 1799-1805.

刘爽, 刘娟, 凌婉婷, 等. 2013. 一株高效降解菲的植物内生细菌筛选及其生长特性. 中国环境科学, 33(1): 95-102.

毛健, 骆永明, 滕应, 等. 2008. 一株高分子量多环芳烃降解菌的筛选、鉴定及降解特性研究. 微生物学通报, 35(7): 1011-1015.

孙凯, 刘娟, 李欣, 等. 两株具有芘降解功能的植物内生细菌的分离筛选及其特性. 生态学报, 2014, 34(4): 853–861.

唐玉斌, 马姗姗, 王晓朝, 等. 2011. 一株芘的高效降解菌的选育及其降解性能研究. 环境工程学报, 5(1): 48-54.

陶雪琴, 卢桂宁, 易筱筠, 等. 2006. 菲高效降解菌的筛选及其降解中间产物分析. 农业环境科学学报, 25(1): 190-195.

王丽平, 郑丙辉, 隋晓斌, 等. 2010. 一株高效多环芳烃芘降解菌株的筛选鉴定及其特性研究. 海洋环境科学, 29(6): 784, 799-803.

虞方伯. 2007. 邻硝基苯甲醛高效降解菌株 *Pseudomonas putida* ONBA-17 分离、生物学特性及废水处理生物强化研究. 南京: 南京农业大学.

张宏波, 林爱军, 刘爽, 等. 2010. 芘高效降解菌的分离鉴定及其降解特性研究. 环境科学, 31(1): 243-248.

张杰, 刘永生, 孟玲, 等. 2003. 多环芳烃降解菌筛选及其降解特性. 应用生态学报, 14(10): 1783-1786.

张培玉, 郭艳丽, 于德爽, 等. 2009. 一株轻度嗜盐反硝化细菌的分离鉴定和反硝化特性初探. 微生物学通报, 36(4): 581-586.

周乐, 盛下放. 2006. 芘降解菌株的筛选及降解条件的研究. 农业环境科学学报, 25(6): 1504-1507.

周乐, 盛下放, 张士晋, 等. 2005. 一株高效菲降解菌的筛选及降解条件研究. 应用生态学报, 16(12): 2399-2402.

Bacilio-Jiménez M, Aguilar-Flores S, Ventura-Zapata E, et al. 2003. Chemical characterization of rootexudates from rice (*Oryza sativa*) and their effects on the chemotactic response of endophytic bacteria. Plant Soil, 249(2): 271-277.

Barac T, Taghavi S, Borremans B. 2004. Engineered endophytic bacteria improve phytoremediation of water-soluble, volatile, organic pollutants. Nat Biotechnol, 22: 583-588.

Bouchez M, Blanchet D, Vandecasteete J P. 1995. Degradation of polycyclic aromatic hydrocarbon by pure strains and by defined strain association: Inhibition phenomena and co-metabolism. Appl Microbiol Biotechnol, 43: 368-377.

Braddock J F, Ruth M L, Catterall P H. 1997. Enhancement and inhibition of microbial activity in hydrocarbon-contaminated arctic soils: implications for nutrient-amended bioremediation. Environ Sci Technol, 31: 2078-2084.

Castellanos T, Ascencio F, Bashan Y. 1997. Cell-surface hydrophobicity and cell-surface charge of *Azospirillum* spp., FEMS Microbiol Ecol, 24(2): 159-172.

Chelius M K, Triplett E W. 2000. Immunolocalization of dinitrogenase reductase produced by *Klebsiella* pneumoniae in association with *Zea mays* L. Appl Environ Microbiol, 66(2): 783-787.

De Weert S, Vermeiren H, Mulders I H M, et al. 2002. Flagella-driven chemotaxis towards exudate components is an important trait for tomato root colonization by *Pseudomonas fluorescens*. Mol Plant-Microbe Int, 15(11): 1173-1180.

Dean-Ross D, Cerniglia C E. 1996. Degradation of pyrene by *Mycobacterium flavescens*. Appl Microbiol Biotechnol, 46: 307-312.

Delille D. 2000. Response of antarctic soil bacterial assemblages to contamination by diesel fuel and crude oil. Microb Ecol, 40: 159-168.

Eriksson M, Sodersten E, Yu Z T, et al. 2003. Degradation of polycyclic aromatic hydrocarbons at low temperature under aerobic and nitrate-reducing conditions in enrichment cultures from northern soils. Appl Environ Microbiol, 69: 275-284.

Errampalli D, Leung K, Cassidy M B, et al. 1999. Applications of the green fluorescent protein as a molecular marker in environmental microorganisms. J Microbiol Methods, 35(3): 187-199.

Ho Y N, Shih C H, Hsiao S C. 2009. A novel endophytic bacterium, *Achromobacter xylosoxidans*, helps plants against pollutant stress and improves phytoremediation. J Biosci Bioeng, 108: S75-S95.

Ishii S, Koki J, Unno H, et al. 2004. Two morphological types of cell appendages on a strongly adhesive bacterium, *Acinetobacter* sp. strain Tol 5. Appl Environ Microbiol, 70(8): 5026-5029.

Kastner M, Breuer-Jammali M, Mahro B. 1998. Impact of inoculation protocols, salinity, and pH on the degradation of polycyclic aromatic hydrocarbons (PAHs) and survival of PAH-degrading bacteria introduced into soil. Appl Environ Microbial, 64(1): 359-362.

Khan S T, Horiba Y, Takahashi N. 2007. Activity and community composition of denitrifying bacteria in poly (3-hydroxybutyrate-co-3-hydroxyvalerate)-using solid-phase denitrification processes. Microb Environ, 22(1): 20-31.

Lugtenberg B J J, Dekkers L, Bloemberg G V. 2001. Molecular determinants of rhizosphere colonization by *Pseudomonas*. Ann Rev Phytopathol, 39(1): 461-490.

Ma Y F, Wang L, Shao Z G. 2006. *Pseudomonas*, the dominant polycyclic aromatic hydrocarbon-degrading bacteria isolated from Antarctic soils and the role of large plasmids in horizontal gene transfer. Environ Microbiol, 8(3): 455-465.

Newman L A, Reynolds C M. 2005. Bacteria and phytoremediation: new uses for endophytic bacteria in plants. Trends Biotechnol, 23: 6-8.

Nubia R, Teresa C, Lu K J. 2001. Pyrene biodegradation in agueous solutions and soil slurries by *mycoibacterium* sp. PYR-l and enriched consortium. Chemospere, 44: 1079-1085.

Rajasekaran K, Cary J W, Cotty P J, et al. 2008. Development of a GFP-expressing *Aspergillus flavus* strain to study fungal invasion, colonization, and resistance in cottonseed. Mycopathologia, 165(2): 89-97.

Rehmann K, Noll H P, Steinberg C E W, et al. 1998. Pyrene degradation by *Mycobacterium* sp. strain KR2. Chemosphere, 36: 2977-2992.

Ryan R P, Geimaine K, Franks A, et al. 2008. Bacterial endophytes: recent developments and applications. FEMS Microbiol Lett, 278(1): 1-9.

Sauvêtre A, Schröder P, 2015. Uptake of carbamazepine by rhizomes and endophytic bacteria of *Phragmites australis*. Front Plant Sci, 6: 83.

Sheng X F, Xia J J, Jiang C Y. 2008. Characterization of heavy metal-resistant endophytic bacteria from rape (*Brassica napus*) roots and their potential in promoting the growth and lead accumulation of rape. Environ Pollut, 156: 1164-1170.

Somnath M, Subhankar C, Tapan K D. 2007. A novel degradation pathway in the assimilation of phenanthrene by *Staphylococcus* sp. strain PN/Y via meta-cleavage of 2-hydroxy-1-naphthoic acid: formation of trans-2, 3-dioxo-5-(29-hydroxyphenyl)-pent-4-enoic acid. Microbiology, 153: 2104-2115.

Sun L N, Zhang Y F, He L Y. 2010. Genetic diversity and characterization of heavy metal-resistant-endophytic bacteria from two copper-tolerant plant species on copper mine wasteland. Bioresource Technol, 101: 501-509.

Suto M, Takebayash M, Saito K. 2002. Endophytes as producers of xylanase. J Biosci Bioeng, 93:88-90.

Tabrez K S, Hiraishi A. 2002. *Diaphorobacter nitroreducens* gen. nov. , sp. nov. , a poly (3-hydroxybutyrate)-degrading denitrifying bacterium isolated from activated sludge. J Gen Appl Microbiol, 48(6): 299-308.

Toledo F L, Calvo C, Rodelas B, et al. 2006. Selection and identification of bacteria isolated from waste crude oil with polycyclic aromatic hydrocarbons removal capacities. Syst Appl Microbiol, 29: 244-252.

Weyens N, Boulet J, Adriaensen D, et al. 2012. Contrasting colonization and plant growth promoting capacity between wild type and a *gfp*-derative of the endophyte *Pseudomonas putida* W619 in hybrid poplar. Plant Soil, 356(1–2): 217-230.

Yan X, Xiao H S, Teng T H, et al. 2008. A Preliminary study on a PAHs degrading baeterium *Rhodoeoceus* rubber P14 with floating eharacter. J Bioteehnol, 1(36): 691-696.

4 功能内生细菌在植物体内的定殖及分布

功能内生细菌在植物体内的定殖和分布是其能否发挥效能的关键之一。从农学、植物保护、园艺等领域已有的报道来看，研究者常采用的植物内生细菌的定殖方式主要有浸种、灌根、蘸根、伤根、涂叶、喷叶、注射叶腋等。不同定殖方式下功能内生细菌的定殖效果差异很大，且受菌悬液浓度、接种时间、温度、光照等定殖和环境条件的影响（Piccolo et al., 2010; Adjumo and Orale, 2010; Balsanelli et al., 2010）。何红等（2004）采用浸种、涂叶和灌根方法研究了 2 株分离自辣椒体内的功能内生细菌 *Bacillus subtilis* subsp.和 *endophyticus* 在不同作物中的定殖，发现菌株可定殖在番茄、茄子、黄瓜、甜瓜、西瓜、丝瓜、小白菜等植物体内。罗明等（2007）研究得出，接种方法显著影响内生拮抗细菌 P38 在哈密瓜植株体内的定殖，浸种、灌根、蘸根、喷叶四种定殖方法中以浸种处理的定殖效率最佳，蘸根和灌根处理次之，喷叶处理最差。定殖后内生细菌可在植株内进一步传导和分布。金玲等（2000）采用透射电镜检测发现，定殖后内生细菌 Y5 可在植物体内以裂殖的方式繁殖，并多分布于细胞间隙，有些可穿过细胞壁进入细胞内。然而针对具有 PAHs 降解功能的内生细菌，国内外尚少有其在植物体内定殖及分布的相关报道。

在前章分离、筛选获得了具有 PAHs 降解功能的植物内生细菌基础上，本章拟针对限制功能内生细菌能否发挥效能的一个关键环节，阐述了多种定殖方式下其在植物体内的定殖、传导与分布，试图为进一步阐明功能内生细菌调控植物体内 PAHs 降解的效能及机理提供理论依据。

4.1 *Pseudomonas* sp. Ph6-*gfp*

采用荧光显微镜和平板涂布法，分析了功能内生细菌 Ph6-*gfp* 在目标植物体内的定殖分布和数量（Sun et al., 2014a）。菌株 Ph6-*gfp* 能够有效地定殖在菲污染的黑麦草（*Lolium multiflorum* Lam.）体内，并由根垂直地迁移到茎和叶中，且其在根中定殖的数量显著高于茎叶（$P < 0.01$）。接种 15 d 后，菌株 Ph6-*gfp* 在黑麦草根和茎叶中的细菌数量分别为 5.51 和 3.65 log CFU/g（鲜重）。

4.1.1　菌株 Ph6-*gfp* 在植物体内定殖分布及数量

功能内生细菌能够侵入植物根内，并穿过内皮层的凯氏带，随着蒸腾拉力作用到达植物地上部位（Dong et al., 2003；James et al., 1994；Zakria et al., 2007）。菌株 Ph6-*gfp* 能够有效地定殖在菲污染的黑麦草体内，并由根垂直地迁移到茎和叶中（图 4-1）。当黑麦草根浸泡在菌悬液中侵染 6 h 后，菌株 Ph6-*gfp* 首先附着在植物根表，形成细菌团聚体或生物膜，然后进入植物根内部（图 4-1D）。随着培养时间延长，菌株 Ph6-*gfp* 可迁移到黑麦草茎部（图 4-1E）和叶片（图 4-1F）中。如图 4-1A～C 所示，未接种菌株 Ph6-*gfp* 的对照植物根、茎和叶中没有发现荧光菌 Ph6-*gfp* 的存在。

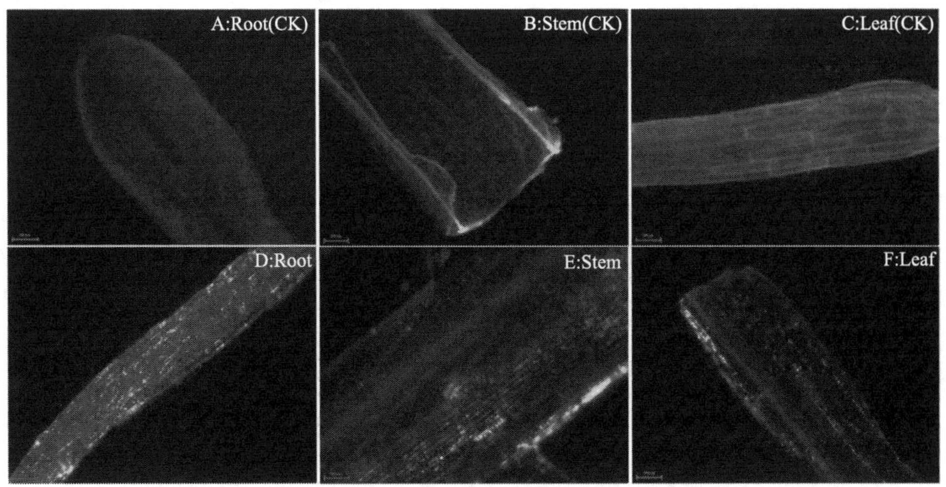

图 4-1　菌株 Ph6-*gfp* 在黑麦草体内的定殖分布（见彩图）

A、B、C 分别为不接种 Ph6-*gfp* 的黑麦草根、茎和叶的荧光显微镜图；D、E、F 为接种 Ph6-*gfp* 的黑麦草根、茎和叶的荧光显微镜图

由于内生细菌多样性和植物种类差异性，内生细菌在植物体内的定殖分布和数量存在差异（Germaine et al., 2004）。本研究采用稀释平板计数法，分析了菌株 Ph6-*gfp* 在黑麦草根和茎叶中定殖数量，结果如表 4-1 所示。菌株 Ph6-*gfp* 在黑麦草体内的定殖数量由根到茎叶递渐减，且菌株 Ph6-*gfp* 在根中的定殖数量显著地高于茎叶（P<0.01）。同时，菌株 Ph6-*gfp* 在植物体内的定殖位点和数量分布随着时间而发生变化。接种 0～6 d，菌株 Ph6-*gfp* 在植物体内的定殖数量逐渐增加并达到最大值，之后细菌数量呈减少趋势。接种 15 d 后，菌株 Ph6-*gfp* 在植物根和茎叶中的细菌数量分别为 5.51 和 3.65 log CFU/g（鲜重）。此外，菌株 Ph6-*gfp*

也能够从植物体内重新释放到霍格兰培养液中，其在培养液中的细菌数量为 10^4～10^6 CFU/mL。这些结果表明，菌株 Ph6-*gfp* 能够有效地定殖在黑麦草根和茎叶中，并有望对植物吸收积累菲产生影响。

表 4-1　菌株 Ph6-*gfp* 在黑麦草根、茎叶和培养液中数量

时间/d	根/（log CFU/g）	茎叶/（log CFU/g）	培养液/（log CFU/g）
3	5.66±0.04	4.07±0.05	4.78±0.07
6	5.79±0.03	4.60±0.04	6.02±0.08
9	5.70±0.02	4.08±0.13	5.96±0.07
12	5.60±0.04	3.94±0.08	5.02±0.03
15	5.51±0.05	3.65±0.10	4.90±0.02

4.1.2　不同定殖方式下菌株 Ph6-*gfp* 在植物体内定殖差异

一般常用浸种、浸根、灌根、涂叶等定殖方法将功能内生细菌定殖到目标植物体内（Zhu et al., 2014）。本书采用半封闭系统（图 4-2），揭示了浸种（seed soaking, SS）、浸根（root soaking, RS）和涂叶（leaf painting, LP）等接种方法对菌株 Ph6-*gfp* 在黑麦草体内定殖的影响（Sun et al., 2015）。

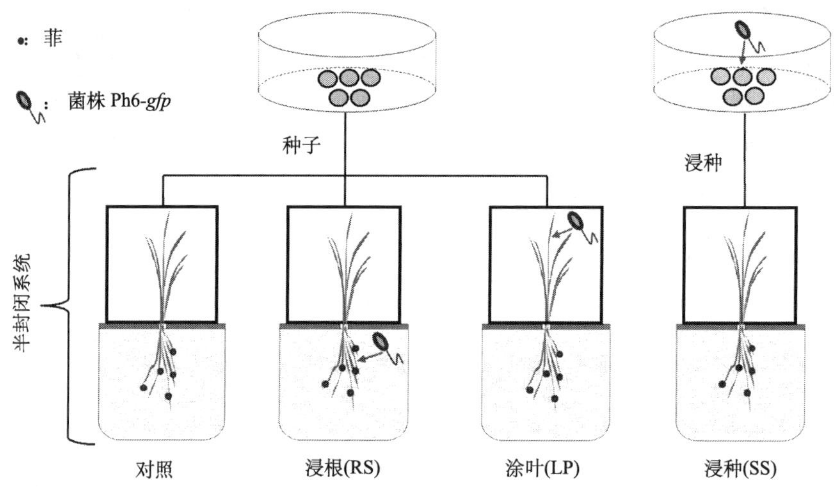

图 4-2　温室试验半封闭系统示意图（见彩图）

菌株 Ph6-*gfp* 能够有效地定殖在黑麦草的不同组织中，且采用浸根定殖的细菌数量高于浸种和涂叶（图 4-3）。黑麦草种子在菌悬液中浸染 6 h 后，其定殖数量为 4.7 log CFU/g（图 4-3A）。黑麦草根在菌悬液中浸染 6 h 后，该菌能够在黑麦草根表形成细菌生物膜，定殖在植物根内（图 4-3B），并向地上部迁移，进而定殖在植物茎和叶中（图 4-3C、D）。采用浸根接种 6 d 后，菌株 Ph6-*gfp* 在植物根和茎叶中数量分别达 5.8 和 4.7 log CFU/g。此外，采用涂叶法，菌株 Ph6-*gfp* 也能够从叶际定殖到植物的内部组织（图 4-3E、F）。涂叶接种 6 d 后，菌株 Ph6-*gfp* 在植物茎叶中定殖数量为 5.5 log CFU/g；然而，并没有在植物根中检测到菌株 Ph6-*gfp*。不接菌对照处理组中没有检测到 Ph6-*gfp* 存在。

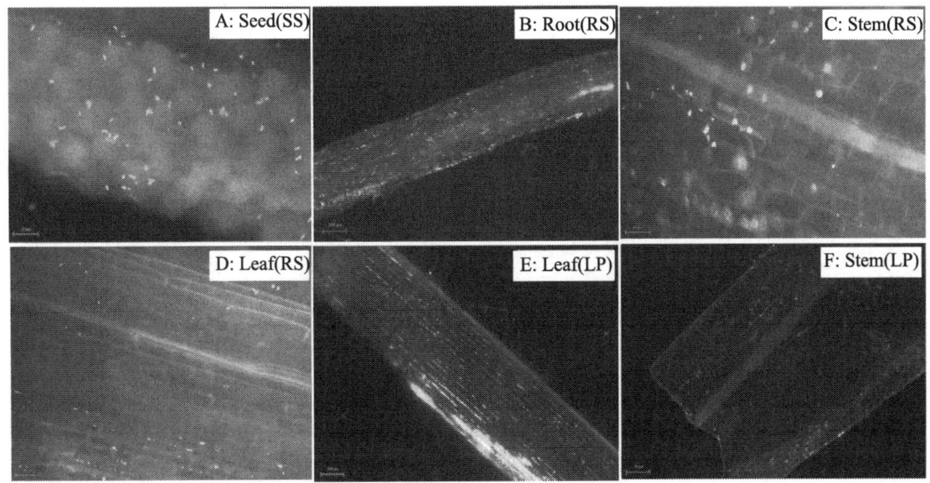

图 4-3 不同定殖方式下菌株 Ph6-*gfp* 在黑麦草组织中定殖分布（见彩图）

A 为采用浸种法将菌株 Ph6-*gfp* 在种子中的定殖；B、C、D 分别表示采用浸根法将菌株 Ph6-*gfp* 在根、茎和叶中定殖；E、F 分别表示采用涂叶法将菌株 Ph6-*gfp* 在叶和茎中定殖

内生细菌能够定殖在植物组织内，并存活一定时间（Wilson, 1995）。定殖方法会影响功能内生细菌在宿主植物体内的存活和迁移（Afzal et al., 2013）。采用浸根法定殖 15 d 后，在菲污染的黑麦草体内仍然能够检测到菌株 Ph6-*gfp* 存在，表明该菌是有效地定殖者（表 4-2）。采用涂叶法接种菌株 Ph6-*gfp* 并培养 6d 后，

表 4-2 功能内生假单胞菌株 Ph6-*gfp* 在黑麦草种子、根和茎叶中的定殖数量

定殖方法	种子/（log CFU/g）	根/（log CFU/g）	茎叶/（log CFU/g）
浸种（SS）	4.7±0.2	ND	ND
浸根（RS）	—	5.8±0.1	4.7±0.2
涂叶（LP）	—	ND	5.5±0.1

注：“ND”表示未检出；“—”表示未检测。

并没有在植物根中发现该菌，可能是菌株 Ph6-*gfp* 由茎叶向根的迁移受到了植物蒸腾拉力的阻碍（Compant et al., 2005; James et al., 2002）。浸种定殖效能最差，可能是由于菌株 Ph6-*gfp* 受到种子萌芽期间的损害（Nelson, 2004），因此在植物根和茎叶中没有检测到该菌株存在（Weyens et al., 2012）。

4.2 *Massilia* sp. Pn2

菌株 Pn2 的抗生素抗性实验表明，菌株 Pn2 对低浓度氨苄青霉素（20 mg/L）和低浓度氯霉素（20 mg/L）具有抗性（表 3-3），可以用这两种抗生素对菌株 Pn2 进行双抗标记，以追踪其在植物体内的定殖和分布。利用温室盆栽实验，通过灌根处理，可将菌株 Pn2 定殖到小麦（*Triticum aestivum* L. cv.，扬麦-16）体内。由表 4-3 可知，菌株 Pn2 定殖在小麦根内的细菌数量显著高于茎叶。灌根处理 30d 后，定殖到小麦根内的细菌数量最大值为 4.53 log CFU/g（鲜重），而茎叶内最大值为 3.38 log CFU/g。接种菌株 Pn2 后，随着菲污染浓度提高，小麦体内土著可培养内生细菌数量明显降低，而菌株 Pn2 的数量则显著增加。菌株 Pn2 在小麦根和茎叶可培养内生细菌总数量中占比分别为 0.38‰～5.37‰和 1.53‰～6.30‰。另外，在 50 mg/kg 和 200 mg/kg 菲污染浓度下，菌株 Pn2 定殖显著增加了小麦体内土著可培养内生细菌的数量（表 4-3）；这可能是由于菌株 Pn2 定殖促进了小麦体内菲降解，降低了菲胁迫对植物内生细菌中敏感种群生长的抑制效应（Liu et al., 2014）。

表 4-3 小麦体内菌株 Pn2 和可培养内生细菌的数量

处理		Pn2/（log CFU/g）		可培养内生细菌/（log CFU/g）		Pn2 所占比例/‰	
		根	茎叶	根	茎叶	根	茎叶
S0	CP	ND	ND	7.21±0.03d	5.73±0.04c	—	—
	CPB	3.74±0.03a	2.88±0.15a	7.16±0.01d	5.71±0.02c	0.38	1.53
S1	CP	ND	ND	7.17±0.06d	5.73±0.05c	—	—
	CPB	4.09±0.08b	3.05±0.10a	7.14±0.06d	5.74±0.01c	0.89	2.10
S2	CP	ND	ND	6.76±0.10b	5.57±0.04ab	—	—
	CPB	4.33±0.03c	3.27±0.05b	6.98±0.05c	5.63±0.02b	2.24	4.43
S3	CP	ND	ND	6.59±0.16a	5.56±0.03a	—	—
	CPB	4.53±0.03d	3.38±0.04b	6.80±0.10b	5.59±0.02ab	5.37	6.30

注：S0、S1、S2、S3 分别表示土壤中初始菲浓度为 0、5、50、200 mg/kg。CP：污染土壤并种植小麦；CPB：污染土壤种植小麦并以灌根方式接种 Pn2。表中同一植物组织的同列不同字母表示差异显著（$P<0.05$）；“ND”表示未检出；“—”表示未检测。

4.3 *Sphingobium* sp. RS2

对菌株 RS2 进行了 GFP 基因标记，构建了 GFP 基因标记菌株 45-RS2。GFP 基因没有明显干扰菌株 RS2 对菲的降解能力。通过灌根或浸种处理，将菌株 45-RS2 成功定殖到紫花苜蓿（*Medicago sativa* L.）体内，其中多数菌株 45-RS2 定殖在紫花苜蓿根部，少数随蒸腾作用迁移到茎叶部（盛月慧, 2015）。

4.3.1 菌株 RS2 的抗生素抗性和 GFP 基因标记

明确功能菌株RS2的抗生素抗性不但可为追踪其在植物体内的定殖和分布提供筛选标记，也可为菌株 GFP 基因标记提供抗性选择。分别验证了菌株 RS2 对 8 种抗生素的抗性检测，如表 4-4 所示，菌株 RS2 对氨苄青霉素（200 mg/L）、卡那霉素（25 mg/L）、链霉素（200 mg/L）、红霉素（75 mg/L）和低浓度氯霉素（10 mg/L）具有抗性。

表 4-4 菌株 RS2 对各种抗生素的抗性

浓度/（mg/L）	氨苄青霉素	卡那霉素	红霉素	链霉素	氯霉素	壮观霉素	四环素	庆大霉素
10	+	+	+	+	+	−	−	−
25	+	+	+	+	−	−	−	−
50	+	−	+	+	−	−	−	−
75	+	−	+	+	−	−	−	−
100	+	−	+	+	−	−	−	−
200	+	−	−	+	−	−	−	−

注：“＋”表示具有抗性；“－”表示不具有抗性。

为了有效追踪接种的功能内生细菌菌株在植物体内的定殖和分布情况，通常需要对功能内生细菌进行标记。目前常用的标记手段有：天然抗生素抗性标记、荧光酶基因标记（*lux*）、β-葡萄糖苷酸酶基因标记（*gus*）、冰核基因标记（*inaZ*）、绿色荧光蛋白基因标记（GFP）（徐剑宏等, 2006）。在这些标记方式中，因 GFP 基因标记检测方便、荧光性能稳定、无毒害、密码子具有通用性、可进行活细胞定时原位观察等优点（Kelemu et al., 2011; Fan et al., 2012），应用最为广泛。以含有质粒 pBBRGFP-45 的 *E.coil* DH5*α* 为供体菌，含有质粒 pRK2013 的 *E.coil* HB101 为辅助菌，菌株 RS2 为受体菌株进行三亲结合，涂布于含 50 mg/L 链霉素和卡那霉素的含菲无机盐平板上，30℃培养 3d 后，筛选阳性结合子。将筛选的阳性结合子经荧光检测、质粒提取和酶切验证后，表明质粒 pBBRGFP-45 能够有效地导入受体菌 RS2 体内并稳定表达绿色荧光（图 4-4），从而得到 GFP 基因标记菌株，命名为 45-RS2。

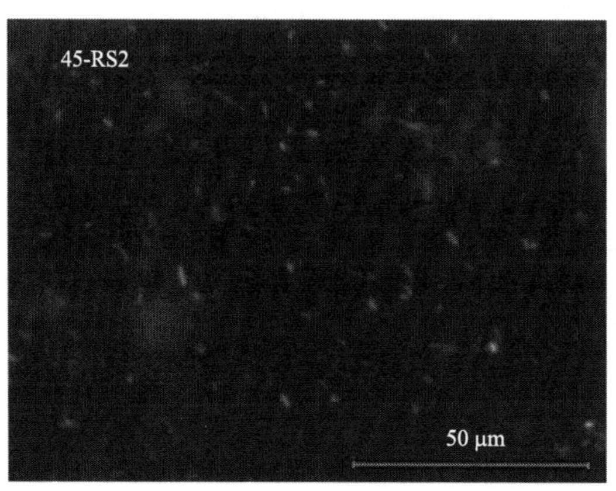

图 4-4　菌株 45-RS2 的荧光显微镜照片（见彩图）

分别以 5%接菌量（OD_{600}=1.0）接种功能菌株 RS2 和 45-RS2 至含菲无机盐培养基中（初始菲浓度为 100 mg/L），在 30°C、150 r/min 恒温摇床培养 72 h，研究了 GFP 基因标记前后菌株 RS2 在含菲无机盐培养基中生长和菲降解情况（图 4-5）。菌株 RS2 和 45-RS2 均能以菲为碳源进行生长，且其生长和对菲的降解趋势相似。菌株 RS2 和 45-RS2 在含菲无机盐培养基中生长量最大值分别为 7.84 和 7.75 log CFU/mL，且 72 h 内菌株 RS2 和 45-RS2 对菲的降解率均可达 99%以上。由此可知，GFP 基因的导入没有影响菌株 RS2 生长及其对菲的降解效果。

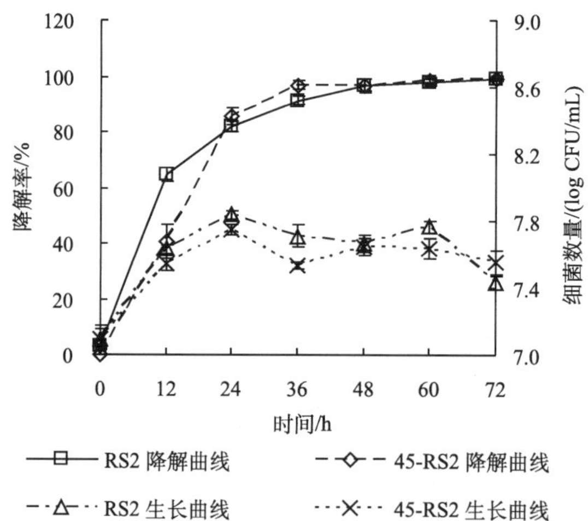

图 4-5　以 100 mg/L 菲为唯一碳源时菌株 RS2 和 45-RS2 的生长和菲降解曲线

4.3.2 菌株 45-RS2 在紫花苜蓿体内的定殖和分布

利用温室盆栽实验，通过灌根或浸种处理，皆可将菌株 45-RS2 定殖到紫花苜蓿体内。由表 4-5 可知，菌株 45-RS2 定殖在紫花苜蓿根部的细菌数量显著高于茎叶。在灌根和浸种处理下，定殖到紫花苜蓿根内的细菌数量最大为 4.96 和 4.26 log CFU/g，而茎叶内最大为 3.89 和 3.55 log CFU/g。在紫花苜蓿根内，通过灌根方式定殖的细菌数显著高于浸种方式；而在紫花苜蓿茎叶中，通过浸种方式定殖的细菌数则较高。

表 4-5 不同定殖方式下菌株 45-RS2 在紫花苜蓿体内的定殖和分布

处理	功能细菌数量/（log CFU/g）			
	根表	根内	茎叶内	土壤
UGR	5.92±0.07c	4.96±0.02b	3.65±0.04a	4.69±0.01d
UGS	5.23±0.07a	4.26±0.05a	3.46±0.14a	4.27±0.13b
CM	—	—	—	4.04±0.13a
CGR	6.14±0.03d	4.90±0.13b	3.89±0.10b	4.48±0.08c
CGS	5.64±0.02b	4.21±0.09a	3.55±0.10a	4.20±0.09ab

注：UGR. 无污染土种植紫花苜蓿并灌根接菌处理；UGS. 无污染土种植紫花苜蓿并浸种接菌处理；CM. 污染土接菌处理；CGR. 污染土种植紫花苜蓿并灌根接菌处理；CGS. 污染土种植紫花苜蓿并浸种接菌处理。表中同一植物组织的同列不同字母表示差异达到显著水平（$P<0.05$）；“—”代表未检测。

4.4 *Staphylococcus* sp. BJ06

采用温室平皿促生试验，分析了功能内生葡萄球菌 BJ06 在黑麦草体内的定殖和分布。菌株 BJ06 能够有效地定殖在黑麦草根和茎叶中，并通过产生吲哚乙酸（IAA）、铁载体和溶磷促进黑麦草生长、提高黑麦草生物量（Sun et al., 2014b）。

4.4.1 菌株 BJ06 的促植物生长作用

在植物和功能内生细菌的协同共生体系中，植物能够为功能内生细菌提供大量营养物质和稳定的生态区位。作为回报，功能内生细菌也能够促进植物生长、增强植物对营养物质的摄取、提高植物对有害环境的抗性（Lodewyck et al., 2002；Lian et al., 2009；Rajkumar et al., 2006；Ryan et al., 2008；Sturz et al., 2000）。菌株 BJ06 在有氮培养基中能够产生（7.26±0.38）mg/L 的 IAA，其显色反应呈粉红色；同时，菌株 BJ06 也具备产铁载体和溶磷能力，表明菌株 BJ06 具有促植物生长特性。

采集了黄棕壤表层土样（0～20 cm），其 pH 为 6.02，有机碳含量为 14.3 mg/kg，粘粒占 24.7%，砂粒占 67.9%。制备了芘污染土样，土样中芘起始浓度为 100 mg/kg。在芘污染土壤中生长 15 d 后，黑麦草（*Lolium multiflorum* Lam.）并没有表现出明显的毒害作用。接种菌株 BJ06 能够影响黑麦草的株高和根长，如图 4-6 所示。在无污染土壤中，接种菌株 BJ06 致使黑麦草株高由 14.17 cm 增加至 15.07 cm，根长由 6.22 cm 减小至 4.79 cm。在芘污染土壤中，接种菌株 BJ06 致使黑麦草株高由 13.00 cm 增加至 14.14 cm，根长由 6.00 cm 减小至 5.71 cm。可见，接种菌株 BJ06 增加了黑麦草株高，却减小了黑麦草根长。

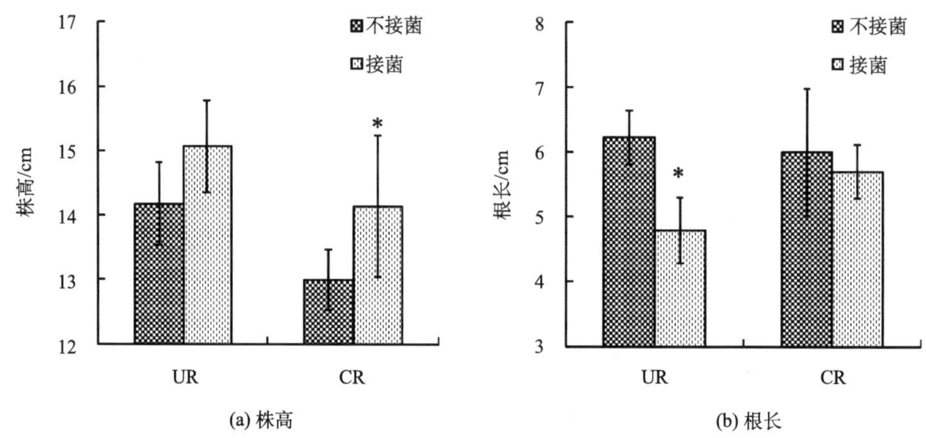

图 4-6　接种菌株 BJ06 对黑麦草株高和根长的影响

UR-无污染土壤种植黑麦草；CR-污染土壤种植黑麦草；*表示与不接菌对照处理相比差异显著（$P<0.05$）

接种功能内生菌株 BJ06 能够增加黑麦草生物量。如表 4-6 所示，无污染土壤中，接种菌株 BJ06 致使黑麦草根和茎叶的鲜重分别由 92.61 和 293.72 mg/pot 增加至 107.06 和 338.56 mg/pot，干重分别由 21.00 和 21.17 mg/pot 增加至 26.44 和

表 4-6　接种菌株 BJ06 对黑麦草生物量的影响

不同处理	根		茎叶	
	鲜重/（mg/pot）	干重/（mg/pot）	鲜重/（mg/pot）	干重/（mg/pot）
UR	92.61±6.54	21.00±2.32	293.72±17.41	21.17±1.83
URB	107.06±4.36	26.44±2.24	338.56±31.21	22.83±2.52
CR	114.72±10.31	25.72±2.11	289.00±31.14	19.78±1.34
CRB	125.39±9.56	33.89±6.26	293.78±9.42	20.44±0.82

注：UR、URB、CR、CRB 分别表示无污染土壤种植黑麦草处理、无污染土壤种植黑麦草并接菌处理、污染土壤种植黑麦草处理、污染土壤种植黑麦草并接菌处理。

22.83 mg/pot。芘污染土壤中，接种菌株BJ06致使黑麦草根和茎叶的鲜重分别由114.72和289.00 mg/pot增加至125.39和293.78 mg/pot，干重分别由25.72和19.78 mg/pot增加至33.89和20.44 mg/pot。可见，菌株BJ06定殖在黑麦草体内，分泌植物生长素如IAA和铁载体，并具备溶磷能力，促进黑麦草生长、增加黑麦草生物量。

4.4.2 菌株BJ06在黑麦草体内的定殖和分布

采用温室平皿促生试验，利用3种抗生素抗性筛选标记，检测菌株BJ06在黑麦草体内的定殖数目。接种15 d后，菌株BJ06能够有效地定殖在黑麦草根内，并随着蒸腾拉力作用迁移扩散到植物茎叶中（图4-7）。在无污染土壤中接种菌株BJ06，其在黑麦草根和茎叶中定殖数量分别为83.5 × 10^3和14.5 × 10^3 CFU/g（鲜重）。在芘污染土壤中，菌株BJ06在黑麦草根和茎叶中定殖数量分别为146.0 × 10^3和51.1 × 10^3 CFU/g（鲜重）。可见，菌株BJ06在芘污染黑麦草体内的定殖数量显著地高于无污染土壤处理（$P<0.01$），根和茎叶中细菌数量分别增加了74.8%和252.4%。这些结果表明，芘污染胁迫能够促进菌株BJ06在黑麦草体内的定殖，增加菌株BJ06在黑麦草根和茎叶中定殖数量，且菌株BJ06在黑麦草根中定殖数量显著地高于茎叶（$P<0.01$）。

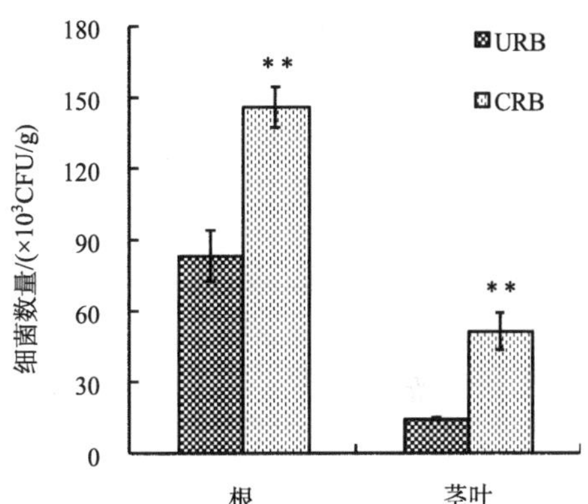

图4-7 菌株BJ06在黑麦草根和茎叶中定殖数量

URB、CRB分别表示无污染土壤种植黑麦草并接菌处理、污染土壤种植黑麦草并接菌处理

**表示与无污染对照处理相比差异极显著（$P<0.01$）

功能内生细菌能够重新定殖在目标植物体内并存活较长时间，其对植物体内有机污染物的降解效率取决于菌株在植物体内的定殖数量和活性（Liu et al., 2007; Sturz et al., 2000）。本研究中，接种15 d后菌株BJ06在黑麦草体内的定殖数量仍然高于10^4 CFU/g（鲜重），且菌株BJ06在芘污染黑麦草体内的定殖数量显著高于无污染处理组（$P<0.01$）。这些结果说明，菌株BJ06能够长时间地定殖在黑麦草体内，可利用芘作为唯一碳源和能源进行生长，或以共代谢的方式降解代谢黑麦草体内芘。较高数量的菌株BJ06定殖将有助于植物体内芘的降解。

4.5 *Serratia* sp. PW7

采用浸种（SS）、浸根（SR）和喷叶（PL）3 种接种方式，研究了菌株 PW7 在小麦（*Triticum aestivum* L. cv., 扬麦-16）体内的定殖和分布（王万清，2015）。浸根、浸种、涂叶处理组均检测到目标菌 PW7，对照组均未检测到目标菌 PW7。回收菌株的基本形态与 16S rRNA 基因分析均与 PW7 原菌株一致，说明菌株 PW7 能够在小麦体内定殖并转移。定殖植株中回收的菌株数量浸根＞浸种＞喷叶。浸根、浸种接种 4 d 后小麦体内均检测到该菌株，而涂叶到 8 d 才能在小麦体内检测到菌株 PW7，说明浸种和浸根定殖方式可将菌株 PW7 快速地定殖到小麦体内。随着接种后培养时间延长，细菌数量有所下降，4 d 时小麦体内菌株数量显著高于 8 d 时菌株数量。0.5 mg/L 的芘污染浓度下小麦体内该细菌数量高于 0.1 mg/L 芘暴露组。小麦根部和茎叶部均回收到菌株 PW7，根部数量远远高于茎叶部位。菌株会随着植物体内水分和营养物质运输流动在小麦根和茎叶部间迁移（刘忠梅等, 2005）。从表 4-7 的数据来看，菌株 PW7 定殖到小麦体内的最优方式是浸根。这些结果为后续利用菌株 PW7 减少植物体内 PAHs 含量提供了技术依据。

表 4-7　小麦体内菌株 PW7 的分布

芘暴露浓度/（mg/L）	定殖方式	天数/d	细胞数	
			茎叶/（$\times10^3$CFU/g）	根/（$\times10^3$ CFU/g）
0.1	SR	4	109.84±26.38	1306.48±117.30
		8	48.31±1.38	1067.04±143.35
	SS	4	45.60±3.03	263.78±50.11
		8	1.88±1.17	704.83±21.32
	PL	4	58.55	ND
		8	40.80±1.11	123.03±7.91
0.5	SR	4	321.65±42.03	3591.95±867.80
		8	57.99±5.58	1413.23±125.64
	SS	4	103.61±5.86	444.71±87.94
		8	2.74±1.45	132.02±4.08
	PL	4	227.09±33.59	ND
		8	16.98±2.87	20.44±7.83

注：结果为均值±标准差，ND 表示未检出。SS. 浸种，SR. 浸根，PL. 喷叶。

4.6 *Mycobacterium* sp. Pyr9

利用电转化技术将携带热激蛋白启动子 *hsp*60 和 GFP 基因的大肠杆菌-分枝杆菌穿梭载体 pHSC02 成功导入到菌株 Pyr9 中，构建了 GFP 基因标记菌株 Pyr9-*gfp*。与菌株 Pyr9 相比，标记菌株 Pyr9-*gfp* 对芘的降解能力没有显著变化（顾玉骏，2015）。采用灌根方式将菌株 Pyr9-*gfp* 定殖在三叶草（*Trifolium repens* L.）根部，发现其可进入三叶草根部组织，并可随蒸腾作用迁移到茎叶。

4.6.1 菌株 Pyr9 的抗生素抗性和 GFP 基因标记

表 4-8 为菌株 Pyr9 的抗生素抗性结果。菌株 Pyr9 对氨苄青霉素（100 mg/L）和低浓度壮观霉素（10 mg/L）具有抗性。

表 4-8 菌株 Pyr9 对几种抗生素的抗性

浓度/（mg/L）	氨苄青霉素	氯霉素	壮观霉素	卡那霉素	链霉素	红霉素	盐酸四环素	庆大霉素
10	＋	－	＋	－	－	－	－	－
25	＋	－	－	－	－	－	－	－
50	＋	－	－	－	－	－	－	－
75	＋	－	－	－	－	－	－	－
100	＋	－	－	－	－	－	－	－

注：“＋”表示具有抗性；“－”表示不具有抗性。

大肠杆菌的启动子一般不能在分枝杆菌中表达，用于研究的启动子序列多是从分枝杆菌中直接获取的（Kremer et al., 1995）。用于分枝杆菌蛋白表达的启动子元件一般是结核分枝杆菌的热激蛋白启动子（程继忠等，1999；路艳艳等，1998），该类启动子属于组成型表达，且应激条件可以显著提高表达量（Batoni et al., 1998; Stove et al., 1991; Young et al., 1991）。Wattiau 等（2002）利用 *hsp*60 作为启动子，在具有 PAHs 降解功能的分枝杆菌中成功表达 GFP 基因，且用激光扫描共聚焦显微镜观察了菌株的表达情况。Dandie 等（2006）对具有 PAHs 降解功能的分枝杆菌进行 *lacZ* 基因标记，成功表达 *lacZ* 基因，标记前后菌株降解能力相似。

大肠杆菌-分枝杆菌穿梭载体 pHSC02 具有卡那霉素（50 mg/L）、链霉素（100 mg/L）和氨苄青霉素（200 mg/L）抗性。菌株 Pyr9 不具备卡那霉素和链霉素抗性基因，因此可以将卡那霉素和链霉素加入培养基中筛选阳性转化子。实验将电转化后的复苏培养液稀释涂布于含有卡那霉素和链霉素的抗性平板，培养后挑取具有绿色荧光的菌落，接种在含有芘的双层平板上纯化培养，具有水解圈且表达绿色荧光的则为标记成功的 Pyr9-*gfp* 菌株。图 4-8 为 Pyr9-*gfp* 菌株的激光扫描共聚焦显微镜照片，可以看出菌株发出绿色荧光，说明 GFP 基因在菌株内表达良好，可用于原位检测菌株 Pyr9-*gfp* 在植物体内的定殖和分布。

图 4-8　菌株 Pyr9-*gfp* 的激光扫描共聚焦显微照片（见彩图）

图 4-9 为菌株 Pyr9 及 Pyr9-*gfp* 的生长与芘降解曲线。菌株 Pyr9-*gfp* 前 4d 生长较为缓慢，而 4～8d 生长较快，8～12d 菌株生长量开始缓慢下降。观察其降解曲线可以看出，前 4d 芘降解比较缓慢，4～8d 芘降解速率明显加快，之后降解速率又趋于减小，10d 可将芘完全降解。比较菌株 Pyr9 及 Pyr9-*gfp* 的生长和芘降解曲线可以看出，其变化趋势基本一致，即生长速率加快、细菌数量增加则芘降解率也趋于增加。而随着芘的消耗和有害次生代谢产物的积累，以及降解培养基内环境容纳量逐渐减少，细菌数量增长放缓甚至下降。与菌株 Pyr9 相比，GFP 基因标记后菌株 Pyr9-*gfp* 生长和芘降解曲线趋势基本一致，尽管刚开始时其生长速率和降解速率略低于菌株 Pyr9，但 12d 后趋于一致。

4.6.2　菌株 Pyr9-*gfp* 在三叶草体内的定殖和分布

采用灌根方式将菌株 Pyr9-*gfp* 定殖在三叶草根部，表 4-9 给出了三叶草体内及根际土壤中细菌 Pyr9-*gfp* 数量。随着芘污染浓度的增加，接菌处理的植物根、茎叶及土壤中 Pyr9-*gfp* 细菌数量增大，说明供试芘污染强度范围（0～97.5 mg/kg）内，高浓度芘促进了菌株 Pyr9-*gfp* 的增殖。种植三叶草促进了土壤中 Pyr9-*gfp* 的

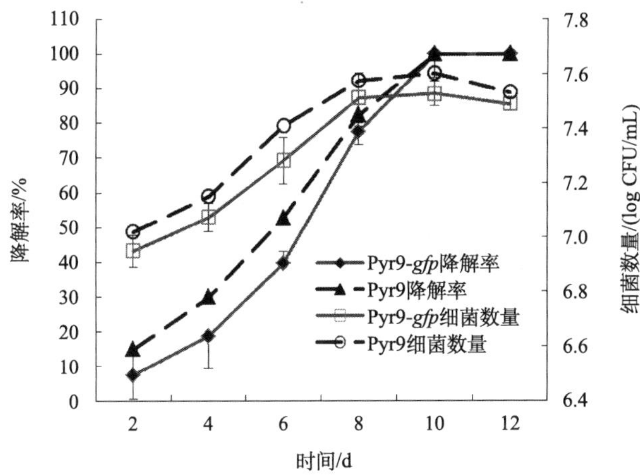

图 4-9 以 50 mg/L 芘为唯一碳源时菌株 Pyr9 和 Pyr9-*gfp* 的生长和芘降解曲线

增殖；与不种植处理相比，种植三叶草土壤中菌株 Pyr9-*gfp* 数量较高。这是由于植物根系分泌物能够促进根际微生物的生长和繁殖（Jordahl et al., 1997; Nichols et al., 1997）。根际是土壤微生物生存的重要场所，植物根系所分泌的根系分泌物作为营养物质来源促进了土壤中微生物的繁殖，而微生物繁殖反过来又促进植物生长，构成了良好的互惠互利关系。三叶草茎叶中也检出大量菌株 Pyr9-*gfp*，表明其进入三叶草根部后可随蒸腾作用迁移到茎叶，但三叶草根部菌株 Pyr9-*gfp* 数量比茎叶中要高。

表 4-9 不同处理植物体内及根际土中细菌 Pyr9-*gfp* 数量（log CFU/g）

处理		茎叶	根	土壤
S0	CB	—	—	3.93±0.11 d
	CPR	3.81±0.04 b	4.64±0.16 c	4.40±0.12 c
S1	CB	—	—	4.28±0.03 cd
	CPR	4.06±0.19 ab	4.93±0.18 b	4.68±0.32 abc
S2	CB	—	—	4.43±0.16 bc
	CPR	4.17±0.12 a	5.02±0.02 ab	4.9±0.35 ab
S3	CB	—	—	4.62±0.03 abc
	CPR	4.22±0.05 a	5.2±0.01 a	4.97±0.23 a

注：S0、S1、S2、 S3 表示初始芘浓度为 0 、9.1、48.5、97.5 mg/kg 的土样；CB. 污染土接菌处理，CPR.污染土种植三叶草并以灌根方式接菌处理。表中同一植物组织的同列不同字母表示差异显著（$P<0.05$）；“—”表示未检测。

参 考 文 献

程继忠, 皇甫永穆. 1999. HSP70 基因上游调控序列对 GST 基因在耻垢分枝杆菌中表达效率的影响. 微生物学报, 39(2): 100-107.

顾玉骏. 2015. 根表多环芳烃降解细菌的分离筛选及其在植物根表的定殖和效能. 南京: 南京农业大学.

何红, 邱思鑫, 蔡学清. 2004. 辣椒内生细菌BS-1 和BS-2 在植物体内的定殖及鉴定. 微生物学报, 44: 13-18.

金玲, 巴峰, 计平生. 2000. 小麦内生有害细菌的定殖研究. 植物病理学报, 30(1): 92-93.

刘忠梅, 王霞, 赵金焕, 等. 2005. 有益内生细菌 B946 在小麦体内的定殖规律. 中国生物防治, 21(2): 113-116.

路艳艳, 冯作化, 皇甫永穆. 1998. 新型大肠杆菌-分枝杆菌穿梭载体的构建及卡那霉素抗性基因表达的研究. 同济医科大学学报, 27(2): 89-93.

罗明, 芦云, 张祥林. 2007. 内生拮抗细菌在哈密瓜植株体内的传导定殖和促生作用研究. 西北植物学报, 27: 719-725.

盛月惠. 2015. 菲降解细菌在植物根表的成膜作用及其对植物吸收菲的影响. 南京: 南京农业大学.

王万清. 2015. 具有芘降解功能的植物内生细菌的分离筛选及其在小麦体内的定殖特性. 南京: 南京农业大学.

徐剑宏, 武俊, 洪青. 2006. 呋喃丹降解菌 CDS-1 的双标记菌株的构建. 微生物学报, 46(4): 613-617.

Adjumo T O, Orale O O. 2010. Effect of pH and moisture content on endophytic colonization of maize roots. Sci Res Essays, 5: 1655-1661.

Afzal M, Khan S, Iqbal S, et al. 2013. Inoculation method affects colonization and activity of *Burkholderia phytofirmans* PsJN during phytoremediation of diesel-contaminated soil. Inter Biodeter Biodegrad, 85: 331-336.

Balsanelli E, Serrato R V, De Baura V A. 2010. *Herbaspirillum seropedicae rfbB* and *rfbC* genes are required for maize colonization. Environ Microbiol, 12: 2233-2244.

Batoni G, Maisetta G, Florio W. 1998. Analysis of the *Mycobacterium bovis* hsp60 promoter activity in recombinant *Mycobacterium avium*. FEMS Microbiol Lett, 169(1): 117-124.

Compant S, Reiter B, Sessitsch A, et al. 2005. Endophytic colonization of *Vitis vinifera* L. by a plant growth-promoting bacterium, *Burkholderia* sp. strain PsJN. Appl Environ Microbiol, 71(4): 1685-1693.

Dandie C E, Bentham R H, Thomas S M. 2006. Use of reporter transposons for tagging and detection of *Mycobacterium* sp. strain 1B in PAH-contaminated soil. Appl Microbiol Biotechnol, 71(1): 59-66.

Dong Y, Iniguez A L, Ahmer B M M, et al. 2003. Kinetics and strain specificity of rhizosphere and endophytic colonization by enteric bacteria on seedlings of *Medicago sativa* and *Medicago truncatula*. Appl Environ Microbiol, 69(3): 1783-1790.

Fan B, Borriss R, Bleiss W. 2012. Gram-positive rhizobacterium *Bacillus amyloliquefaciens* FZB42 colonizes three types of plants in different patterns. J Microbiol, 50(1): 38-44.

Germaine K, Keogh E, Garcia-Cabellos G, et al. 2004. Colonisazion of popar trees by *gfp* expressing bacterial endophytes. FEMS Microbiol Lett, 48: 109-118.

James E K, Gyaneshwar P, Mathan N, et al. 2002. Infection and colonization of rice seedlings by the plant growth-promoting bacterium *Herbaspirillum seropedicae* Z67. Mol Plant-Microbe Inter, 15(9): 894-906.

James E K, Reis V M, Olivares F L, et al. 1994. Infection of sugar cane by the nitrogen-fixing bacterium *Acetobacter diazotrophicus*. J Exper Bot, 45(6): 757–766.

Jordahl J L, Foster L, Schnoor J L. 1997. Effect of hybrid poplar trees on microbial populations important to hazardous waste bioremediation. Environ Toxicol Chem, 16(6): 1318-1321.

Kelemu S, Fory P, Zuleta C. 2011. Detecting bacterial endophytes in tropical grasses of the *Brachiaria* genus and determining their role in improving plant growth. Afr J Biotechnol, 10(6): 965-976.

Kremer L, Baulard A, Estaquier J, et al. 1995. Green fluorescent protein as a new expression marker in mycobacteria. Mol Microbiol, 17(5): 913-922.

Lian J, Wang Z F, Cao L X. 2009. Artificial inoculation of banana tissue culture plant lets with indigenous endophytes originally derived from native banana plants. Biol Control, 51: 427-434.

Liu L, Jiang C Y, Liu X Y, et al. 2007. Plant-microbe association for rhizoremediation of chloronitroaromatic pollutants with *Comamonas* sp. strain CNB-1. Environ Microbiol, 9: 465-473.

Liu J, Liu S, Sun K, et al. 2014. Colonization on root surface by a phenanthrene-degrading endophytic bacterium and its application for reducing plant phenanthrene contamination. Plos One, 9(9): e108249.

Lodewyck C, Vangronsveld J, Porteous F, et al. 2002. Endophytic bacteria and their potential application. Plant Sci, 86: 583-606.

Nichols T D, Wolf D C, Rogers H B. 1997. Rhizosphere microbial populations in contaminated soils. Water Air Soil Pollut, 95(1-4): 165-178.

Piccolo S L, Ferraro V, Alfonzo A. 2010. Presence of endophytic bacteria in *Vitis vinifera* leaves as detected by fluorescence in situ hybridization. Ann Microbiol, 60:161-167.

Rajkumar M, Nagendran R, Lee K J, et al. 2006. Influence of plant growth promoting bacteria and Cr^{6+} on the growth of Indian mustard. Chemosphere, 62: 741-748.

Ryan R P, Geimaine K, Franks A, et al. 2008. Bacterial endophytes: recent developments and applications. FEMS Microbiol Lett, 278(1): 1-9.

Stover C K, De La Cruz V F, Fuerst T R. 1991. New use of BCG for recombinant vaccines. Nature, 351(6326): 456-460.

Sturz A V, Christie B R, Nowak J. 2000. Bacterial endophytes: potential role in developing sustainable systems of crop production. Crit Rev Plant Sci, 19(1): 1-30.

Sun K, Liu J, Gao Y Z, et al. 2014a, Isolation, plant colonization potential, and phenanthrene degradation performance of the endophytic bacterium *Pseudomonas* sp. Ph6-*gfp*. Sci Rep, 4:5462.

Sun K, Liu J, Gao Y Z, et al. 2015. Inoculating plants with the endophytic bacterium *Pseudomonas* sp. Ph6-*gfp* to reduce phenanthrene contamination. Environ Sci Pollut Res, 22:19529-19537.

Sun K, Liu J, Jin L, et al. 2014b. Utilizing pyrene-degrading endophytic bacteria to reduce the risk of plant pyrene contamination. Plant Soil, 374: 251-262.

Toledo F L, Calvo C, Rodelas B, et al. 2006. Selection and identification of bacteria isolated from waste crude oil with polycyclic aromatic hydrocarbons removal capacities. Syst Appl Microbiol, 29: 244-252.

Wattiau P, Springael D, Agathos S N. 2002. Use of the pAL5000 replicon in PAH-degrading mycobacteria: application for strain labelling and promoter probing. Appl Microbiol Biotechnol, 59(6): 700-705.

Weyens N, Boulet J, Adriaensen D, et al. 2012. Contrasting colonization and plant growth promoting capacity between wild type and a *gfp*-derative of the endophyte *Pseudomonas putida* W619 in hybrid poplar. Plant Soil, 356(1–2): 217-230.

Weyens N, van der Lelie D, Artois T. 2009. Bioaugmentation with engineered endophytic bacteria improves contaminant fate in phytoremediation. Environ Sci Technol, 43: 9413-9418.

Wilson D. 1995. Endophyte: the evolution of a term, and clarification of its use and definition. Oikos, 73:274-276.

Young D B, Garbe T R. 1991. Heat shock proteins and antigens of *Mycobacterium* tuberculosis. Infect Immun, 59(9): 3086-3093.

Zakria M, Njoloma J, Saeki Y, et al. 2007. Colonization and nitrogen-fixing ability of *Herbaspirillum* sp. strain B501 *gfp*1 and assessment of its growth-promoting ability in cultivated rice. Microbes Environ, 22(3): 197-206.

Zhu X, Ni X, Liu J, et al. 2014. Application of endophytic bacteria to reduce persistent organic pollutants contamination in plants. CLEAN-Soil, Air, Water, 42(3): 306-310.

5 功能内生细菌降低植物PAHs污染风险的效能及机制

筛选具有降解特性的植物功能内生细菌并将其定殖在目标植物体内，有望降低植物体内有机污染物污染风险（Weyens et al., 2009a）。Phillips 等（2008）报道，内生细菌 *Pseudomonas* spp.占优势时植物降解烷烃类污染物的能力提高，*Brevundimonas* spp.和 *Pseudomonas rhodesiae* 占优势时，植物降解芳香烃类的能力提高。Barac 等（2004）将利用基因工程改造过的内生细菌 *B. cepacia* L.S.2.4 侵染黄羽扇豆，发现通过植物叶片挥发的甲苯量减少了 50%～70%。

然而，有关利用 PAHs 降解功能内生细菌调控植物吸收 PAHs 的研究报道仍很少。Ho 等（2009）发现，内生细菌 *Achromobacter xylosoxidans* F3B 可以提高 PAHs 污染土壤上植株的根长和生物量，增强植株对 PAHs 污染的耐受性。陈小兵等（2008）从生长于石油污染土壤上的植物体内分离筛选出了具有菲解特性的内生细菌 7J2，发现该菌株能在小麦体内定殖并促进小麦生长。显然，能否利用所筛选出的具有 PAHs 降解功能的内生细菌来降低植物 PAHs 污染风险？这仍有待大量研究来证实。

本章前几节在筛选 PAHs 降解功能内生细菌并揭示其在植物体内定殖规律的基础上，阐述了功能内生细菌对植物吸收积累 PAHs 的调控作用；分析了功能内生细菌对土壤中 PAHs 去除的影响，解析了功能内生细菌对植物体内 PAHs 主要酶系活性的影响及其与植物代谢 PAHs 的关系，探明了功能内生细菌在植物根表形成的细菌生物膜对根际 PAHs 的截留和阻控作用，在此基础上，阐明了功能内生细菌调控植物吸收 PAHs 的作用机制。所提出的利用功能内生细菌减低植物 PAHs 污染的新途径，为防治污染区土壤 PAHs 污染、降低作物 PAHs 污染风险、保障农产品安全、合理利用污染土壤资源等提供了重要依据和技术支撑。

5.1 定殖功能内生细菌对植物吸收积累 PAHs 的影响

5.1.1 *Pseudomonas* sp. Ph6-*gfp*

虽然一些报道表明，功能内生细菌对生长于污染土壤中植物起一定保护作用（Germaine et al.,2006,2009；Mastretta et al., 2006），但很少有研究来追踪和明确 PAHs 降解功能内生细菌在目标植物体内的作用效能和降解特性。有学者以植物体内 PAHs 含量、积累量为指标，分析了定殖 GFP 标记的功能内生假单胞菌 Ph6-*gfp*

对黑麦草（*Lolium multiflorum* Lam.）体内菲去除的影响（Sun et al., 2014a, 2015）。

由图 5-1 所示，接种菌株 Ph6-*gfp* 降低了黑麦草体内菲含量。接种 9～15 d，黑麦草根和茎叶中菲含量分别为 18.8～89.8 mg/kg 和 1.25～3.82 mg/kg；不接菌对照处理组中植物根和茎叶中菲含量为 24.5～110 mg/kg 和 5.49～6.89 mg/kg。与对照组相比，接种菌株 Ph6-*gfp* 的黑麦草根和茎叶中菲含量下降 18.5%～23.3%和 30.4%～81.1%。与根相比，接种菌株 Ph6-*gfp* 降低植物茎叶中菲含量的效果更为突出，接菌后茎叶中菲含量最高减小 81.1%。

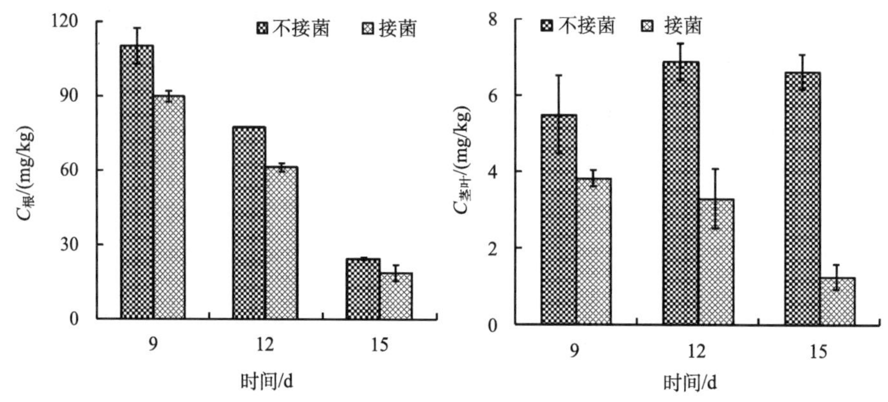

图 5-1　接种菌株 Ph6-*gfp* 对黑麦草根和茎叶中菲含量的影响

$C_{根}$和 $C_{茎叶}$分别表示在植物根和茎叶中菲含量

接种菌株 Ph6-*gfp* 也降低了黑麦草体内菲积累量。积累量为植物体内菲含量与植物生物量的乘积。积累量越大表明有更多的菲积累于植物体内，植物污染风险越高。由表 5-1 可见，接菌与否黑麦草茎叶中菲的积累量均显著地低于根中（$P<0.01$），即根是菲在植物体内主要存储部位。接种 9～15 d 后，黑麦草根和茎叶中菲的积累量分别为 0.87～2.30 μg/pot 和 0.17～0.31 μg/pot（干重）；与不接菌相比，接种 Ph6-*gfp* 的黑麦草根和茎叶中菲的积累量分别降低了 10.3%～17.6%和 30.8%～66.5%。另外不管接菌与否，培养 15 d 后黑麦草根和茎叶中菲积累量均显著下降，表明黑麦草自身也会代谢部分菲，而接菌则促进了黑麦草体内菲的去除。

表 5-1　菲在黑麦草根和茎叶中积累量

时间/d	不接菌		接菌	
	根/（μg/pot）	茎叶/（μg/pot）	根/（μg/pot）	茎叶/（μg/pot）
9	3.64±0.24	0.39±0.07	2.30±0.08	0.27±0.02
12	2.85±0.01	0.55±0.04	2.41±0.07	0.31±0.07
15	0.97±0.02	0.50±0.03	0.87±0.15	0.17±0.04

传导系数（TF）越大，表明有更高比例的菲由植物根传输到茎叶中。传导系数为植物茎叶富集系数与根系富集系数的比值，也等于植物茎叶中菲含量与根中菲含量之比。由图 5-2 可知，不管接菌与否，培养 9～15 d 菲在黑麦草体内的传导系数均逐渐增大。不接菌处理组中菲传导系数为 0.05～0.27，比接种菌株 Ph6-*gfp* 处理的高 25.0%～28.6%，表明接种菌株 Ph6-*gfp* 能够有效地阻控菲由黑麦草根向茎叶传导，从而降低植物地上部菲污染风险。

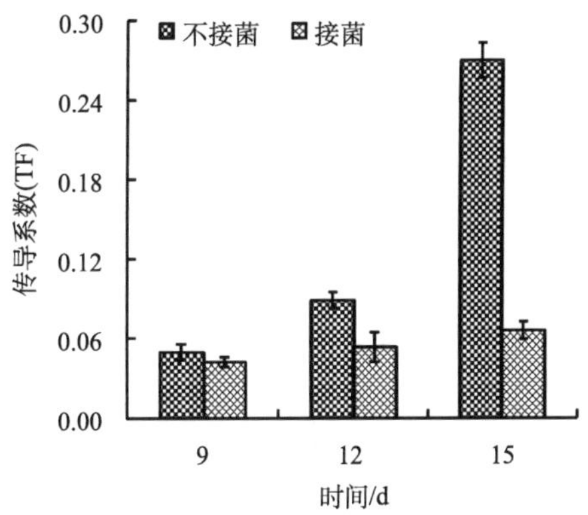

图 5-2　菲在黑麦草体内传导系数（TF）

不同接种方式下菌株 Ph6-*gfp* 对植物体内 PAHs 的去除效率存在差异。采用半封闭系统（图 5-2），分析了 3 种接种方式对菌株 Ph6-*gfp* 对黑麦草体内菲降解效能的影响，如表 5-2 所示。采用浸种、浸根、涂叶方式接种菌株 Ph6-*gfp* 后，黑麦草根中菲含量分别为 341.0 mg/kg、285.0 mg/kg 和 381.9 mg/kg，茎叶中菲含量为 24.1 mg/kg、28.1 mg/kg 和 32.8 mg/kg。与不接菌相比，浸种、浸根、涂叶 3 种接种方式下黑麦草根中菲含量分别降低了 29.2%、40.8%和 20.7%；茎叶中菲含量则降低了 44.3%、35.1%和 24.2%。这些结果表明 3 种接种方式均能够增强黑麦草体内菲降解代谢作用，且浸根处理组中黑麦草体内菲含量最低。

表 5-2　不同接种方式下黑麦草根和茎叶中菲含量

不同处理	$C_{根}$/（mg/kg）	$C_{茎叶}$/（mg/kg）
不接菌对照（CK_1）	481.6±80.0	43.3±0.7
浸种（SS）	341.0±27.9	24.1±2.3
浸根（RS）	285.0±57.7	28.1±3.0
涂叶（LP）	381.9±28.4	32.8±7.4

注：$C_{根}$和 $C_{茎叶}$（mg/kg，干重）分别表示黑麦草根和茎叶中菲含量。

不同接种方式也影响植物体内菲积累量。黑麦草染毒 9 d 后，根和茎叶中菲的积累量分别为 19.5 和 1.5 μg/pot。染毒 9 d 后接种菌株 Ph6-*gfp* 能够降低黑麦草根和茎叶中菲的积累量，如图 5-3 所示。不同处理下的黑麦草根中菲积累量分别为 14.8（不接菌）、11.9（浸种）、9.4（浸根）和 13.7（涂叶）μg/pot，茎叶中菲的积累量分别为 2.1（不接菌）、1.6（浸种）、1.9（浸根）和 2.0（涂叶）μg/pot，根和茎叶总积累量分别为 16.9（不接菌）、13.5（浸种）、11.3（浸根）和 15.7

（涂叶）μg/pot。与不接菌对照处理相比，浸种、浸根、涂叶处理的黑麦草体内菲总积累量分别降低了 20.1%、33.1%和 7.1%。其中浸种处理对黑麦草体内菲的去除效率占 3 种定殖方式总去除效率的 54.9%（图 5-4），表明浸种是一种最优的接种方式，能够较有效地去除植物体内 PAHs。

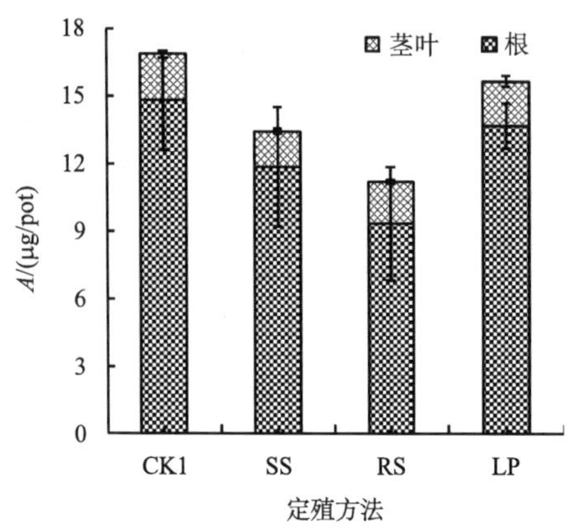

图 5-3　不同接种方式下黑麦草体内菲积累量

CK_1、SS、RS 和 LP 分别表示不接菌、浸种、浸根、涂叶处理，*A* 为积累量

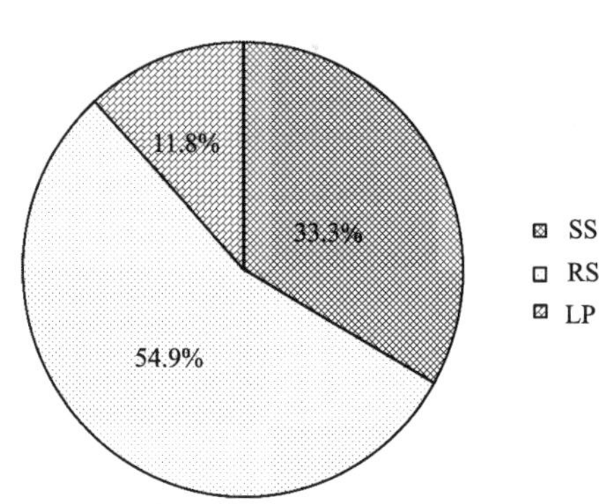

图 5-4　不同接种方式下黑麦草体内菲去除占 3 种接种方式下黑麦草体内菲总去除的比例

SS、RS 和 LP 分别表示浸种、浸根、涂叶处理

综上可见，尽管黑麦草自身也能够部分降解代谢菲，但接种功能内生菌株 Ph6-*gfp* 促进了菲在植物体内降解和去除，阻控了菲由根向茎叶的传导，降低了植物体内菲污染的风险。

5.1.2　*Massilia* sp. Pn2

通过灌根方式将功能菌株 Pn2 定殖到小麦（*Triticum aestivum* L. cv.，扬麦-16）体内 30 d 后，小麦生长没有表现出菲污染的表观毒害效应。由表 5-3 可见，接种菌株 Pn2 的小麦鲜重和干重一般比不接种对照高，小麦根部和茎叶部干重分别增加了 23.88%～29.41 % 和 5.58%～12.05 %。接种功能内生细菌 Pn2 有助于小麦生长(Liu et al., 2014)。

功能内生细菌通常可以通过以下 3 种方式促进植物生长（Weyens et al., 2009a）：通过固氮、溶磷、解钾以及提供中量元素等方式解除植物生长的营养限制因子，从而促进植物生长（Bandara and Kulasooriya, 2006）；通过产生促植物生长因子如吲哚乙酸（IAA）等促进植物生长（Malfanova et al., 2009; Jha et al., 2013）；通过促进 ACC 脱氨酶活性从而降低乙烯诱导的植物胁迫促进植物生长（Sgroy et al., 2009; Ma et al., 2011）。此外，在污染环境下，内生细菌还可通过协助植物抵抗污染物胁迫等方式促进植物生长（Weyens et al., 2009b）。

表 5-3 不同菲污染强度下接种菌株 Pn2 对小麦根和茎叶生物量的影响

处理		茎叶干重/（mg/pot）	根干重/（mg/pot）
S0	CP	299.30±32.03a	86.70±0.63abc
	CPB	314.50±29.27a	101.60±4.66abc
S1	CP	333.90±11.03a	117.60±3.18bc
	CPB	339.90±0.85a	126.30±3.81c
S2	CP	308.40±6.58a	77.10±1.27ab
	CPB	324.30±2.55a	101.00±1.27abc
S3	CP	296.10±5.09a	66.90±15.27abc
	CPB	314.10±23.33a	68.40±2.33a

注：S0、S1、S2、S3 分别表示土壤中初始菲浓度为 0、5、50、200 mg/kg。CP. 污染土壤并种植小麦；CPB. 污染土壤种植小麦并以灌根方式接种 Pn2。表中同一植物组织的同列不同字母表示差异显著（$P<0.05$）。

菌株 Pn2 定殖对小麦吸收积累菲的影响见表 5-4。菌株 Pn2 定殖降低了小麦体内菲含量、积累量以及从根向茎叶的转运能力。与不接种对照相比，通过灌根方式接种菌株 Pn2 使小麦根和茎叶菲含量分别降低了 15%～28% 和 21%～30%。菲在植物根和茎叶中积累量也降低了 6.33%～17.93% 和 21.83%～29.17%。为进一步研究菌株定殖对小麦吸收菲的影响，特别计算了菲在植物体内的传导系数。传导系数越高，则表示菲越容易从植物根部向地上部迁移。由表 5-4 可知，在供试条件下接种菌株 Pn2 对于菲在植物体内的传导并无影响。

表 5-4 不同菲污染强度下菌株 Pn2 的定殖对小麦吸收积累菲的影响

处理		菲含量/（mg/kg）		菲积累量/（μg/pot）		菲传导系数（TF）
		根	茎叶	根	茎叶	
S0	CP	ND	ND	ND	ND	ND
	CPB	ND	ND	ND	ND	ND
S1	CP	12.34±1.36a	2.88±0.08b	1.45	0.96	0.23
	CPB	9.46±0.37a	2.00±0.03a	1.19	0.68	0.21
S2	CP	28.63±2.97c	4.28±0.56d	2.21	1.32	0.15
	CPB	20.50±2.02b	3.06±0.11bc	2.07	0.99	0.15
S3	CP	32.37±2.79d	4.57±0.38d	2.11	1.42	0.14
	CPB	27.36±1.62c	3.62±0.58c	1.85	1.11	0.13

注：S0、S1、S2、S3 分别表示土壤中初始菲浓度为 0、5、50、200 mg/kg。CP：污染土壤并种植小麦；CPB. 污染土壤种植小麦并以灌根方式接种 Pn2。表中同一植物组织的同列不同字母表示差异显著（$P<0.05$）；“ND”代表未检出。

综上可见，通过灌根处理将菌株 Pn2 定殖到小麦体内 30 d 后，小麦的生长没有表现出土壤菲污染的表观毒害效应，菌株 Pn2 促进了小麦生长，降低了植物体内菲含量及积累量。这些结果表明，菌株 Pn2 定殖加速了菲在小麦体内降解，降低了小麦菲污染风险。

5.1.3 *Sphingobium* sp. 45-RS2

通过灌根或浸种方式将功能菌株 45-RS2 定殖到紫花苜蓿（*Medicago sativa* L.）体内 30 d 后，菲（初始浓度为 100 mg/kg）污染土壤中紫花苜蓿生长没有表现毒害症状（表 5-5）。接种 45-RS2 的紫花苜蓿生物量比不接菌对照处理组要略高。无污染土壤中，灌根方式使紫花苜蓿生物量（干重）比对照（UG）提高了 24.4%，浸种方式下则提高了 16.5%；污染土壤中，灌根方式使紫花苜蓿生物量（干重）比对照（CG）提高了 19.1%，浸种方式下则提高了 15.1%。可见，接种菌株 45-RS2 有利于紫花苜蓿生长，且灌根接种的促生效应要略强于浸种处理。

表 5-5　不同定殖方式下接种菌株 45-RS2 对紫花苜蓿根和茎叶生物量的影响

处理	根干重/（mg/pot）	茎叶干重/（mg/pot）
UG	17.20±0.79a	109.60±6.97ab
UGR	21.40±1.61b	135.50±6.56b
UGS	20.03±1.39ab	127.87±14.71ab
CG	17.40±1.28a	106.40±6.26a
CGR	20.73±1.82b	133.37±15.55b
CGS	20.07±0.93ab	134.43±6.07b

注：UG. 无污染土种植紫花苜蓿处理；UGR. 无污染土种植紫花苜蓿并灌根接种处理；UGS. 无污染土种植紫花苜蓿并浸种处理；CG. 污染土种植紫花苜蓿处理；CGR. 污染土种植紫花苜蓿并灌根处理；CGS. 污染土种植紫花苜蓿并浸种处理。表中同一植物组织的同列不同字母表示差异显著（$P<0.05$）。

土壤中 PAHs 可以被植物根部吸收并随蒸腾流进入植物地上部（Liu et al., 2014）。不同接种方式下菌株 45-RS2 对紫花苜蓿吸收菲的影响见表 5-6。接种菌株 45-RS2 降低了植物体内菲含量、积累量和传导系数。通过灌根方式接种菌株 45-RS2，紫花苜蓿根和茎叶内菲含量分别从 167.33 mg/kg 和 34.89 mg/kg 降为 125.26 mg/kg 和 22.40 mg/kg；浸种处理则使紫花苜蓿根和茎叶菲含量分别降低为 100.48 mg/kg 和 13.09 mg/kg。未接菌处理下，菲在植物根和茎叶中积累量分别为 2.91μg/pot 和 3.71 μg/pot；灌根处理后根和茎叶中积累量则分别降为未接菌处理的 89.3%的 80.6%，浸种处理则使根和茎叶中菲积累量分别降为未接菌处理的 69.4%的 47.4%。计算了菲在植物体内的传导系数，如表 5-6 所示，定殖菌株 45-RS2 有效地减弱了菲从紫花苜蓿根向地上部的迁移，未接菌处理下菲传导系数为 0.21，灌根和浸种处理的菲传导系数分别为 0.18 和 0.13。比较不同定殖方式的效能可以发现，相较于灌根处理，浸种处理更有利于减低紫花苜蓿体内菲含量、积累量和传导系数。

表 5-6 不同定殖方式下菌株 45-RS2 对紫花苜蓿吸收积累菲的影响

处理	含量		积累量		传导系数（TF）
	根/（mg/kg）	茎叶/（mg/kg）	根/（μg/pot）	茎叶/（μg/pot）	
CG	167.33±10.96a	34.89±5.06a	2.91	3.71	0.21
CGR	125.26±7.33b	22.40±2.36ab	2.60	2.99	0.18
CGS	100.48±9.26c	13.09±1.21c	2.02	1.76	0.13

注：CG. 污染土种植紫花苜蓿处理；CGR. 污染土种植紫花苜蓿并灌根接种处理；CGS. 污染土种植紫花苜蓿并浸种接种处理。表中同一植物组织的同列不同字母表示差异显著（$P<0.05$）。

综上可见，通过灌根或浸种方式接种菌株 45-RS2 有利于紫花苜蓿的生长，降低了植物体内菲含量、积累量和传导系数，促进了植物体内菲降解（盛月慧, 2015）。

5.1.4 *Staphylococcus* sp. BJ06

采用灌根方式接种具有芘降解功能的植物内生细菌 BJ06 显著地降低了黑麦草（*Lolium multiflorum* Lam.）根和茎叶中芘含量（Sun et al., 2014b）。如图 5-5 所示，与不接菌对照处理相比，芘污染土壤中接种菌株 BJ06 致使黑麦草根和茎叶中芘含量分别由 79 mg/kg 和 6 mg/kg 降低为 54 mg/kg 和 4 mg/kg。不管接菌与否，黑麦草根中芘含量均远高于茎叶，说明黑麦草根是吸收、积累芘的主要部位。

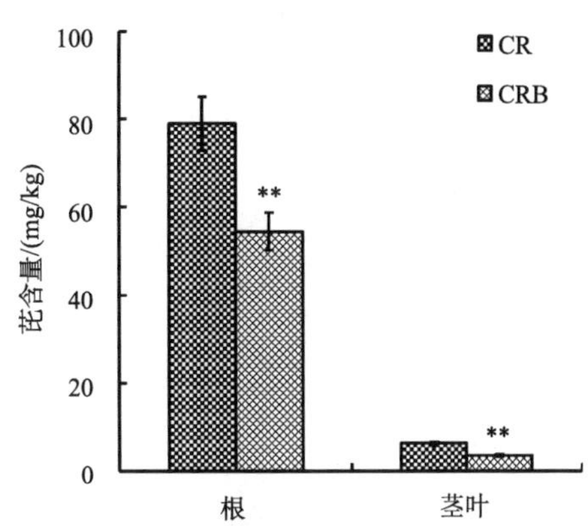

图 5-5 接种菌株 BJ06 对黑麦草根和茎叶中芘含量的影响

“**”表示差异显著（$P<0.01$）

由于植物生长稀释作用也可导致黑麦草体内芘含量减少，通过计算黑麦草体内芘积累量可以规避该因素干扰。由表 5-7 可知，与不接菌对照处理相比，接种菌株 BJ06 致使黑麦草根和茎叶中芘积累量分别由 2.03 μg/pot 和 0.13 μg/pot 减至

1.85 μg/pot 和 0.07 μg/pot。该结果进一步证实了接种菌株 BJ06 能够促进黑麦草体内芘降解，从而降低黑麦草体内芘污染风险。此外，接种菌株 BJ06 也能降低芘在黑麦草体内的富集系数，并阻控芘由黑麦草根向地上部的传导。如表 5-7 所示，与不接菌对照相比，接种菌株 BJ06 致使黑麦草根和茎叶中芘富集系数分别由 1.031 和 0.082 降低为 0.771 和 0.050，芘传导系数由 0.0795 降低为 0.0649。

表 5-7　黑麦草体内芘的积累量和传导系数

不同处理	积累量		富集系数		传导系数
	根/（μg/pot）	茎叶/（μg/pot）	根系富集系数（$C_{根}$ / C_s）	茎叶富集系数（$C_{茎叶}$ / C_s）	
CR	2.030	0.128	1.031	0.082	0.0795
CRB	1.845	0.072	0.771	0.050	0.0649

注：CR 和 CRB 分别表示污染土壤种植黑麦草处理和污染土壤种植黑麦草并接菌处理。$C_{根}$和 $C_{茎叶}$为根和茎叶中芘含量，C_s为土壤中芘含量。

5.1.5 *Serratia* sp. PW7

挑取抗性标记的菌株 PW7 到 LB 抗性培养基中，30℃、150 r/min 活化 48 h，配成 OD_{600}值为 1.0 的菌悬液，采用浸种、浸根、涂叶方法将菌株 PW7 接种到小麦（*Triticum aestivum* L. cv.，扬麦-16）体内。接种后将植物移入含芘的 Hoagland 培养液中，分别于培养 4 d 和 8 d，采集植物样进行测定（王万清，2015）。

由图 5-6 可知，接种菌株 PW7 可以显著降低小麦体内芘含量。随着培养液中芘浓度（100～500 μg/L）升高，小麦根和茎叶中芘含量升高。同时，芘暴露组中，小麦根中芘含量高于茎叶含量。沈小明等（2006）研究发现，玉米根部菲含量随着污染浓度的提高而增大。Gao 等（2004）也有类似的发现，生长于污染土壤的植物根部 PAHs 含量远大于茎叶，根部是 PAHs 的主要储积部位。随着染毒时间由 4 d 延长至 8 d，小麦根和茎叶中芘含量下降。与不接菌对照相比，相同芘暴露浓度和培养时间下，菌株 PW7 定殖降低了小麦体内芘含量。染毒 4 d 和 8 d 时，小麦根部和茎叶部芘含量由低到高为浸根＜浸种＜涂叶＜不接菌对照。说明不同定殖方式下植物体内芘含量下降幅度依次是浸根＞浸种＞涂叶。例如，100 μg/L 芘浓度下染毒 4 d、8 d 时，浸根处理的小麦根中芘含量分别为 11.37 mg/kg、8.70mg/kg，比不接种对照减少了 59.21%、61.36%；浸种处理的为 16.02 mg/kg、11.43 mg/kg，比对照减少了 42.55%、49.25%；涂叶处理的为 19.20 mg/kg、14.22 mg/kg，比对照减少了 31.14%、36.82%。

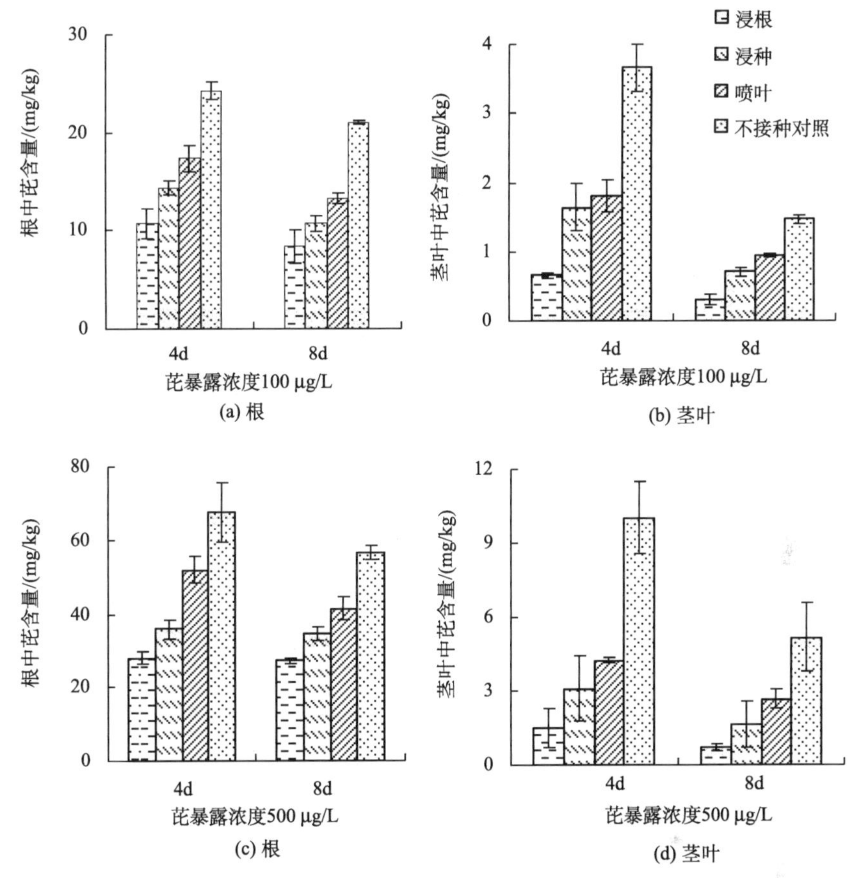

图 5-6 菌株 PW7 定殖对小麦体内芘残留的影响

接种功能细菌能降低植物根和茎叶部芘含量，减少芘由根向植物地上部的转运量。分析原因，一方面是由于菌株定殖后诱导植物分泌相关酶代谢植物体内芘，减轻芘对植物的毒害作用；另一方面植物体内的菌株降解了植物体内的芘，进而减少植物体内芘污染水平。小麦体内芘含量随培养时间延长而降低，包括了植物生长稀释作用（Li et al.,2001; Ryan et al.,1988; Sehroll et al.,1994），芘在小麦体内被植物与微生物的代谢作用，根部向植物地上部的运转作用。成功定殖的菌株有可能对小麦体内这三方面作用进行调控。

小麦对芘的富集系数和传导系数随着芘污染强度的增大而减小（表5-8）；随着染毒时间的延长，小麦根和茎叶对芘的富集系数和传导系数总体呈下降趋势；在同一芘污染浓度和染毒时间下，定殖方式不同，小麦根和茎叶对芘的富集系数和传导系数存在差异，其富集系数和传导系数大小总体表现为浸根＜浸种＜喷叶＜不接菌对照处理。这表明，菌株 PW7定殖有利于降低小麦对溶液中芘的富集能力和由根向茎叶的转运作用。

表 5-8 不同处理小麦对芘的富集系数和传导系数

溶液中芘浓度/（μg/L）	接种方式	采样时间/d	根系富集系数（RCF=C_{Root}/C_w）	茎叶富集系数（SCF=C_{Shoot}/C_w）	传导系数（TF=SCF/RCF）
100	浸根	4	455.34±39.48	27.62±2.13	0.061±0.009
		8	433.28±9.72	15.81±4.15	0.037±0.010
	浸种	4	453.72±41.75	51.56±10.85	0.116±0.036
		8	477.75±27.11	31.44±3.04	0.066±0.010
	喷叶	4	512.76±20.79	53.23±6.52	0.104±0.012
		8	440.71±25.01	31.30±0.78	0.071±0.003
	不接菌对照	4	517.95±63.60	78.19±7.50	0.152±0.023
		8	493.36±40.60	34.38±1.39	0.070±0.008
500	浸根	4	238.10±14.06	12.65±6.65	0.052±0.025
		8	328.02±11.38	8.57±1.47	0.026±0.004
	浸种	4	223.34±17.48	19.39±8.14	0.085±0.031
		8	266.04±14.14	12.80±7.20	0.047±0.025
	喷叶	4	286.82±19.32	23.46±0.57	0.082±0.004
		8	277.78±21.42	17.85±2.75	0.065±0.012
	不接菌对照	4	315.77±38.72	46.77±6.82	0.150±0.030
		8	333.69±10.76	30.43±8.12	0.091±0.024

注：RCF 和 SCF 分别为根系富集系数和茎叶富集系数。C_{Root} 和 C_{Shoot} 分别为根和茎叶中芘含量。C_w 为溶液中芘浓度。TF 为传导系数。

5.1.6 *Mycobacterium* sp. Pyr9-*gfp*

通过灌根方式接种菌株 Pyr9-*gfp* 促进了污染土样中三叶草（*Trifolium repens* L.）生长（顾玉骏，2015）。培养 30 d 后不同芘污染强度土样中三叶草的生物量见表 5-9。随着芘污染强度（0～97.5 mg/kg）提高，植物受到芘毒害加重，生物量减小。与茎叶相比，根生物量随着芘污染强度增大而下降的幅度更大。与不接菌处理相比，通过灌根定殖 Pyr9-*gfp* 可以降低芘对三叶草的毒害，其原因可能包括：接种 Pyr9-*gfp* 降低了植物体内芘含量，减轻了芘对植株的毒害；Pyr9-*gfp* 具有一定植物促生作用，促进了三叶草的生长；Pyr9-*gfp* 的定殖改变了土壤微生物生态及土壤环境，间接促进了植株生长。

表 5-9　不同芘污染强度下菌株 Pyr9-*gfp* 对三叶草根和茎叶生物量的影响

处理		根干重/（mg/pot）	茎叶干重/（mg/pot）
S0	CP	16.45±1.55 abc	32.36±2.80 b
	CPR	18.47±0.42 ab	40.00±5.68 a
S1	CP	18.3±2.40 ab	29.55±4.65 bc
	CPR	19.39±1.97 a	32.72±2.58 b
S2	CP	12.85±0.68 d	25.49±5.02 c
	CPR	16.05±2.09 abc	30.38±1.24 bc
S3	CP	13.71±0.82 cd	24.32±0.70 c
	CPR	15.64±0.09 bcd	27.84±2.49 bc

注：S0、S1、S2、S3 分别为初始芘浓度为 0、9.1、48.5、97.5 mg/kg 的土样；CP 为污染土种植三叶草处理；CPR 为污染土种植三叶草并以灌根方式接菌处理。表中同一植物组织的同列不同字母表示差异显著（$P<0.05$）。

表 5-10 列出了生长于不同芘污染强度土样中三叶草体内芘含量和积累量。不接菌处理三叶草茎叶中芘含量为 0.77～3.83 mg/kg，比根中芘含量（2.97～44.64 mg/kg）要低。同样，生长于不同污染程度土样的三叶草根中芘积累量也高于茎叶，说明根较茎叶更易吸收积累芘。随着土壤芘污染强度提高，三叶草体内芘含量增大。

接种菌株 Pyr9-*gfp* 显著降低了三叶草体内芘含量和积累量。接菌处理三叶草茎叶和根中芘含量分别为 0.50～2.56 mg/kg 和 2.22～32.30 mg/kg，比不接菌对照降低了 33%～42%和 25%～30%。接种菌株 Pyr9-*gfp* 也降低了三叶草中芘积累量；例如，生长于芘浓度为 97.5 mg/kg 的土样上的接菌处理三叶草茎叶和根中芘积累量分别为 0.071 和 0.505 μg/pot，不接菌对照处理分别降低了 23.7%和 17.4%。接种菌株 Pyr9-*gfp* 降低三叶草体内芘含量和积累量的原因可能有：菌株 Pyr9-*gfp* 降解植物体内芘；菌株在植物根表形成生物膜，阻碍了根部对芘的吸收；菌株定殖促进了三叶草生物量增加（表 5-9），对植物体内芘含量产生稀释效应。

表 5-10　不同芘污染强度下菌株 Pyr9-*gfp* 对三叶草吸收积累芘的影响

处理		芘含量/（mg/kg）		芘积累量/（μg/pot）	
		茎叶	根	茎叶	根
S1	CP	0.77±0.02 e	2.97±0.14 e	0.023	0.054
	CPR	0.50±0.02 f	2.22±0.12 e	0.016	0.043
S2	CP	3.15±0.29 b	21.98±0.72 c	0.080	0.283
	CPR	1.82±0.14 d	15.35±1.34 d	0.055	0.246

续表

处理		芘含量/（mg/kg）		芘积累量/（μg/pot）	
		茎叶	根	茎叶	根
S3	CP	3.83±0.14 a	44.64±3.03 a	0.093	0.612
	CPR	2.56±0.12 c	32.30±1.38 b	0.071	0.505

注：S1、S2、S3 分别为初始芘浓度为 9.1、48.5、97.5 mg/kg 的土样；CP 为污染土种植三叶草处理；CPR 为污染土种植三叶草并以灌根方式接菌处理。表中同一植物组织的同列不同字母表示差异显著（$P<0.05$）。

不同芘污染强度土样中芘在三叶草茎叶和根部的富集系数见表 5-11。菌株 Pyr9-*gfp* 定殖降低了三叶草茎叶和根对芘的富集系数，也降低了芘在三叶草体内由根向茎叶的传导系数。接菌与否，随着土壤中芘污染浓度的提高，根和茎叶对芘的富集系数降低。通过比较茎叶富集系数和根富集系数可以发现，茎叶富集系数远低于根系富集系数，而三叶草体内由根向茎叶的传输系数也远低于 1，说明芘不易从植物的根部随蒸腾流传输到茎叶。通过比较接菌和对照处理可以发现，菌株 Pyr9-*gfp* 定殖降低了芘在三叶草茎叶和根部的富集系数，也降低了芘由根向茎叶的传导作用。

表 5-11　不同芘污染强度下芘在三叶草体内的富集系数及传导系数

处理		茎叶富集系数	根富集系数	传输系数
S1	CP	0.370	1.423	0.260
	CPR	0.274	1.226	0.223
S2	CP	0.162	1.129	0.143
	CPR	0.112	0.949	0.118
S3	CP	0.091	1.066	0.086
	CPR	0.070	0.879	0.079

注：S1、S2、S3 分别为初始芘浓度为 9.1、48.5、97.5 mg/kg 的土样；CP 为污染土种植三叶草处理；CPR 为污染土种植三叶草并以灌根方式接菌处理。表中同一植物组织的同列不同字母表示差异显著（$P<0.05$）。

综上可见，接种菌株 Pyr9-*gfp* 促进了污染土样中三叶草生长，降低了三叶草根及茎叶中芘含量和富集系数，并阻控了芘由根向茎叶的传导作用，降低了生长于污染土样的植物芘污染的风险。

5.1.7　复合功能菌对植物吸收累积 PAHs 的影响

微生物代谢转化是环境中 PAHs 降解的重要途径之一。由于从污染区土壤及植物中分离筛选获得的菌株降解谱较窄，单一菌株多是仅对一种或少数几种 PAHs

有较好的降解效果，这限制了其在土壤及植物 PAHs 复合污染中的应用。自然界中微生物菌群之间存在协作、共生、竞争等关系；协作、共生关系可以将不同种群微生物有机地联合在一起，利用共代谢等优势实现优于单菌的效能。本节以本课题组筛选保存的具有菲、芘等 PAHs 降解功能的 RS1（*Sphingobium* sp.）、RS2（*Sphingobium* sp.）、033（*Mycobacterium* sp.）、Phe15（*Diaphorobacter* sp.）、Pn2（*Massilia* sp.）、Phe3（*Paenibacillus* sp.）、Pyr9（*Mycobacterium* sp.）、Ph6（*Pseudomonas* sp.）等 8 株微生物为供试菌株，分析了复合功能菌对植物吸收积累 PAHs 的影响。

1）功能菌拮抗试验

将保藏的菌种用固体培养基活化，挑取单菌落在培养基上进行对峙试验。于 30℃培养 3 次重复，每天观察菌落变化及划线交叉点处各细菌生长情况，判断不同菌株之间是否有拮抗。若交叉点处两菌株均可生长，则说明二者之间无拮抗作用；若交叉点处两菌株均不生长或长势较差或只有一株菌落生长而另一菌株不生长，说明彼此之间存在拮抗。根据观察本试验中所用 8 种微生物间无拮抗作用（图 5-7）。

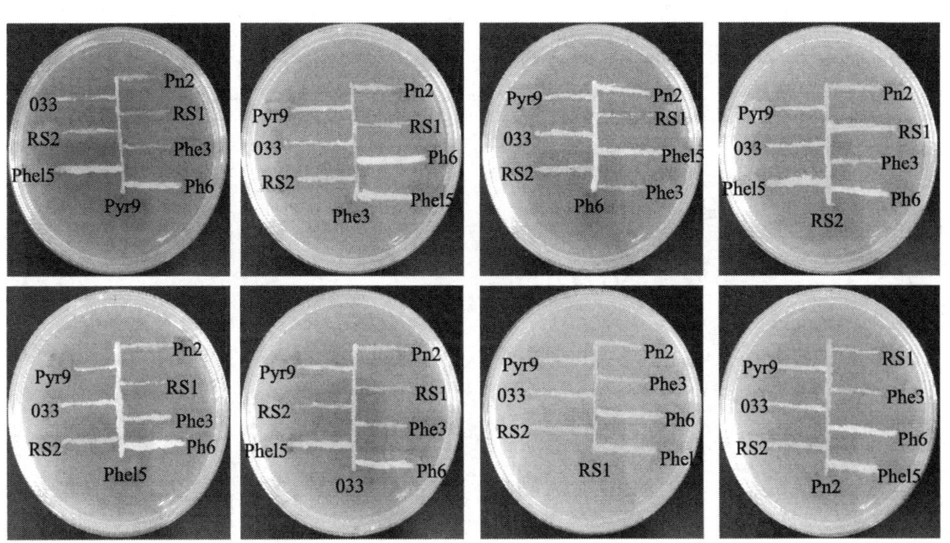

图 5-7 各菌株间竞争性试验（见彩图）

2）复合功能菌的制备

根据各菌株生物学特性，按照到达对数期时间先后顺序确定接菌顺序。即根据各菌株到达对数期时间先后的相反顺序作为培养接种顺序，以相应达到对数期的时间差作为培养接种的间隔（韩梅，2013）。将保藏的菌种用固体活化培养基活化，从固体培养基挑取单菌落分别接种于 1/10 LB 培养液中，于摇床 30 ℃、

150 r/min 振荡培养一定时间，10 000 rpm 离心 3 min，弃尽上清液，用磷酸缓冲液清洗菌体 3 次后，重新悬浮菌体，根据试验需要调整 OD_{600}，复合功能菌一般混合后即用。

3）复合功能菌对培养液中 PAHs 的降解作用

按照上述复合功能菌制备方法，分别制备 OD_{600} 为 0.5、1 的复合功能菌液。根据调查土壤中不同环数 PAHs 分布情况，在 LB 液体培养基中加入 16 种 PAHs 混合液，使溶液中萘（Naph）、苊（Acy）、苊烯（Ace）、芴（Flu）、菲（Phe）、蒽（Anth）、荧蒽（Flt）、芘（Pye）8 种 PAHs 浓度均为 2 mg/L，苯并[a]蒽（BaA）、䓛（Chry）、苯并[b]荧蒽（BbF）、苯并[k]荧蒽（BKF）、苯并[a]芘（BaP）、二苯并[a,h]蒽（DbA）、苯并[g,h,i]苝（BghiP）、茚并（1,2,3-cd）芘（InP）8 种 PAHs 浓度均为 0.5 mg/L。将制备好的复合功能菌液以 5%的接种量加入菌悬液。于摇床 30℃、150 rpm 振荡培养，分别于培养后 3、6、24、72、144、240 h 后整瓶取样，测定培养液中 16 种 PAHs 浓度。

复合功能菌（OD_{600}=0.5、1.0）对培养液中 16 种 PAHs 降解率如图 5-8 所示。随着培养时间延长培养液中低环数（2～4 环）PAHs 降解率增长较快，高环数（5～6 环）PAHs 降解效果较差且随时间降解率增长缓慢。处理 240 h 后接种 OD_{600}=1.0 和接种 OD_{600}=0.5 的培养液中∑PAHs 降解率分别为 72%和 65%。接种 OD_{600}=0.5 的培养液中除蒽外，其余 2～3 环数 PAHs 在培养 6 h 后进入快速降解阶段；除苯并[a]蒽、䓛外其余 2～4 环数 PAHs 在 240h 后降解率均达 86%以上。接种 OD_{600}=1.0 复合功能菌培养 3 h 后，培养液中低环数 PAHs 便进入快速降解阶段，240h 时芴降解率可达 99%，240h 时后除苯并[a]蒽、䓛外其余低环数 PAHs 降解率均达 84%以上。综上可见，复合功能菌对培养液中 2～4 环 PAHs 有很好的降解效果，但随着苯环数的增加，PAHs 降解效果变差。

从第 3 章中相关微生物的生物特性可发现，筛选出的功能微生物能够直接以菲、芘等为碳源进行生长并将其降解，但 4 环以上、亲脂性、水溶性低、相对分子质量较大的 PAHs 一般较难以被微生物直接利用。本节中复合功能菌能够有效地降解多数 4 环以下 PAHs，且对高环数 PAHs 也具有一定降解效果。Trzesicka-Mlynarz 等（1995）发现，相比单一菌株，多株菌混合后添加至培养液中总 PAHs 降解率可达 40%以上。与单一菌株相比，复合功能菌具有较广降解谱，复杂酶系统、共代谢等因素导致复合功能菌对介质中高环 PAHs 具有一定降解效果（Ellis et al., 1991；Muller et al., 1989）。

4）复合功能菌对植物吸收累积 PAHs 的影响

制备 OD_{600}=0.2、0.5、1.0、1.5 的复合功能菌液。利用温室盆栽试验，采用浸种、涂叶、灌根方式将复合功能菌定殖入上海青（*Brassicachinensis* L.）、小白菜

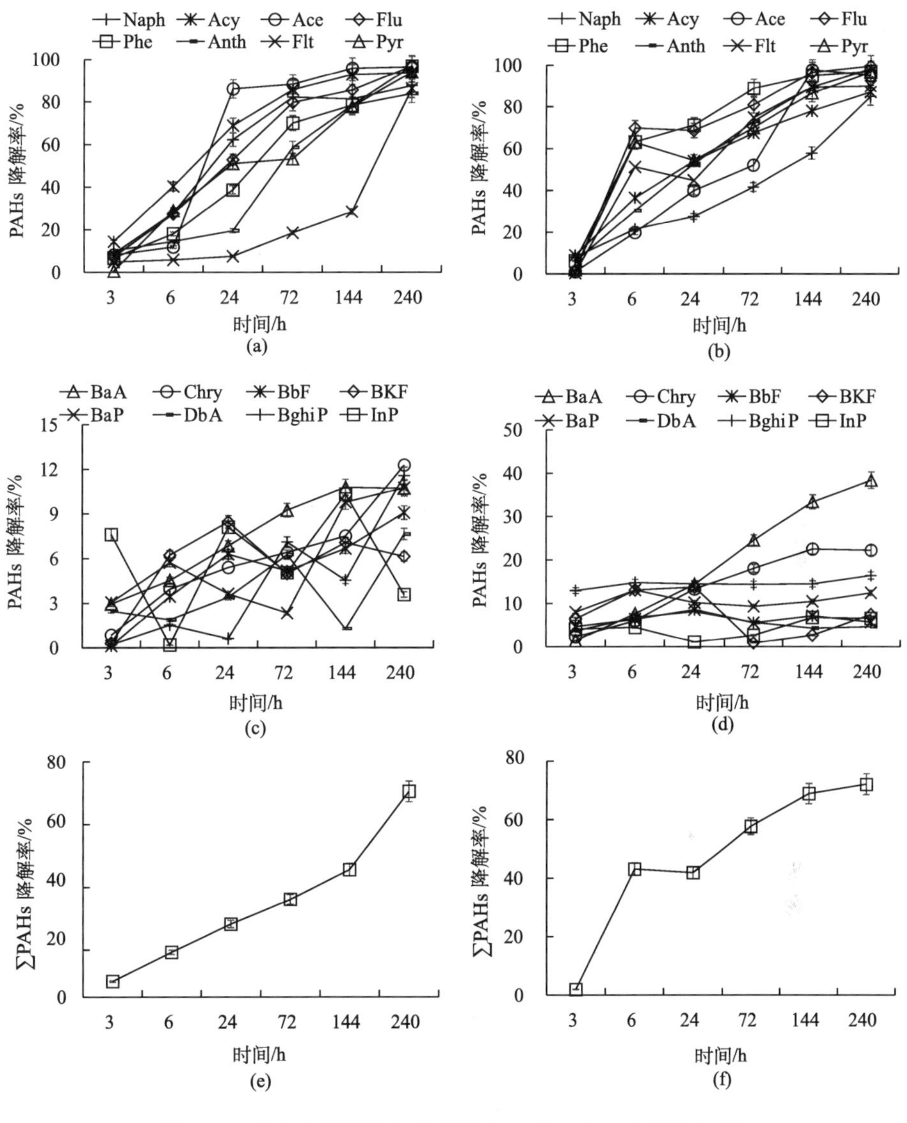

图 5-8　复合功能菌液对培养液中 16 种 PAHs 的降解曲线

a、c 和 e 分别为 OD_{600}=0.5 复合功能菌对培养液中不同环数 PAHs 的降解曲线和培养液中∑PAHs 降解曲线；b、d 和 f 为 OD_{600}=1 复合功能菌对培养液中不同环数 PAHs 的降解曲线和培养液∑PAHs 降解曲线

（*Brassica campestris* L.）、黑麦草（*Lolium multiflorum* L.）体内，于处理后 45 d 采集，测定上海青、小白菜、黑麦草中 PAHs 含量。污染土壤中 PAHs 起始含量为 107.39 mg/kg，其中 2～3 环 PAHs 占比 4.58%、4 环占比 35.36%、5～6 环占比 60.06%。对于浸种处理，浸种 OD_{600} 为 0.5 和 1 的菌液对降低上海青体内 PAHs 积累有较好的效果，其含量分别比不接菌对照处理低 72%和 75%。对于涂叶处理，

当用 OD_{600} 为 0.2 和 0.5 的菌液涂叶时上海青体内 PAHs 含量比对照处理均低 71%（图 5-9（a））。对于小白菜而言，浸种的菌液 OD_{600} 最适为 0.5，该处理小白菜体内 PAHs 含量比对照低 26%；OD_{600} 为 1.0 或 1.5 时复合功能菌涂叶处理小白菜后，小白菜体内 PAHs 含量与对照处理无显著差异（图 5-9（b））。采用灌根接种方式将复合功能菌定殖到黑麦草体内，可降低黑麦草体内 PAHs 含量；菌液 OD_{600} 为 0.5 时，黑麦草体内 PAHs 含量最小，比不接菌对照低 56%（图 5-10（a））。相同 OD_{600} 及接种方式下不同植物吸收积累 PAHs 存在差异，这可能是植物特性、功能菌与植物共生关系等不同有关。根据试验结果并考虑实际应用情况，复合功能菌较优的接种方式可选浸种或灌根，最适 OD_{600} 为 0.5。

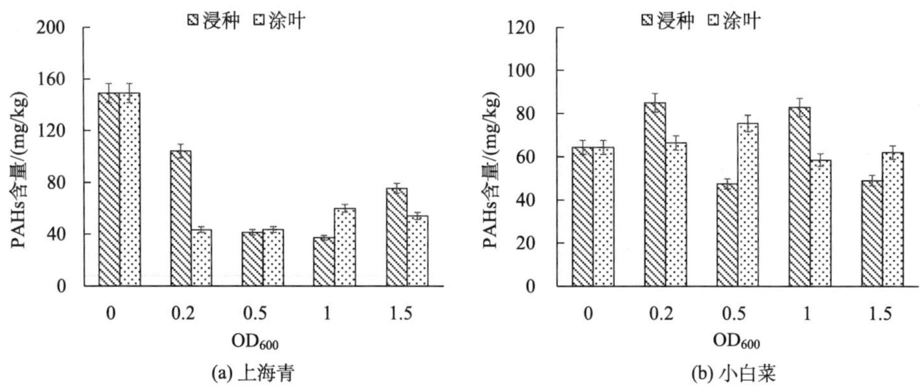

图 5-9　复合功能菌接种对上海青和小白菜体内 PAHs 含量的影响

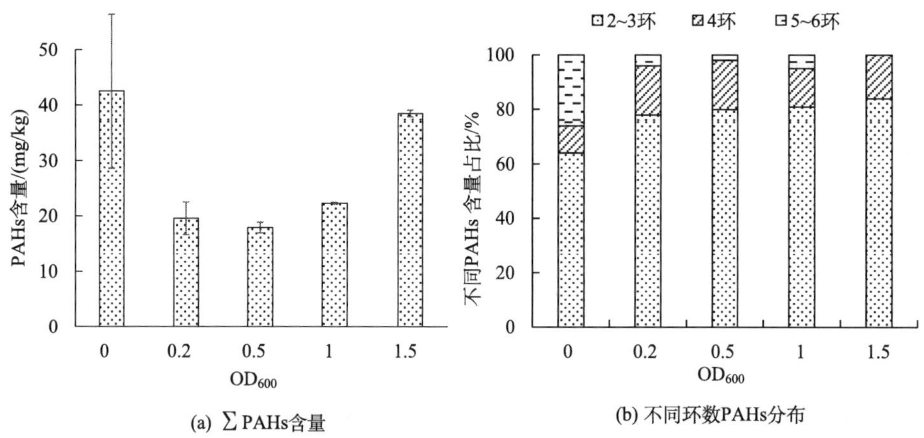

图 5-10　复合功能菌灌根接种对黑麦草体内∑PAHs 含量和不同环数 PAHs 分布的影响

不同苯环数 PAHs 在植物体内含量分布存在差异。由图 5-11 可知，采用浸种和涂叶方式定殖不同 OD_{600} 的复合功能菌，均降低了上海青体内 4～6 环 PAHs 所占比例，2～3 环 PAHs 占比提高。浸种和涂叶方式接种复合功能菌对小白菜体内不同环数 PAHs 分布存在差异，浸种接菌处理降低了小白菜体内 4～6 环 PAHs 所占比例，提高了 2～3 环 PAHs 所占比例；而当用 OD_{600} 为 0.2、0.5 菌液涂叶时，小白菜体内 5～6 环 PAHs 所占比例略有提高。灌根接菌处理能够降低黑麦草体内 5～6 环 PAHs 所占比例，但 2～4 环 PAHs 所占比例升高（图 5-10（b））。

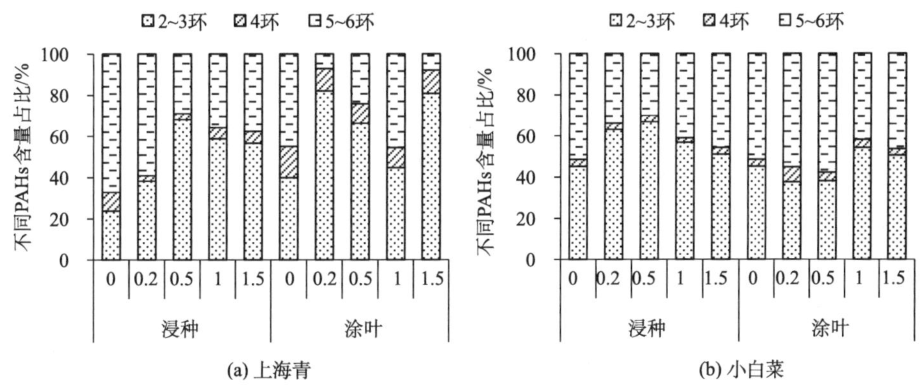

图 5-11　接种复合功能菌对上海青和小白菜体内不同环数 PAHs 含量分布的影响

综上可见，接种复合功能菌能够有效地降低植物体内 16 种优先控制 PAHs 含量，复合功能菌较优的接种方式可选浸种或灌根。该结果为利用功能内生细菌减低实际污染区植物 PAHs 污染风险提供了技术依据。

5.2　功能内生细菌对土壤中 PAHs 去除的影响

以往诸多研究表明，植物吸收有机污染物与土壤污染强度密切相关。Wang 等（1994）研究发现，胡萝卜茎叶中氯代苯含量与茎叶生物量正相关，长势旺盛的会吸收较多氯代苯；而根中含量则随土壤中氯代苯浓度提高而增大。Gao 和 Ling（2006）发现，植物根中 PAHs 含量与土壤中 PAHs 含量间呈正相关。对 12 种植物吸收土壤中菲和芘的研究结果表明，植物体内菲和芘含量、积累量与土壤污染强度呈正相关（Gao and Zhu, 2004）。显然，有效地去除土壤中 PAHs 将有利于降低植物对 PAHs 的吸收积累。本节分析了接种几种具有 PAHs 降解功能的植物内生细菌对土壤中 PAHs 去除的影响，试图从土壤中 PAHs 变化的角度来揭示功能内生细菌降低植物吸收积累 PAHs 的作用机制。

5.2.1 *Massilia* sp. Pn2

图 5-12 给出了培养 30d 后不同菲污染强度土样中菲残留浓度。种植小麦但未接菌组中，S1、S2、S3 土样中菲残留浓度分别为 0.74、7.21 和 69.69 mg/kg，与各自初始浓度相比分别降低了 85.2%、85.5%和 65.2%，这可归因于土壤中菲的非生物性损失、酶解、土著微生物降解等所致。在种植小麦且接种菌株 Pn2 组中，S1、S2、S3 土样中菲残留浓度分别为 0.62、6.93 和 67.18 mg/kg，比初始浓度分别下降了 87.6%、86.1%和 66.4%。比较接菌和不接菌处理土壤中菲残留发现，接种菌株 Pn2 的土壤中菲去除率与不接菌对照间差异不大。这可能是由于菌株 Pn2 在土壤中适应能力弱，难与土壤中土著微生物竞争，导致最终无法长期存活并稳定发挥降解作用所致。

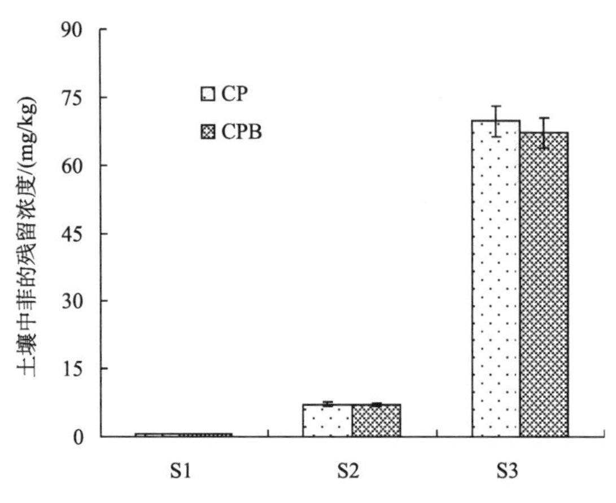

图 5-12 不同处理土壤中菲残留浓度

土样 S1、S2、S3 中菲起始浓度分别为 5、50、200 mg/kg；CP-污染土种植小麦处理，CPB-污染土种植小麦并以灌根方式接菌处理

5.2.2 *Sphingobium* sp. 45-RS2

图 5-13 给出了培养 30d 后不同处理土样中菲残留浓度。土样中菲初始浓度为 100 mg/kg。30d 后种植紫花苜蓿但未接菌 45-RS2 土样中菲残留浓度为 28.73 mg/kg，去除率为 71.27%；而灌根接菌和浸种接菌处理的种植紫花苜蓿的土样中菲残留浓度分别为 24.97 和 22.31 mg/kg，与不接菌对照相比分别降低了 13.07%和 22.30%。说明菌株 45-RS2 不仅能够定殖在紫花苜蓿体内、参与体内菲降解，而且也能进入土壤中，并稳定存在于土壤环境，协同植物根系代谢根际土壤中菲。此外，与灌根处理相比，浸种处理更有利于紫花苜蓿根际土壤中菲去除。鉴于土壤中 PAHs

含量与植物体内 PAHs 含量的正相关关系（Gao and Zhu, 2004），由于定殖菌株 45-RS2 可降低紫花苜蓿根际土壤中菲浓度，从而可以减少紫花苜蓿对根际土壤中菲的吸收积累，这也间接地降低了紫花苜蓿体内菲含量（表 5-6）。

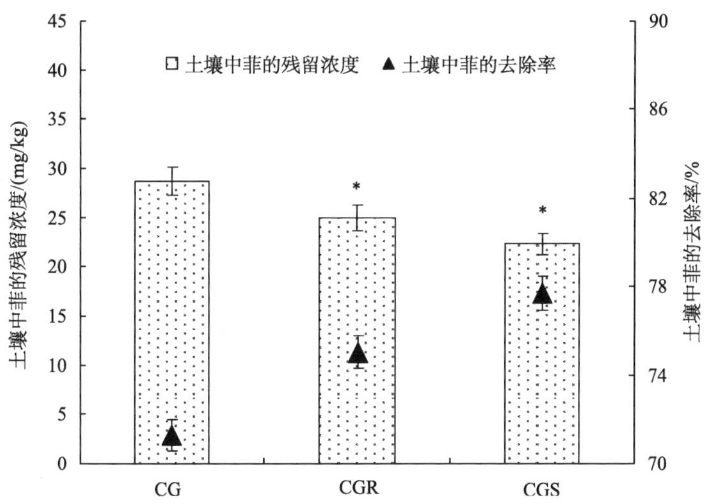

图 5-13　不同处理组土壤中菲残留浓度和去除率

CG. 污染土种植紫花苜蓿处理；CGR. 污染土种植紫花苜蓿并灌根接菌处理；CGS. 污染土种植紫花苜蓿并浸种接菌处理；*表示与 CG 处理间差异显著

5.2.3　*Staphylococcus* sp. BJ06

采用灌根方式接种菌株 BJ06 不仅能够促进黑麦草体内芘的降解（图 5-5 和表 5-7），而且也能够降低土壤中芘的残留浓度（图 5-14）。培养 15 d 后，不接菌 BJ06 且不种植植物对照组（CK）土壤中芘去除率仅为 7%，而在种植黑麦草但不接菌处理（CR）、接菌但不种植黑麦草处理（CB）的土壤中，芘去除率分别为 23%和 13%；而种植黑麦草并接菌处理的土壤中（CRB），芘去除率则可达 29%。这些结果表明，种植黑麦草或接种菌株 BJ06 均能够促进土壤中芘的去除，其中黑麦草和功能菌株的结合效果更好。从土壤中 PAHs

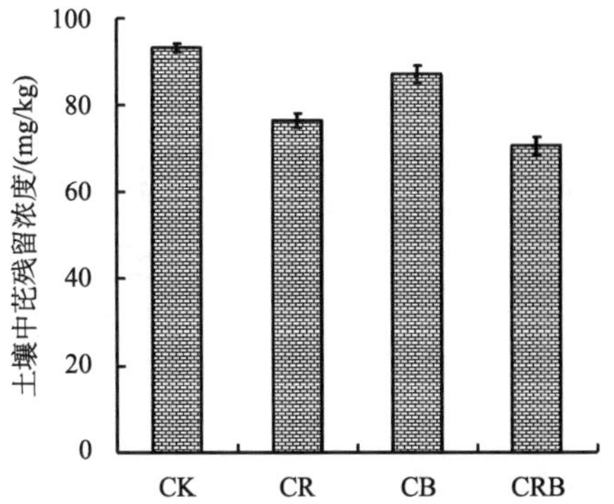

图 5-14　不同处理根际土壤中芘残留

CK、CR、CB 和 CRB 分别表示不接菌且不种植物处理、不接菌但种植黑麦草处理、接菌但不种植物处理、接菌且种植黑麦草处理

含量与植物吸收间的作用关系来看，菌株 BJ06 对土壤中芘去除的增效作用将有助于降低黑麦草体内芘的积累。

5.2.4 *Serratia* sp. PW7

文献报道表明，培养液中 PAHs 浓度与植物吸收间呈正相关关系（Gao and Collins, 2009）。接种具有 PAHs 降解功能的内生细菌也可降低水培体系培养液中 PAHs 浓度，进而有助于降低植物体内 PAHs 吸收积累。菌株 PW7 对培养液中芘浓度的影响如图 5-15 所示。培养液中芘初始浓度为 100 μg/L。随着培养时间培养液中芘浓度下降，芘去除率增大。染毒 4 d 时浸根接菌、浸种接菌、涂叶接菌、不接种对照处理组芘去除率分别为 78.3%、70.8%、68.7%、56.9%；染毒 8 d 时其去除率分别为 75.3%、71.4%、61.6%、 45.7%。显然，与不接种菌对照处理相比，接种菌株 PW7 的培养液中芘浓度显著降低。这些结果表明，菌株 PW7 定殖到小麦体内后，还可释放进入培养液，并促进培养液中芘的去除，进而降低了小麦体内芘的吸收积累（图 5-6 和表 5-8），这应是接菌 PW7 降低植物芘污染的机制之一。

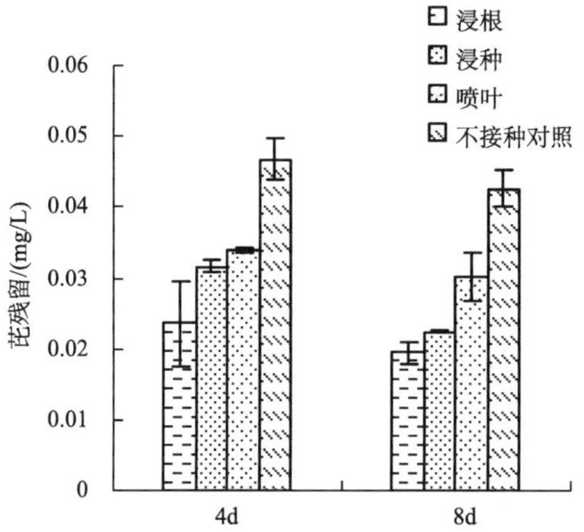

图 5-15　不同接菌方式下种植小麦的培养液中芘残留浓度

5.2.5 *Mycobacterium* sp. Pyr9-*gfp*

图 5-16 给出了不同处理土样中芘残留浓度。土样 S1、S2、S3 中芘初始浓度分别为 9.1 mg/kg、48.5 mg/kg、97.5 mg/kg。采用灌根方式将菌株 Pyr9-*gfp* 接种到土壤和植物体。培养 30d 后，不接菌不种植三叶草处理（CK）的 S1、S2、S3 土样中的芘残留浓度分别为 2.62 mg/kg、27.37 mg/kg 和 51.20 mg/kg，芘去除率为

72%、44%和 47%。S1 土样中，不接菌但种植三叶草处理（CP）、接菌不种植三叶草处理（CB）、接菌且种植三叶草处理（CPR）土样中芘残留浓度分别为 2.08、2.46 和 1.81 mg/kg，比 CK 处理分别降低了 20%、6%和 31%。S2 土样中 CP、CB 和 CPR 处理的芘残留浓度分别比 CK 低 29%、16%和 41%，S3 土样中则分别低 18%、9%和 28%。显然，CPR 处理的土样中芘去除率高于 CP 和 CB 处理，表明接种 Pyr9-*gfp* 后形成的 Pyr9-*gfp*-三叶草共生体系促进了土壤中芘的去除，进而有利于降低植物体内芘含量（表 5-10 和表 5-11）。

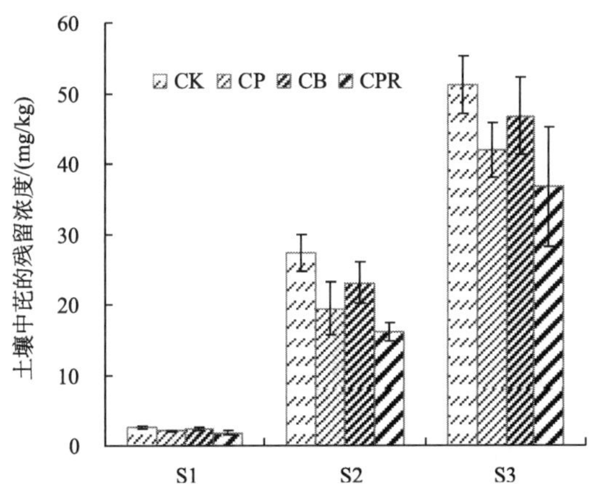

图 5-16 不同处理土壤中芘残留浓度

S1、S2、S3. 土壤中芘初始浓度分别为 9.1、48.5、97.5 mg/kg；CK. 不种三叶草不接菌处理，CP. 种三叶草不接菌处理，CB. 不种三叶草接菌处理，CPR. 种三叶草接菌处理

5.2.6 复合功能菌促进土壤中 PAHs 去除

利用温室盆栽实验，研究了接种复合功能菌对土壤中 16 种优控 PAHs 去除的影响。复合功能菌选用具有菲、芘等 PAHs 降解功能的 RS1（*Sphingobium* sp.）、RS2（*Sphingobium* sp.）、033（*Mycobacterium* sp.）、Phe15（*Diaphorobacter* sp.）、Pn2（*Massilia* sp.）、Phe3（*Paenibacillus* sp.）、Pyr9（*Mycobacterium* sp.）、Ph6（*Pseudomonas* sp.）8 株菌株。设接种复合功能菌、种植黑麦草、接种复合功能菌并种植黑麦草、不接菌不种植植物对照等 4 个处理，于 0～45d 采样分析。由表 5-12 可见，与不接菌不种植植物对照相比，接菌、种植黑麦草、接菌并种植黑麦草均提高了土壤中∑PAHs 的去除率。随培养时间延长，土壤中∑PAHs 去除率上升。45d 后，对照处理土壤中∑PAHs 去除率为 10%；种植黑麦草处理土壤中去除率为 39%；接种不同 OD_{600} 菌液处理的土壤中∑PAHs 去除率存在差异，接种 OD_{600}

为 0.2 和 0.5 菌液处理 15d 后∑PAHs 去除率低于 10%，而接种 OD_{600} 为 1.0 和 1.5 菌液处理 15d 后∑PAHs 去除率在 25%以上，45d 后土壤中∑PAHs 去除率达到 41%以上；与仅接菌处理相比，接菌与种植黑麦草联合处理能够更快速有效地减少土壤中 PAHs 含量，处理 15d 后土壤中∑PAHs 去除率可达 30%以上，高于其他三组处理，45d 时接种不同 OD_{600} 菌液并种植黑麦草的土壤中∑PAHs 去除率达 57%以上，且菌液浓度为 0.2 时效果较好，其∑PAHs 去除率可达 65%。Li 等（2008）研究发现，复合功能菌（细菌和真菌）对土壤中 16 种 PAHs 的去除率高达 55.4%。Booncha 等（2000）得出，功能菌 VUN 10009（*p. janthinellum*）和 VUO 10201（*p. janthinellum*）混合后添加至污染土壤中，土壤中䓛、苯并[a]蒽、苯并[a]芘、二苯并[a]蒽的去除率为 40%～68%。综上，相比仅接菌或种植黑麦草处理，二者联合对土壤中 PAHs 具有更快更好的去除效果。

表 5-12　不同处理土壤中 PAHs 去除率（%）

处理	处理时间/d			
	15	25	35	45
接种 OD_{600}=0.2 菌液并种植黑麦草	34±4	23±1	54±1	65±3
接种 OD_{600}=0.5 菌液并种植黑麦草	43±1	44±2	63±1	61±1
接种 OD_{600}=1.0 菌液并种植黑麦草	30±11	35±6	49±0	57±1
接种 OD_{600}=1.5 菌液并种植黑麦草	37±1	32±4	50±0	63±0
接种 OD_{600}=0.2 菌液	9±5	48±8	50±1	60±1
接种 OD_{600}=0.5 菌液	8±2	20±0	28±1	41±1
接种 OD_{600}=1.0 菌液	25±1	21±8	48±1	58±0
接种 OD_{600}=1.5 菌液	31±0	25±1	47±1	66±0
种植黑麦草	11±2	14±2	34±0	39±0
不接菌不种植黑麦草	7±3	9±9	8±0	10±0

5.3　接种功能内生细菌对植物体内酶系活性的影响

多方面的资料证明（Hirose et al., 2005; DeRidder, 2002），植物体内有机污染物降解归根结底是在酶的作用下进行的，一系列酶系统在植物代谢有机污染物中起重要作用。目前，已报道的植物酶主要包括细胞色素 P450 酶、谷胱甘肽-S-转移酶（GSTs）、过氧化物酶、多酚氧化酶、过氧化氢酶、超氧化物歧化酶、硝基还原酶、酯酶、酰胺酶、水解酶等，它们诱导有机污染物的许多代谢反应，从而控制有机污染物的选择性与抗性。细胞色素 P450 是农药代谢第一阶段中最重要的酶系，定位于内质网膜，诱导农药羟基化、氧化脱烷基、氧化脱氨基以及环氧化等反应（Hirose et al., 2005）；例如，通过离体和活体实验发现，小麦中至少有 3 种 P450 酶与苯达松、禾草灵和绿麦隆代谢有关（Hirose et al., 2005）。GSTs 存在于植物发育的每个阶段，能催化一系列疏水、亲电子有机污染物的缀合作用，保护植物细胞免受氧化损伤。GSTs 对大多数除草剂在植物体内代谢起重要作用；据知，三氮苯、氯代乙酰胺、芳氧苯氧丙酸、二苯醚、磺酰脲、硫代氨基甲酸酯等多种类型除草剂在作物体内均由 GSTs 催化、并与谷胱甘肽或高谷胱甘肽不可逆缀合而被代谢（DeRidder, 2002）。同样的，其他酶系在有机污染物代谢中的作用也可见相关报道，如过氧化物酶对多氯联苯（PCBs）的代谢已被研究所证实。从植物中分离的过氧化物酶可将 PCBs 代谢为氯代羟基联苯、羟基联苯、氯代三联苯、氯苯和安息香酸等（Koller et al., 2009）。

从已有的资料来看，植物可代谢菲、蒽等 PAHs（Gao et al., 2013）。据报道（高学晟等，2009），经 30 d 培养，超过 90%的蒽被矮菜豆代谢。PAHs 在植物体内的代谢也与植物体内一系列酶系活性密切相关。体外实验表明，过氧化物酶（POD）、多酚氧化酶（PPO）等可直接降解萘、菲、芘等 PAHs（Gao et al., 2012）；PAHs 污染也会影响植物及其亚细胞组分中多种酶的活性（Ling et al., 2012）。本节分析了接种具有 PAHs 降解功能的内生细菌对植物体内酶活的影响，试图从酶学角度阐释功能内生细菌调控植物吸收积累 PAHs 的作用机制。

5.3.1 *Massilia* sp. Pn2

菌株 Pn2 在小麦体内定殖可影响植物体内 PAHs 代谢相关酶系活性，进而影响植物吸收积累 PAHs。POD 是一类存在于植物体内能氧化酚类和芳香胺类化合物的氧化酶，在植物代谢芳香胺类物质时起重要作用（Gao et al., 2012）。POD 也是逆境条件下植物酶促防御系统的关键酶之一，它与超氧化物歧化酶（SOD）、过氧化氢酶（CAT）相互协调配合，清除过剩自由基，使体内自由基维持在正常的动态水平，以提高植物抗逆性（孙学成等, 2006）。

从图 5-17 可见，土培 30 d 后，随着土壤菲污染强度（0～200mg/kg）提高，小麦体内 POD 活性呈现先升高后下降的趋势。卢晓丹等（2008）利用水培试验也发现，菲处理浓度为 0～1.8 mg/L，144 h 培养后黑麦草根和茎叶中 POD 活性随菲处理浓度增加先升高后降低，低菲污染可激发供试植物酶活性, 高污染则对酶活有抑制作用。说明在适度的菲胁迫下，植物可激发其自身的防御体系，诱导 POD 活性增大，以抵抗由于菲胁迫造成的氧自由基增加；但过高的菲污染强度下，自由基的产生超过了 POD 的清除能力而会引起植物伤害，使酶活降低，这也说明酶活性有一个阈值，对植物的保护作用有一定限度。供试菲污染强度（0～200mg/kg）下，以灌根方式接种菌株 Pn2 增强了小麦根和茎叶中 POD 活性（图 5-17）。表明，接种外源功能菌株能诱发植物自身的防御系统，诱导 POD 活性提高以清除植物体内的自由基。植物体内 POD 活性同时受污染条件和外源菌株定殖的双重影响。

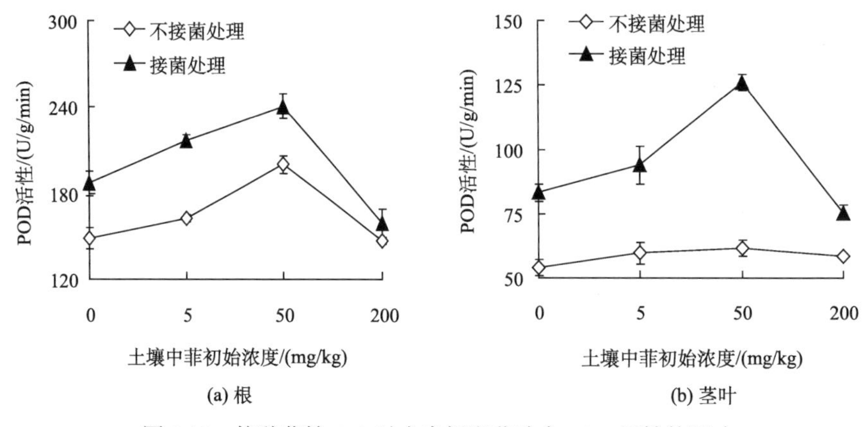

图 5-17　接种菌株 Pn2 对小麦根和茎叶内 POD 活性的影响

接种菌株 Pn2 也影响了小麦根和茎叶中 PPO 的活性（图 5-18）。随着土壤菲污染强度提高，小麦体内的 PPO 活性也呈现先升高后下降的趋势。低菲浓度处理下，植株体内 PPO 活性受菲诱导上升；当菲浓度继续增大时， 超过了 PPO 的防御范围后，机体受损，酶活也随之下降。卢晓丹等（2008）研究菲污染对黑麦草根和茎叶中 POD 活性的影响时，得出了相似的规律。灌根方式接种菌株 Pn2 增强了小麦体内 PPO 的活性。

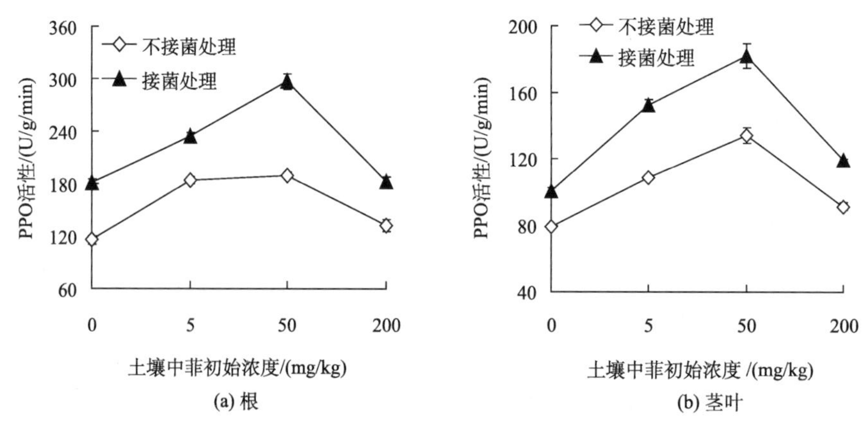

图 5-18　接种菌株 Pn2 对小麦根和茎叶内 PPO 活性的影响

综上，接种功能菌株 Pn2 可通过激活小麦体内 PAHs 代谢相关酶系活性进而加速小麦体内 PAHs 降解，降低小麦体内 PAHs 的积累（表 5-4），降低其植物污染的风险，这也应是功能内生细菌减低植物吸收积累 PAHs 的重要机制之一。

5.3.2　*Sphingobium* sp. 45-RS2

菌株 45-RS2 定殖可以影响紫花苜蓿体内 PAHs 代谢相关酶系活性，进而影响 PAHs 在植物体内的降解。研究分析了不同接种方式下菌株 45-RS2 对紫花苜蓿体内 POD、PPO、过氧化氢酶（CAT）活性的影响。实验设无污染土种植紫花苜蓿（UG）、无污染土种植紫花苜蓿并灌根接菌（UGR）、无污染土种植紫花苜蓿并浸种接菌（UGS）、污染土种植紫花苜蓿（CG）、污染土种植紫花苜蓿并灌根接菌（CGR）、污染土种植紫花苜蓿并浸种接菌（CGS）6 组处理。土培 30d 后采样分析（盛月惠，2015）。

由图 5-19 可见，在无菲污染的处理组（UG、UGR、UGS）中，接种功能菌株显著增强了紫花苜蓿茎叶中 POD 活性，但对根中 POD 活性的影响不显著。推测接种外源菌株 45-RS2 能诱发紫花苜蓿自身的防御系统，诱导 POD 活性提高以清除植物体内的自由基，且菌株定殖对茎叶部影响更显著。由 UG 和 CG 对比可知，菲污染可以诱导植物体内 POD 活性增强，对茎叶部的影响更突出；表明，菲胁迫能诱发植物自身的防御系统清除自由基。然而在同样的菲污染条件下，接种菌株 45-RS2 对紫花苜蓿体内酶活的影响不显著（CG、CGR 和 CGS）。

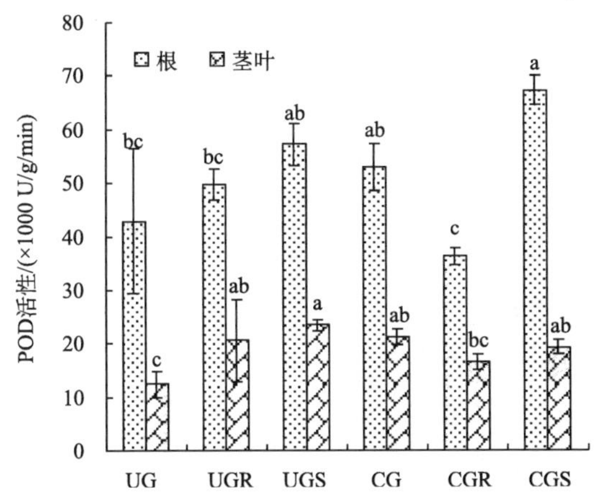

图 5-19　不同处理紫花苜蓿根和茎叶中 POD 活性

UG. 无污染土种植紫花苜蓿处理；UGR. 无污染土种植紫花苜蓿并灌根接菌处理；UGS. 无污染土种植紫花苜蓿并浸种接菌处理；CG. 污染土种植紫花苜蓿处理；CGR. 污染土种植紫花苜蓿并灌根接菌处理；CGS. 污染土种植紫花苜蓿并浸种接菌处理；图中同一系列柱上不同字母表示差异显著（$P<0.05$）

图 5-20 给出了定殖功能菌株 45-RS2 对紫花苜蓿体内 PPO 活性的影响。无菲污染条件下（UG、UGR 和 UGS），接种菌株显著提高了紫花苜蓿根部和茎叶部的 PPO 活性。梁军锋等（2005）也发现类似的现象，接种放线菌对辣椒叶片中 PPO 活性具有诱导作用。与无污染处理（UG）相比，菲胁迫（CG 处理）下紫花苜蓿根部 PPO 活性显著较低；卢晓丹等（2008）研究菲污染对植物 POD 活性的影响时，也得出了相似的结论。在菲胁迫和功能菌株 45-RS2 作用下（CG、CGR、CGS 处理），紫花苜蓿根内 PPO 活性均显著低于 UG 处理；这表明，虽然存在功能菌株的作用，但是紫花苜蓿根中菲含量过高，对 PPO 活性起抑制作用，当逆境胁迫超过一定阈值时，过高的活性氧累积会破坏植物的部分保护防御系统。相对于根部，在接菌和菲胁迫（CG、CGR、CGS 处理）下，茎叶部的 PPO 活性均显著高于对照（UG）；这是由于与根相比，茎叶中菲含量较低（表 5-6）、菲胁迫未超过阈值，菲胁迫与功能菌株共同作用，有效地促进了紫花苜蓿茎叶中 PPO 活性，提高了植物对 PAHs 的抗逆性。

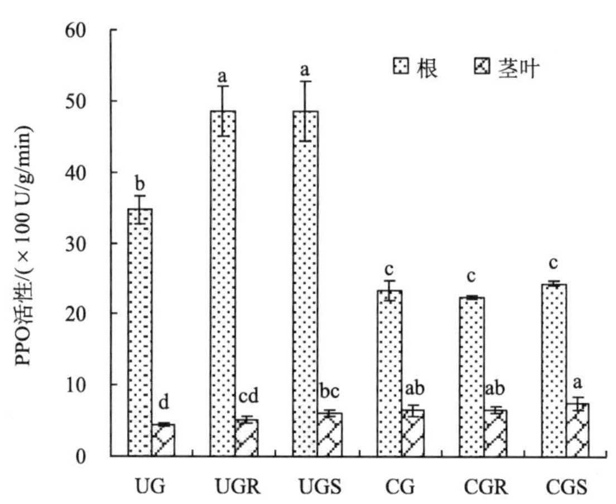

图 5-20　不同处理紫花苜蓿根和茎叶中 PPO 活性

UG. 无污染土种植紫花苜蓿处理；UGR. 无污染土种植紫花苜蓿并灌根接菌处理；UGS. 无污染土种植紫花苜蓿并浸种接菌处理；CG. 污染土种植紫花苜蓿处理；CGR. 污染土种植紫花苜蓿并灌根接菌处理；CGS. 污染土种植紫花苜蓿并浸种接菌处理；图中同一系列柱上不同字母表示差异显著（$P<0.05$）

CAT 是生物进化过程中形成的一种氧化酶，其主要存在于过氧化体中，（肖敏等, 2009）。植物在受到胁迫时，会产生 H_2O_2 和其他活性氧，而 CAT 能分解 H_2O_2，从而清除过氧化体中 H_2O_2，使植物体避免在逆境条件下产生过量 H_2O_2 而损伤（Prasad, 1997）。CAT 活性的变化，既可显示逆境胁迫的强弱，也可反映植物自身的抗逆性。接种菌株 45-RS2 对紫花苜蓿体内 CAT 活性的影响见图 5-21。

接菌处理对紫花苜蓿茎叶中 CAT 活性的影响不显著；比较 UG、UGR 和 UGS 处理可见，接种菌株 45-RS2 显著降低了紫花苜蓿根中 CAT 活性，说明 CAT 活性对该外源菌株敏感。菲胁迫下，随紫花苜蓿根部菲含量升高（表 5-6；根中菲含量大小顺序为 CG＞CGR＞ CGS），根中 CAT 活性增强，但是其活性均低于 UG 组；可能是菲胁迫下 CAT 缓解植物体内过氧化氢毒害的能力降低，进而增加了植物细胞膜脂质过氧化过程中活性基团的产生（Lin and Kao, 2000）。

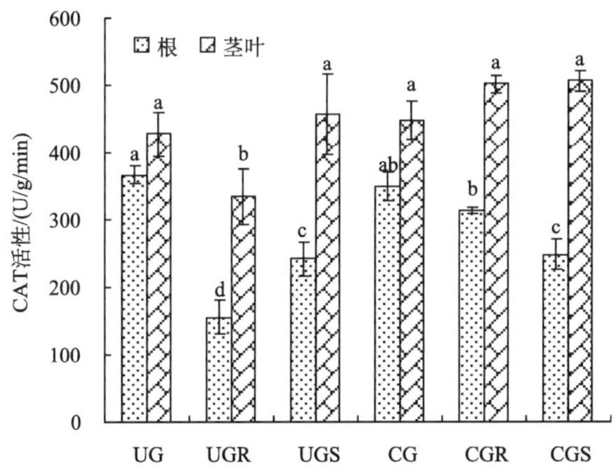

图 5-21　不同处理紫花苜蓿根和茎叶中 CAT 活性

UG. 无污染土种植紫花苜蓿处理；UGR. 无污染土种植紫花苜蓿并灌根接菌处理；UGS. 无污染土种植紫花苜蓿并浸种接菌处理；CG. 污染土种植紫花苜蓿处理；CGR. 污染土种植紫花苜蓿并灌根接菌处理；CGS. 污染土种植紫花苜蓿并浸种接菌处理；图中同一系列柱上不同字母表示差异显著（$P<0.05$）

5.3.3　*Serratia* sp. PW7

利用温室盆栽试验，研究了接种菌株 PW7 对小麦体内几种酶活性的影响。供试土样为黄棕壤，土壤中芘污染浓度为 50 和 100 mg/kg。分别采用浸种、灌根、喷叶 3 种接种方式将菌株定殖到植物体内。简要过程如下：①浸种接种（SS）：小麦种子经表面消毒后，用菌悬液（OD_{600}=1.0）浸泡 6 h，用无菌水冲洗数次，置于 30°C 恒温培养箱催芽后，播种于污染土中。②灌根接种（SR）：小麦种子经表面消毒、催芽后，播种于污染土中，待小麦苗培养至株高约 10 cm 左右，将菌悬液（OD_{600}=1.0）浇灌于植物根部土壤。③叶片涂叶接种（PL）：小麦种子经表面消毒、催芽后，播种于污染土中，待小麦苗培养至株高约 10 cm 左右，采取喷雾方法将菌悬液喷涂到植物叶片上。培养 12d 后采集样品分析植物体内酶活变化（林相昊，2015）。

邻苯二酚-2,3-双加氧酶（C23O）是微生物体内降解芳香族化合物时开环裂解的关键酶。具有高降解性能的功能菌可产生 C23O，加两个氧原子到苯环上形成过氧化物，然后氧化为顺式二醇，脱氢产生酚。细菌继续将其降解，逐步断裂 C—C 键，减小其苯环数。常见中间产物有邻苯二酚、2,5-二羟基苯甲酸、3,4-二羟基苯甲酸等，这些中间产物会进一步被降解，最后产物是 CO_2 和 H_2O（Sims and Overcash, 1981）。

由图 5-22 可知，通过灌根、浸种、喷叶 3 种接种方式，菌株 PW7 可成功地定殖到小麦体内并显著地提高了小麦根和茎叶中 C23O 活性。无污染条件下，菌株 PW7 定殖对小麦体内 C23O 活性无显著影响，但对于生长于 50 或 100mg/kg 芘污染土壤上的小麦，接种菌株 PW7 显著提高了小麦根与茎叶中 C23O 活性。同一芘污染强度下，菌株 PW7 定殖对小麦茎叶中 C23O 活性的提高幅度表现为灌根＞涂叶＞浸种，对小麦根部 C23O 活性的提高幅度为灌根＞浸种＞涂叶。同一接种方式下，菌株 PW7 定殖对小麦茎叶和根部 C23O 活性的提高幅度随芘污染强度的升高而增大。由于 C23O 是芳香族化合物开环裂解的关键酶，菌株 PW7 定殖提高了芘污染条件下小麦体内 C23O 的活性，导致小麦体内芘代谢能力提高，这将有利于小麦体内芘的降解和去除。

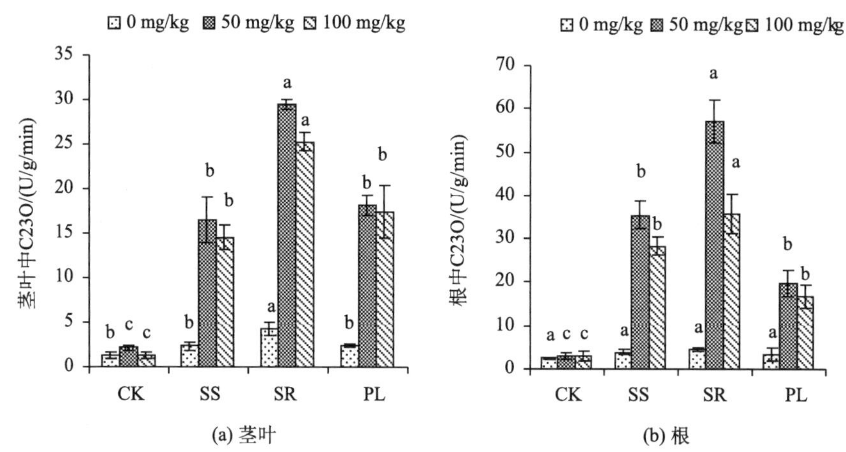

图 5-22　接种菌株 PW7 对小麦茎叶和根中 C23O 活性的影响

SS. 浸种接菌处理，SR. 灌根接菌处理，PL. 喷叶接菌处理，CK. 未接菌对照处理；C23O 的提取及测定参考 Park 等（2002）的方法；不同小写字母表示相同芘污染强度下植物体内芘含量差异显著（$P<0.05$）

进一步分析接种菌株 PW7 对小麦体内 PPO 活性的影响。同一芘污染强度下，接种菌株显著提高了小麦根部和茎叶部 PPO 的活性，但不同接种方式间存在差异（图 5-23）。许英俊等（2008）也发现，接种外源菌株（放线菌）能显著地提高草莓叶片和根系中 PPO 活性。不同接种方式下，菌株 PW7 定殖对小麦体内 PPO

活性提高幅度存在差异。与 C23O 酶不同，菌株 PW7 定殖也能提高无污染处理的小麦体内 PPO 活性。对于无污染处理，接种 12 d 后，灌根组的小麦茎叶和根中 PPO 活性比不接菌对照分别提高了 58.18 %和 25.19 %，浸种组的小麦茎叶和根中 PPO 活性比对照提高了 28.06 %和 16.15 %，喷叶组的则比对照提高了 48.07 %和 9.13 %。对于 50 mg/kg 芘污染处理，灌根组的小麦茎叶和根中 PPO 活性比不接菌对照分别提高了 49.38 %和 35.59 %，浸种组的比对照提高了 34.92 %和 24.33 %，喷叶组的则比对照提高了 39.63 %和 15.57 %。对于 100 mg/kg 芘污染处理，灌根组的小麦茎叶和根中 PPO 活性比不接菌对照分别提高了 56.91%和 39.19 %，浸种组的比对照提高了 35.99 %和 23.28 %，喷叶组的比对照提高了 45.07 %和 16.15%。显然，同一芘污染强度下，经不同处理的小麦茎叶和根中 PPO 活性的大小表现为灌根接菌＞喷叶接菌、浸种接菌＞不接菌对照组。同一种定殖方式下，50mg/kg 芘污染强度下小麦茎叶部 PPO 活性最高，这一结果与卢晓丹等（2008）和盛月慧等（2013）研究结果相一致。原因可能是低芘污染可激发供试植物 PPO 活性，高污染则对酶活有抑制作用，当逆境胁迫超过阈值时，过高的活性氧累积会破坏植物的部分保护防御系统；另外，接种功能细菌促进了茎叶中芘降解，50 mg/kg 芘处理的小麦茎叶由于低芘污染与功能菌株共同作用，有效促进了小麦茎叶中 PPO 活性，提高了植物对 PAHs 的抗逆性，但 100mg/kg 芘污染

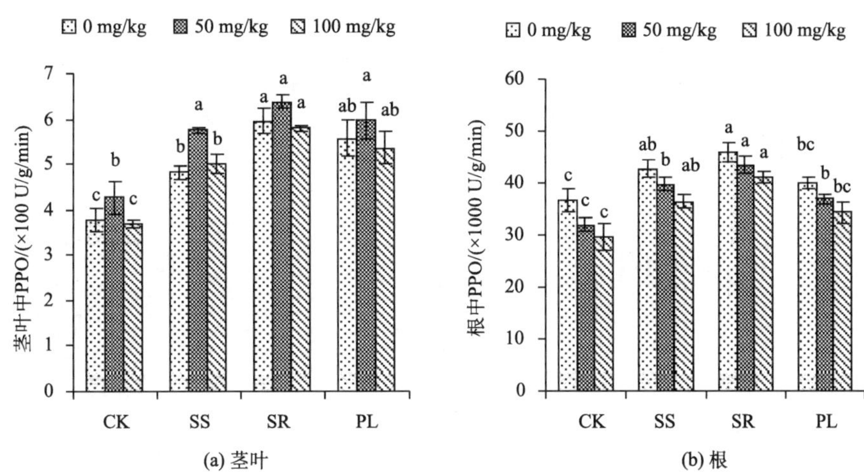

图 5-23 接种菌株 PW7 对小麦茎叶和根中 PPO 活性的影响

SS. 浸种接菌处理；SR. 灌根接菌处理；PL. 喷叶接菌处理；CK. 未接菌对照处理。不同小写字母表示相同芘污染强度下植物体内芘含量差异显著（$P<0.05$）

处理组虽然存在功能菌株的作用，但小麦茎叶中芘含量仍然过高，对 PPO 活性产生抑制效应。小麦根部 PPO 活性大小表现为无污染＞50mg/kg 芘污染＞100mg/kg 芘污染处理，这是因为小麦根部芘含量太高（远高于茎叶），即使有功能细菌的降解参与、但也还是对 PPO 活性产生抑制作用。

目前植物内生细菌常用的接种方式有浸种、灌根、涂叶、灌根、蘸根、伤根、淋根等，不同接种方式的定殖效果不仅受菌液浓度、接种时间等定殖条件和土壤含水量、温度、pH、光照等环境因素的影响（张炳欣等, 2000），还与植物和微生物种类密切有关（Bell et al.,1995; Quadt-Hallinann et al., 1997）。不同接种方式下功能内生细菌的降解效能存在差异。本结果表明，接种菌株 PW7 提高了小麦体内芘降解关键酶的活性，但与浸种和喷叶相比，通过灌根接种菌株 PW7 最有利于提高小麦体内 C23O 和 PPO 的活性。

金属硫蛋白（MT）是一类低相对分子质量富含半胱氨酸与金属结合的非酶蛋白质。具有重金属解毒、参与必需金属元素的储存、运输和代谢、拮抗脂质过氧化损伤、清除羟自由基等多种生物功能。研究表明金属硫蛋白清除羟基能力是超氧化物歧化酶（SOD）的 100 倍，是谷胱甘肽过氧化物酶的 1000 倍（林相昊，2015）。分析了接种菌株 PW7 对小麦体内 MT 含量的影响。从图 5-24 中可知，小麦茎叶中 MT 含量高于根部，这与吴慧芳等（2010）研究锰胁迫下龙葵根和叶 MT 含量的结果相似。总体来看，同一芘污染浓度下接种菌株 PW7 提高了小麦根和茎叶中 MT 含量。接菌方式不同，小麦体内 MT 含量存在差异；同一芘污染强度、不同接种方

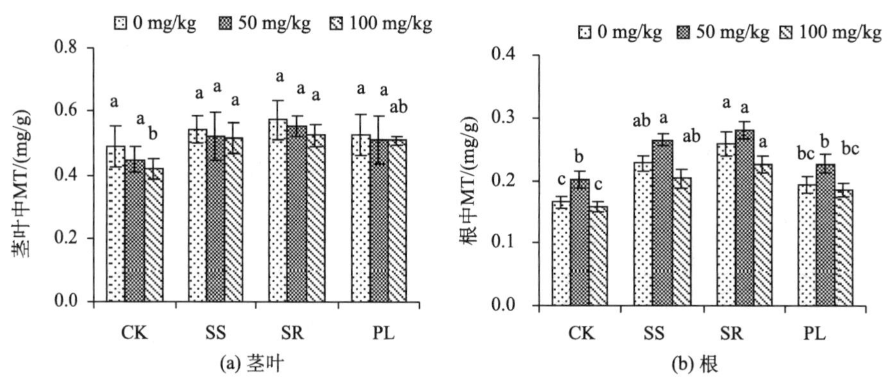

图 5-24　接种菌株 PW7 对小麦茎叶和根中金属硫蛋白含量的影响

SS. 浸种接菌处理，SR. 灌根接菌处理， PL. 喷叶接菌处理，CK. 未接菌对照处理；不同小写字母表示相同芘污染强度下植物体内芘含量差异显著（$P<0.05$）；根据徐振彪等（2010）方法提取植物体内金属硫蛋白，利用镉-血红蛋白饱和法测定 MT 含量，参考杨巧媛和董胜璋（2002）等的方法测定金属硫蛋白含量

式下，小麦茎叶和根中 MT 含量大小表现为灌根接菌＞浸种接菌＞喷叶接菌＞不接菌对照。这些结果表明，接种外源菌株 PW7 能诱导小麦体内金属硫蛋白产生，以清除小麦体内羟自由基、减低污染压力，且灌根接种方式效果最佳。

5.4　功能内生细菌根表成膜阻控植物吸收积累 PAHs

根系从土壤中吸收 PAHs 是植物吸收积累 PAHs 的一个主要途径，根表则是根系吸收 PAHs 的窗口（Eapen et al., 2007; Khan et al., 2008; Su and Zhu, 2007）。自然条件下，大多数根际细菌可通过成膜作用在植物根表形成细菌生物膜，以协助植物抵抗外界的不良环境或促进植物生长（Rudrappa et al., 2008）。PAHs 被植物根系吸收过程中，多需经过根表细菌生物膜这一特殊界面。

近些年来，有关根表细菌生物膜的环境效应已成为国内外环境领域研究的一个热点。针对 PAHs 等有机污染物，根表细菌生物膜的作用和功能 20 世纪末一经提出便引起了学者关注。Cunningham 和 Berti（1993）报道，植物根系表面有活跃的细菌生物膜，它们同菌根真菌一起，扩大了植物根系和土壤的接触面，增强了根际营养物质的交换，并提高了植物对 PAHs 等根际有机污染物的代谢能力。根表细菌生物膜由于自身的一些结构特征，使其在根际 PAHs 分解过程中起着重要作用。生物膜内细菌包被在由其自身形成的胞外聚合物（EPS）中，具备更强的抵抗 PAHs 等微生物抑制物的能力（Davey and O′Toole, 2000）。细菌生物膜中 EPS 具有吸附和富集 PAHs 等有机污染物的功能（Chen et al., 2008; Farag et al., 1998; Wolfaardt et al., 1998），并可将 PAHs 等包埋在生物膜中，然后由膜内细菌将其代谢（Singh et al., 2008），从而阻控了污染物进入植物根内。

毫无疑问，具有 PAHs 降解功能的植物内生细菌在植物根表定殖后，也可形成根表细菌生物膜，这是其进入植物根部组织的前提。功能内生细菌在植物根表形成的细菌生物膜可以对根际 PAHs 进行连续的吸附富集和代谢作用，这对植物根系吸收积累根际土壤中 PAHs 起到阻控作用，进而有效地降低植物体内 PAHs 含量和积累量。

5.4.1　*Massilia* sp. Pn2

经浸根接种处理并培养 12d 后，具有菲降解功能的菌株 Pn2 能够在黑麦草根表定殖并形成细菌生物膜。如表 5-13 所示，接种后绝大部分菌株 Pn2 定殖在黑麦草根表，仅有极少部分进入到黑麦草根内组织、并进一步向茎叶部迁移，这种迁移可能与水分以及营养物质运送转移有关（刘忠梅等, 2005）。此外，还有少部分定殖在植物根表的菌株 Pn2 可释放至培养液中，因而在培养液中也可检测到菌株

Pn2 的存在。与未污染处理相比，菲污染下培养液和植物根表及体内菌株 Pn2 的数量显著增加，这是由于菲可作为菌株 Pn2 生长繁殖的碳源。

表 5-13　黑麦草各部位和培养液中功能内生细菌 Pn2 数量

培养液中菲初始浓度	茎叶 /（$\times10^5$ CFU/g 鲜重）	根 /（$\times10^5$ CFU/g 鲜重）	根表 /（$\times10^5$ CFU/g 鲜重）	培养液 /（$\times10^5$ CFU/mL）
0	0.14±0.04	0.31±0.06	48.02±4.67	0.08±0.02
2 mg/L	0.79±0.08*	1.64±0.28*	81.37±6.31*	0.96±0.11*

*表示同列数值在 $P<0.05$ 水平上具有显著差异。

5.4.2　*Sphingobium* sp. 45-RS2

采用灌根和浸种接种方式，将菌株 45-RS2 定殖到土壤和植物体内。供试植物为紫花苜蓿。试验设如下处理：无污染土种植紫花苜蓿并灌根接菌（UGR）、无污染土种植紫花苜蓿并浸种接菌（UGS）、污染土接菌（CM）、污染土种植紫花苜蓿并灌根接菌（CGR）、污染土种植紫花苜蓿并浸种接菌（CGS）等处理（盛月惠，2015）。

通过灌根或浸种处理，菌株 45-RS2 皆能有效定殖到紫花苜蓿根表，在根表形成细菌生物膜（图 5-25）。通过平板计数法测得定殖到紫花苜蓿根表的细菌数量最多，远远高于土壤及紫花苜蓿植物体内的数量（表 5-14）。灌根和浸种接种方式下定殖到紫花苜蓿根表的细菌 45-RS2 最大数值分别为 6.84 和 6.64 log CFU/g 鲜重，灌根方式定殖的细菌数高于浸种。表明灌根方式使菌株 45-RS2 能更好地在植物根表成膜，并影响菌株从根部转移到茎叶部。菌株 45-RS2 在紫花苜蓿根表形成的细菌生物膜可以吸附并富集根际土壤中菲，并在膜内将其降解，进而抑制菲进入植物根内。

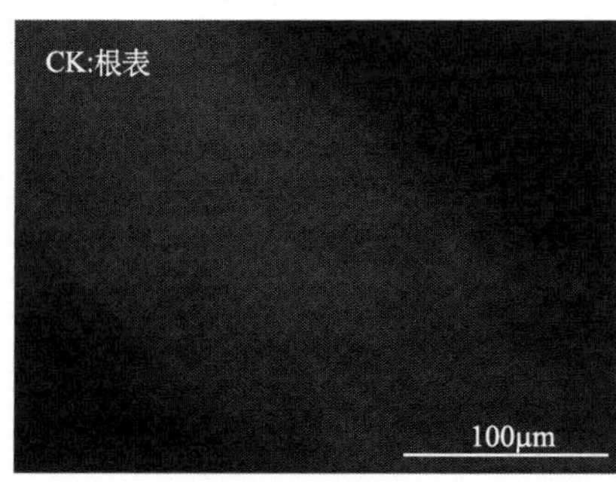

(a) 不接菌对照处理

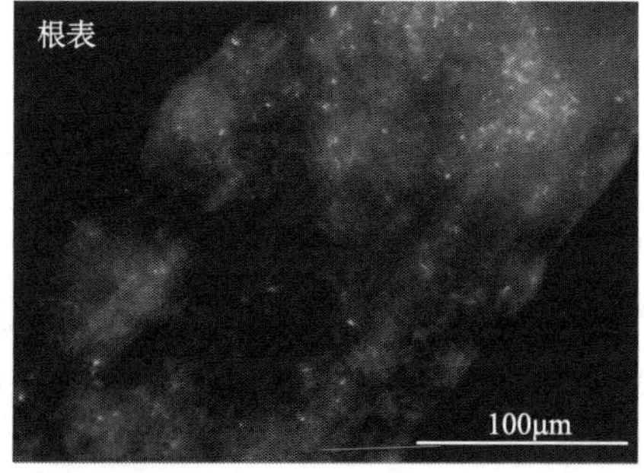

(b) 接种菌株45-RS2处理

图 5-25　菌株 45-RS2 在紫花苜蓿根表形成细菌生物膜的荧光显微照片（见彩图）

表 5-14 不同处理菌株 45-RS2 在紫花苜蓿各部位及土壤中的数量

处理	细菌数（log CFU/g 鲜重）			
	根表	根内	茎叶	土壤
UGR	5.92±0.07c	3.66±0.14b	4.26±0.05b	4.69±0.01a
UGS	5.23±0.07d	3.46±0.04b	4.96±0.02a	4.27±0.13bc
CM	—	—	—	3.98±0.29c
CGR	6.84±0.03a	3.89±0.10a	3.90±0.13c	4.48±0.08ab
CGS	6.64±0.02b	3.55±0.10b	4.21±0.09b	4.20±0.09bc

注：表中同列不同字母表示差异显著（$P<0.05$）；“—”代表未检测。

5.4.3 *Mycobacterium* sp. Pyr9-*gfp*

具有芘降解功能的菌株 Pyr-*gfp* 在三叶草根表的定殖情况如图 5-26 所示。扫描电子显微镜照片显示，菌株 Pyr-*gfp* 广泛分布在植物根表，并在根表形成了细菌生物膜。研究表明，自然界中微生物主要以微生物群体的方式——生物膜的形式存在（Flemming and Wingender, 2010），多数根际细菌可在植物根表形成根表细菌生物膜以帮助植物抵抗不利环境的危害（Rudrappa et al., 2008）。植物根系从生长介质中吸收水分和养分，同时也会向根际环境中释放无机离子和大量有机酸、氨基酸、糖类、酶类等有机物。这些根系分泌物可以促进存在于植物根部的污染物降解菌的生长繁殖和降解活性（Donnelly et al., 1994; Jordahl et al., 1997）。细菌聚集在植物根表，达到一定数量的时候菌体就可以向胞外分泌 EPS 形成生物膜的三维结构。

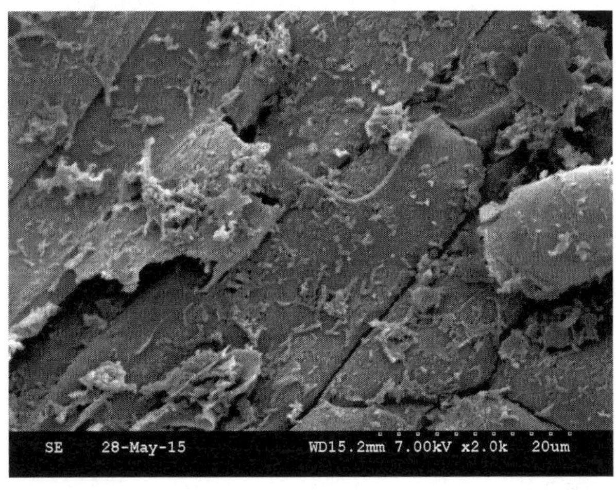

图 5-26 菌株 Pyr9-*gfp* 定殖在三叶草根表形成的细菌生物膜扫描电镜照片

由激光共聚焦显微镜照片可以看出（图 5-27），与未接菌的植物根表相比，接种菌株 Pyr9-*gfp* 的植物根表具有明显的绿色荧光，表明 Pyr9-*gfp* 能够在植物根表定殖并且形成了根表生物膜结构。细菌生物膜自身的一些结构特征使其在有机污染物代谢过程中起着重要作用（Davey et al., 2000）。这些结果表明，具有芘降解功能的细菌 Pyr9-*gfp* 可以在植物根表形成生物膜，进而阻控根际土壤中芘进入植物体内，起到协助植物抵抗土壤中芘毒害的作用（顾玉骏，2015）。

(a) 接种灭活菌的植物根表照片

(b) 接种菌株Pyr9-*gfp*植物根表照片

图 5-27　菌株 Pyr9-*gfp* 在三叶草根表形成细菌生物膜的激光共聚焦显微镜照片（见彩图）

参 考 文 献

陈小兵, 盛下放, 何琳燕. 2008. 具菲降解特性植物内生细菌的分离筛选及其生物学特性. 环境科学学报, 28: 1308-1313.

高学晟, 姜霞, 区自清. 2002. 多环芳烃在土壤中的行为. 应用生态学报, 13: 501-504.

顾玉骏. 2015. 根表多环芳烃降解细菌的分离筛选及其在植物根表的定殖和效能. 南京: 南京农业大学.

韩梅. 2013. 大豆复合微生物肥料功能菌系的构建及包埋固定化研究. 沈阳: 沈阳农业大学.

梁军锋, 薛泉宏, 牛小磊. 2005. 7 株放线菌在辣椒根部定殖及对辣椒叶片 PAL 与 PPO 活性的影响. 西北植物学报, 10: 2118-2123.

林相昊. 2015. 芘降解功能内生细菌 PW7 在小麦体内定殖效能及机理初探. 南京: 南京农业大学.

刘忠梅, 王 霞, 赵金焕. 2005. 有益内生细菌 B946 在小麦体内的定殖规律. 中国生物防治, 21(2): 113-116.

卢晓丹, 高彦征, 凌婉婷. 2008. 多环芳烃对黑麦草体内过氧化物酶和多酚氧化酶的影响. 农业环境科学学报, 27(5): 1969-1973.

沈小明, 王梅农, 代静玉. 2006. 不同浓度条件下玉米吸收菲的水培实验研究. 农业环境科学学报, 25(5):1148-115.

盛月惠. 2015. 菲降解细菌在植物根表的成膜作用及其对植物吸收菲的影响. 南京: 南京农业大学.

盛月慧, 刘娟, 高彦征, 等. 2013. 黑麦草体内 POD 和 PPO 活性及可培养内生细菌种群对不同浓度菲污染的响应.南京农业大学学报, 36(6): 51-59.

孙学成, 谭启玲, 胡承孝. 2006. 低温胁迫下钼对冬小麦抗氧化酶活性的影响. 中国农业科学, 39(5): 952-959.

王万清. 2015. 具有芘降解功能的植物内生细菌的分离筛选及其在小麦体内的定殖特性. 南京: 南京农业大学.

吴惠芳, 龚春风, 刘鹏, 等. 2010. 锰胁迫下龙葵和小飞蓬根叶中植物螯合肽和类金属硫蛋白的变化. 环境科学学报, 30(10): 2058-2064.

肖敏, 凌婉婷, 高彦征. 2009. 丛枝菌根对菲芘污染土壤中几种酶活性的影响. 农业环境科学学报, 28(05): 919-924.

许英俊, 薛泉宏, 邢胜利, 等. 2008. 3 株放线菌对草莓的促生作用及对 PPO 活性的影响. 西北农业学报, 17(1):129-136

徐振彪, 王平翠, 孙永乐, 等. 2010. 植物金属硫蛋白的提取及检测. 山东农业大学学报(自然科学版), 41(1):87-88.

杨巧媛, 董胜璋. 2002. 锌金属硫蛋白对镉中毒小鼠肾损伤的修复作用. 卫生毒理学杂志, 16(2):69-72.

张炳欣, 张平, 陈晓斌. 2000. 影响引入微生物根部定殖的因素. 应用生态学报, 11(6): 951-953.

Bandara G S, Kulasooriya S A. 2006. Interactions among endophytic bacteria and fungi: effects and potentials. J Biosci Bioeng, 31: 645-650.

Barac T, Taghavi S, Borremans B. 2004. Engineered endophytic bacteria improve phytoremediation of water-soluble, volatile, organic pollutants. Nat Biotechnol, 22: 583-588.

Bell C R, Dickie G A, Chan J. 1995. Variable response of bacteria isolated from grapevine xylem to control grape crown gall disease in planta. Am J Enol Vitculture, 41:46-53.

Boonchan S, Britz M L, Stanley G A. 2000. Degradation and mineralization of high-molecular-weight polycyclic aromatic hydrocarbons by defined fungal-bacterial cocultures. Appl Environ microbiol, 66(3): 1007-1019.

Chen X C, Chen L T, Shi J Y. 2008. Immobilization of heavy metals by *Pseudomonas putida* CZ1/goethite composites from solution. Colloids Surf B Biointerfaces, 61: 170-175.

Cunningham S D, Berti W R. 1993. Remediation of contaminated soils with green plants: an overview. In Vitro Cell Dev Biol, 29: 207-212.

Davey M E, O'Toole G A. 2000. Microbial biofilms: from ecology to molecular genetics. Microbiol Mol Biol Rev, 64: 847-867.

DeRidder B P. 2002. Induction of Glutathione S-Transferases in *Arabidopsis* by herbicide safeners. Plant Physiol, 130: 1497-1505.

Donnelly P K, Hegde R S, Fletcher J S. 1994. Growth of PCB-degrading bacteria on compounds from photosynthetic plants. Chemosphere, 28(5): 981-988.

Eapen S, Singh S, D'Souza S F. 2007. Advances in development of transgenic plants for remediation of xenobiotic pollutants. Biotechnol Adv, 25: 442-451.

Ellis B, Harold P, Kronberg H, 1991. Bioremediation of a creosote contaminated site. Environ Technol, 12(5): 447-459.

Farag A M, Woodward D F, Goldstein J N. 1998. Concentrations of metals associated with mining waste in sediments biofilm, benthic macroinvertebrates, and fish from the Coeurd'Alene river basin, Idaho. Arch Environ Con Tox, 34: 119-127.

Flemming H C, Wingender J. 2010. The biofilm matrix. Nat Rev Microbiol, 8(9): 623-633.

Gao Y Z, Collins C D. 2009. Uptake pathways of polycyclic aromatic hydrocarbons in white clover. Environ Sci Technol, 43(16): 6190-6195.

Gao Y Z, Li H, Gong S S. 2012. Ascorbic acid enhances the accumulation of polycyclic aromatic hydrocarbons (PAHs) in roots of tall fescue (*Festuca arundinacea* Schreb.). PloS One, 7(11): e50467.

Gao Y Z, Ling W T. 2006. Comparison for plant uptake of phenanthrene and pyrene from soil and water. Biol Fert Soils, 42(5): 387-394.

Gao Y Z, Zhang Y, Liu J, et al. 2013. Metabolism and subcellular distribution of anthracene in tall fescue (*Festuca arundinacea* Schreb.). Plant Soil, 365:171-182.

Gao YZ, Zhu L Z. 2004. Plant uptake, accumulation and translocation of phenanthrene and pyrene in soils. Chemosphere, 55:1169-1178.

Germaine K J, Keogh E, Ryan D, et al. 2009. Bacterial endophyte-mediated naphthalene phytoprotection and phytoremediation. FEMS Microbiol Lett, 296(2): 226-234.

Germaine K J, Liu X, Cabellos G G, et al. 2006. Bacterial endophyte-enhanced phytoremediation of the organochlorine herbicide 2,4-dichlorophenoxyacetic acid. FEMS Microbiol Ecol, 57(2): 302-310.

Hirose S, Kawahigashi H, Ozawa K. 2005. Transgenic rice containing human CYP2B6 detoxifies various classes of herbicides. J Agr Food Chem, 53: 3461-3467.

Ho Y N, Shih C H, Hsiao S C. 2009. A novel endophytic bacterium, Achromobacter xylosoxidans, helps plants against pollutant stress and improves phytoremediation. J Biosci Bioeng, 108: S75-S95.

Jha P N, Gupta G, Jha P. 2013. Association of rhizospheric/endophytic bacteria with plants: a potential gateway to sustainable agriculture. Greener J Agricul Sci, 3 (2): 73-84.

Jordahl J L, Foster L, Schnoor J L. 1997. Effect of hybrid poplar trees on microbial populations important to hazardous waste bioremediation. Environ Toxicol Chem, 16(6): 1318-1321.

Khan S, Aijun L, Zhang S Z. 2008. Accumulation of polycyclic aromatic hydrocarbons and heavy metals in lettuce grown in the soils contaminated with long-term wastewater irrigation. J Hazard Mater, 152: 506-515.

Koller G, Moder M, Czihal K. 2000. Peroxidative degradation of selected PCBs: A mechanistic study. Chemosphere, 41: 1827-1834.

Li X, Li P, Lin X, et al. 2008. Biodegradation of aged polycyclic aromatic hydrocarbons (PAHs) by microbial consortia in soil and slurry phases. J Hazard Mater, 150(1): 21-26.

Li Y, Yediler A, Ou Z, et al. 2001. Effects of a non-ionic surfacants on the mineralization, metabolism and uptake of phenanthrene in wheat-solution-lava mieroeosm. Chemosphere, 45: 67-75.

Lin C C, Kao C H. 2000. Effect of NaCl stress on H_2O_2 metabolism in rice leaves. Plant Growth Regul, 30(2): 151-155.

Ling W T, Lu X D, Gao Y Z, et al. 2012. Polyphenol oxidase activity in subcellular fractions of tall fescue (*Festuca arundinacea* Schreb.) contaminated by polycyclic aromatic hydrocarbons. J Environ Qual, 41(3): 807-813.

Liu J, Liu S, Sun K. 2014. Colonization on root surface by a phenanthrene-degrading endophytic bacterium and its application for reducing plant phenanthrene contamination. PloS One, 9(9): e108249.

Ma Y, Prasad M N V, Rajkumar M. 2011. Plant growth promoting rhizobacteria and endophytes accelerate phytoremediation of metalliferous soils. Biotechnol Adv, 29: 248-258.

Malfanova N, Kamilova F, Validov S. 2011. Characterization of *Bacillus subtilis* HC8, a novel plant-beneficial endophytic strain from giant hogweed. Microbial Biotechnol, 4(4): 523-532.

Mastretta C, Barac T, Vangronsveld J, et al. 2006. Endophytic bacteria and their potential application to improve the phytoremediation of contaminated environments. Biotechnol Genetic Eng Rev, 23(1): 175-188.

Muller J, Chapman P, Pritchard P, 1989. Creosote-contaminated sites: Their potential for bioremediation. Enviro Sci Technol, 23(10): 1197-1201.

Park D W, Chae J C, Kim Y, et al. 2002. Chloroplast-type ferredoxin involved in reactivation of catechol-2,3-dioxygenase from *Pseudomonas* sp S-47. J Biochem Mol Biol, 35 (4):432-436.

Phillips L A, Germida J J, Farrell R E. 2008. Hydrocarbon degradation potential and activity of endophytic bacteria associated with prairie plants. Soil Biol Biochem, 40: 3054-3064.

Prasad T K. 1997. Role of catalase in inducing chilling tolerance in pre-emergent maize seedlings. Plant Physiol, 114(4): 1369-1376.

Quadt-Hallinann A, Hallmann J, Kloepper JW, 1997. Bacterial endophytes in cotton: Location and interaction with other plant associated bacteria. Canad J Microbiol, 43: 577-582.

Rudrappa T, Biedrzycki M L, Bais H P. 2008. Causes and consequences of plant-associated biofilms. FEMS Microbiol Ecol, 64(2): 153-166.

Sehroll R, Bierling B, Cao CX, et al. 1994. Uptake of organic chemicals from soil by agricultural plant. Chemosphere, 28: 297-303.

Singh R, Paul D, Jain R K. 2008. Biofilms: implications in bioremediation. Trends Microbiol, 14: 389-397.

Sims R C, Overcash M R. 1981.Land treatment of coal conversion wastewaters//Environmental Aspects of Coal Conversion Technology VI. A Symposium of Coal-Based Aynfuels. 218-230.

Sgroy V, Cassán F, Masciarelli O. 2009. Isolation and characterization of endophytic plant growth-promoting (PGPB) or stress homeostasis-regulating (PSHB) bacteria associated to the halophyte *Prosopis strombulifera*. Appl Microbiol Biotechnol, 85: 371-381.

Su Y H, Zhu Y G. 2007. Transport mechanisms for the uptake of organic compounds by rice (*Oryza sativa*) roots. Environ Pollut, 148: 94-100.

Sun K, Liu J, Gao Y Z, et al. 2014a. Isolation, plant colonization potential, and phenanthrene degradation performance of the endophytic bacterium *Pseudomonas* sp. Ph6-*gfp*. Sci Rep, 4: 5462.

Sun K, Liu J, Gao Y Z, et al. 2015. Inoculating plants with the endophytic bacterium *Pseudomonas* sp. Ph6-*gfp* to reduce phenanthrene contamination. Environ Sci Pollut Res, 22:19529-19537.

Sun K, Liu J, Jin L, et al. 2014b. Utilizing pyrene-degrading endophytic bacteria to reduce the risk of plant pyrene contamination. Plant Soil, 374: 251-262.

Trzesicka-Mlynarz D, Ward O P, 1995. Degradation of polycyclic aromatic hydrocarbons (PAHs) by a mixed culture and its component pure cultures, obtained from PAH-contaminated soil. Canad J Microbiol, 41(6): 470-476.

Wang M J, Jones K C. 1994. Uptake of chlorobenzenes by carrots from spiked and sewage sludge-amended soil. Environ Sci Technol, 28: 1260-1267.

Weyens N, Van der lelie D, Artois T. 2009a. Bioaugmentation with engineered endophytic bacteria improves contaminant fate in phytoremediation. Environ Sci Technol, 43: 9413-9418.

Weyens N, Van der lelie D, Taghavi S. 2009b. Phytoremediation: plant-endophyte partnerships take the challenge. Curr Opin Biotechnol, 20: 248-254.

Wolfaardt G M, Lawrence J R, Robarts R D. 1998. In situ characterization of biofilm exopolymers involved in the accumulation of chlorinated organics. Microbl Ecol, 35: 213-223.